高等学校广义建筑学系列教材

建筑构造与识图

夏广政　吕小彪　黄艳雁　编著

武汉大学出版社

图书在版编目(CIP)数据

建筑构造与识图/夏广政,吕小彪,黄艳雁编著.—武汉:武汉大学出版社,2011.9(2015.7重印)
高等学校广义建筑学系列教材
ISBN 978-7-307-08899-3

Ⅰ.建… Ⅱ.①夏… ②吕… ③黄… Ⅲ.①建筑构造—高等学校—教材 ②建筑制图—识图—高等学校—教材 Ⅳ.①TU22 ②TU204

中国版本图书馆 CIP 数据核字(2011)第 123161 号

责任编辑:李汉保　　责任校对:刘　欣　　版式设计:马　佳

出版发行:**武汉大学出版社**　(430072　武昌　珞珈山)
（电子邮件:cbs22@whu.edu.cn　网址:www.wdp.com.cn）
印刷:湖北金海印务有限公司
开本:787×1092　1/16　印张:19.25　字数:462 千字　插页:1
版次:2011 年 9 月第 1 版　　2015 年 7 月第 2 次印刷
ISBN 978-7-307-08899-3/TU·98　　　　定价:32.00 元

版权所有,不得翻印;凡购买我社的图书,如有质量问题,请与当地图书销售部门联系调换。

高等学校广义建筑学系列教材
编 委 会

主　　任	夏广政	湖北工业大学土木工程与建筑学院，教授
副 主 任	何亚伯	武汉大学土木建筑工程学院，教授、博士生导师，副院长
	杨昌鸣	北京工业大学建筑与城市规划学院，教授、博士生导师
	王发堂	武汉理工大学土木工程与建筑学院，副教授
	尚　涛	武汉大学城市设计学院，教授、博士生导师
	吴贤国	华中科技大学土木工程与力学学院，教授、博士生导师
	吴　瑾	南京航空航天大学土木系，教授，副系主任
	陆小华	汕头大学工学院，教授，副处长
编　　委	（按姓氏笔画为序）	
	王海霞	南通大学建筑工程学院，讲师
	刘红梅	南通大学建筑工程学院，副教授，副院长
	刘斯荣	湖北工业大学土木工程与建筑学院建筑艺术系，副教授、硕士生导师
	孙　皓	湖北工业大学土木工程与建筑学院建筑艺术系，副教授
	宋军伟	江西蓝天学院土木建筑工程系，副教授，系主任
	杜国锋	长江大学城市建设学院，副教授，副院长
	李　昕	江汉大学现代艺术学院基础教研室，教师
	肖胜文	江西理工大学建筑工程系，副教授
	欧阳小琴	江西农业大学工学院土木系，讲师，系主任
	张海涛	江汉大学建筑工程学院，讲师
	张国栋	三峡大学土木建筑工程学院，副教授
	陈友华	孝感学院教务处，讲师
	姚金星	长江大学城市建设学院，副教授
	梅国雄	南昌航空大学土木建筑学院，教授，院长
	程赫明	昆明理工大学土木建筑工程学院，教授，院长
	曾芳金	江西理工大学建筑与测绘学院土木工程教研室，教授，主任
执行编委	李汉保	武汉大学出版社，副编审
	胡　艳	武汉大学出版社，编辑

内容简介

本书系统地介绍了建筑构造，基础与地下室构造，墙体、楼板层和地坪构造，楼梯与其他垂直交通设施，窗和门、屋顶、变形缝、正投影图的基本知识建筑施工图，景观建筑构造等理论知识。本书可以作为高等学校建筑学，建筑设计技术，城市设计与规划以及土木建筑工程等专业本科生的教材，也可以供高等学校教师以及相关工程技术人员参考。

序

改革开放造就了中国经济的迅速崛起，也引起了中国社会的一系列巨变。进入21世纪以来，随着经济快速发展、社会急剧转型，城市化的进展呈现出前所未有的速度和规模。与此同时产生的日趋严重的城市问题和环境问题困扰着国人，同时也激发国人愈来愈强烈的城市和环境意识，以及对城市发展和环境质量的关注。中国社会的一系列巨变也给建筑教育提出了新的课题。

由中国著名建筑学和城市规划学家、两院院士吴良镛先生提出并倡导的广义建筑学这一新的建筑观，成为当前乃至今后整个城市和建筑业发展的方向。广义建筑学，就是通过城市设计的核心作用，从观念和理论基础上把建筑学、景观学、城市规划学的要点整合为一，对建筑的本真进行综合性地追寻。并且，在现代社会发展中，随着规模和视野的日益加大，随着建设周期的不断缩短，对建筑师视建筑、环境景观和城市规划为一体提出更加切实的要求，也带来更大的机遇。对城镇居民居住区来说，将规划建设、新建筑设计、景观设计、环境艺术设计、历史环境保护、一般建筑维修与改建、古旧建筑合理使用等，纳入一个动态的、生生不息的循环体系之中，是广义建筑学的重要使命。同时，多层次的技术构建以及技术与人文的结合是21世纪新建筑学的必然趋势。这一新的建筑观给传统的建筑学、城市规划学、景观学和环境艺术设计教育提出新的课题，重新整合相关学科已经成为当务之急。

但是，广义建筑学可能被武断地称作广义的建筑学，犹如宏观经济学，广义建筑学也可能被认为是一种宏观层面的建筑学，是多种建筑学中的一种。这就与吴院士的初衷相背离了。基于这种考虑，我们提出了一种 Mega-architecture 的概念，这一概念的最初原意是元建筑学，也可以理解为大建筑学或超级建筑学，从汉语的习惯来看，应理解为"大建筑学"。一方面，Mega-architecture 继承了广义建筑学的全部内涵；另一方面 Mega-architecture 中包含有元建筑学的意思，亦即，强调作为建筑学的内在基本要素的构成性，正是这些要素，才从理论上把建筑学、城市规划、景观学和环境艺术整合成一个跨学科的超级综合体。基于上述想法，我们提出了 Mega-architecture 的概念作为广义建筑学系列教材的指导原则。

本着上述指导思想，武汉大学出版社联合多所高校合作编写高等学校广义建筑学系列教材，为高等学校从事建筑学、城市规划学、景观学和环境艺术设计教学和科研的广大教师搭建一个交流的平台。通过该平台，联合编写广义建筑学系列教材，交流教学经验，研究教材选题，提高教材的编写质量和出版速度，以期打造出一套高质量的适合中国国情的高等学校本科广义建筑学教育的精品系列教材。

参加高等学校广义建筑学系列教材编委会的高校有：武汉大学、湖北工业大学、武汉理工大学、华中科技大学、北京工业大学、南京航空航天大学、南昌航空大学、汕头大学、南通大学、江汉大学、三峡大学、孝感学院、长江大学、昆明理工大学、江西理工大学、江西农业大学、江西蓝天学院等院校。

高等学校广义建筑学系列教材涵盖建筑学、城市规划、景观设计和环境艺术设计等教学领域。本系列教材的定位，编委会全体成员在充分讨论、商榷的基础上，一致认为在遵循高等学校广义建筑学人才培养规律，满足广义建筑学人才培养方案的前提下，突出以实用为主，切实达到培养和提高学生的实际工作能力的目标。本教材编委会明确了近30门专业主干课程作为今后一个时期的编撰、出版工作计划。我们深切期望这套系列教材能对我国广义建筑学的发展和人才培养有所贡献。

武汉大学出版社是中共中央宣传部与国家新闻出版署联合授予的全国优秀出版社之一，在国内有较高的知名度和社会影响力。武汉大学出版社愿尽其所能为国内高校的教学与科研服务。我们愿与各位朋友真诚合作，力争将该系列教材打造成为国内同类教材中的精品教材，为高等教育的发展贡献力量！

高等学校广义建筑学系列教材编委会
2011年2月

前 言

本书为武汉大学出版社组织出版的高等学校广义建筑学系列教材之一。随着我国建筑业的迅速发展，新技术、新工艺、新机具及新材料不断得到应用，与建筑施工密切相关的新标准、新规范也不断修订和发布。为此，作者依据目前新的工程设计标准与规范，在结合多年教学与实际工作经验的基础上，结合建筑、规划、室内设计和环境艺术类专业的教学特点和专业需要，按照国家颁布的现行有关标准、规范和规程的要求以及本课程的教学规律，进行设计和编写本书。

建筑构造是一门技术性较强的应用学科，该学科全面研究建筑各部分的组成、构配件的连接组合及细部处理等问题。建筑构造是建筑设计的重要组成部分，也是建筑施工中必须给予重视的重要环节，其构造好坏不仅影响建筑的质量，同时也影响建筑的使用价值和艺术价值。构造方案的差异直接影响建筑物的最终效果，这项工作比较具体地体现在建筑施工图的设计过程中。

建筑构造与建筑专业其他课程之间有着密切关系，如建筑设计、建筑结构、建筑材料、建筑经济及施工技术等。民用建筑构造方案的处理还应体现以人为本的原则，即充分考虑使用者的要求以及避免自然因素的影响。建筑制图与识图是建筑设计和建筑施工的基础，也是建筑构造设计准确应用于建筑设计的基础工作。

建筑构造与识图是建筑、规划、室内设计和环境艺术类专业的主干课程之一，也是一门实践性和综合性较强的课程。本书从建筑物的各主要组成部分入手，较系统地阐述了构造原理、构造设计的基本方法和常见做法。在编写过程中参考了当前较新的相关规范和资料，内容编排上也注意吸收一些有代表性的处于发展推广期的新技术，并立足于应用。每章前面的内容提要概括了该章学习的重点内容和学习要点，每章后面的复习思考题是实践性教学环节的重要内容，是帮助学生消化、巩固基础理论和基本知识，训练基本技能，了解建筑构造，提高识图能力的最好途径。

本教材适用于本科院校的建筑学、城市规划、室内设计、环境艺术、工程管理等土木建筑工程类专业的学生使用，也可以作为相关工程技术人员岗位培训教材或供土木建筑工程技术人员学习参考。在编写过程中，充分吸收国内建筑构造与建筑制图方面教材的精华，注重在教材的实用性、科学性和实践性等若干方面下工夫。紧紧围绕以"学"为中心，以"专业知识培养和综合素质提高"为目的的指导思想，尽量做到：基础理论以应用为目的，以够用为度，结合工程实践应用，以讲清概念、强化应用为重点，将基础理论知识与工程实践应用紧密联系起来。

本书主要内容包括建筑构造和建筑识图两大部分。建筑构造部分重点介绍了民用建筑的概述和基本组成，并分章节重点介绍了基础、墙体、地坪、楼板层、楼梯、电梯、屋顶和门窗等各大组成部分的构造原理和做法。通过对民用建筑及工业建筑的构造原理及构造方法的介绍，使读者充分了解房屋的构造方式和构造方法。建筑识图部分介绍了投影基本原理、识图基础知识，工程制图规定和建筑图样画法，并结合实例重点介绍了民用建筑的建筑施工图的图示内容和识图要点。最后，结合当前景观建筑设计在建筑、规划、环境艺术等领域交叉渗透、迅速发展的现况，增加了关于景观建筑构造和详图图示内容，作为一般民用建筑构造和识图内容的补充。

本书通过对建筑构造原理、构造工程实例、国家制图标准、投影原理的介绍，建立起空间想象模式，培养学生掌握识读建筑施工图所必需的理论知识。本书内容图文并茂，简明易懂，每章都配有内容提要和适量的复习思考题，以便于读者学习和应用。本书注重把建筑构造与建筑识图的知识融会贯通，结合专业发展现状，增加景观建筑构造和识图的内容。本书把培养学生的专业能力及岗位能力作为重心，突出其综合性、应用性和技能型的特色。

本书由夏广政、吕小彪、黄艳雁编著。具体分工如下：

夏广政：大纲拟定及目录编排、第1章；

吕小彪：第2、3、7、8、10章；

黄艳雁：第4、5、6章；

陈烨、郭凯分别承担了第9、11章的编写；

全书由夏广政统稿。

本书在编写过程中，得到了编写人员所在单位领导和老师的理解和支持，在此表示感谢！在编写过程中，作者参考了相关书籍、规范和图片等资料，在此谨向相关作者致以深深的谢意！

由于作者水平和视野所限，本书中难免存在疏漏和不妥之处，恳请使用本书的教师和广大读者批评指正。

作　者

2011年3月

目 录

第1章 建筑构造概述 ·· 1
　§1.1 建筑构造课程的内容及要求 ··· 1
　§1.2 建筑的构造组成部分及作用 ··· 2
　§1.3 建筑物的分类 ·· 3
　§1.4 建筑构造的影响因素及建筑标准化 ··· 7
　复习思考题1 ·· 10

第2章 基础与地下室构造 ··· 11
　§2.1 基础与地基的关系 ·· 11
　§2.2 基础的分类及构造 ·· 14
　§2.3 地下室构造 ··· 19
　复习思考题2 ·· 25

第3章 墙体 ·· 26
　§3.1 墙体的类型和设计要求 ·· 26
　§3.2 块材墙体构造 ·· 29
　§3.3 隔墙与隔断构造 ··· 41
　§3.4 外墙的保温与隔热 ·· 49
　复习思考题3 ·· 52

第4章 楼板层和地坪构造 ··· 54
　§4.1 楼板的类型及设计要求 ·· 54
　§4.2 钢筋混凝土楼板层 ·· 57
　§4.3 楼地面构造 ··· 67
　§4.4 顶棚装饰构造 ·· 77
　§4.5 阳台与雨篷 ··· 83
　复习思考题4 ·· 90

第5章 楼梯与其他垂直交通设施 ·· 91
　§5.1 楼梯的组成、类型、尺度 ·· 91
　§5.2 预制装配式钢筋混凝土楼梯构造 ··· 99
　§5.3 现浇整体式钢筋混凝土楼梯构造 ··· 103

§5.4　楼梯的细部构造 105
　　§5.5　室外台阶与坡道 108
　　§5.6　电梯与自动扶梯 111
　复习思考题5 114

第6章　门和窗 115
　　§6.1　门和窗概述 115
　　§6.2　窗的种类与构造 117
　　§6.3　门 125
　　§6.4　特殊门、窗构造 131
　　§6.5　遮阳 133
　复习思考题6 135

第7章　屋顶 137
　　§7.1　屋顶概述 137
　　§7.2　屋顶排水设计 141
　　§7.3　平屋顶设计 147
　　§7.4　坡屋顶设计 159
　　§7.5　屋顶的保温与隔热 166
　复习思考题7 173

第8章　变形缝 174
　　§8.1　伸缩缝 174
　　§8.2　沉降缝 178
　　§8.3　防震缝 181
　　§8.4　设变形缝处建筑物的结构布置 181
　复习思考题8 183

第9章　正投影图的基本知识 184
　　§9.1　投影图的概念与分类 184
　　§9.2　正投影的基本性质 185
　　§9.3　点、直线、平面的正投影 187
　　§9.4　基本几何体的投影 207
　　§9.5　组合体的正投影 217
　复习思考题9 228

第10章　建筑施工图 229
　　§10.1　工程制图的一般规定 229
　　§10.2　建筑工程制图的基本规定 231

§10.3 建筑总平面图 ………………………………………………………………… 237
§10.4 建筑平面图 …………………………………………………………………… 240
§10.5 建筑立面图 …………………………………………………………………… 246
§10.6 建筑剖面图 …………………………………………………………………… 249
§10.7 建筑详图 ……………………………………………………………………… 254
复习思考题 10 ………………………………………………………………………… 260

第11章 景观建筑构造 …………………………………………………………………… 262
§11.1 景观建筑构造概述 …………………………………………………………… 262
§11.2 景观道路及广场铺装 ………………………………………………………… 263
§11.3 景观台阶、坡道与铺装 ……………………………………………………… 270
§11.4 景观树、花池及驳岸 ………………………………………………………… 275
§11.5 景观水景 ……………………………………………………………………… 277
§11.6 景观水体驳岸 ………………………………………………………………… 279
§11.7 景观栏杆 ……………………………………………………………………… 282
§11.8 景观建筑小品 ………………………………………………………………… 284
§11.9 景观照明 ……………………………………………………………………… 293
复习思考题 11 ………………………………………………………………………… 294

参考文献 …………………………………………………………………………………… 295

第1章 建筑构造概述

◎**内容提要**：建筑构造主要研究房屋中各部分基本构配件之间的组合、连接原理和构造方法。本章主要介绍建筑物的主要部分，一般包括基础、地坪层、墙、楼板层、楼梯、屋顶和门窗七大部位，各部位对应有不同的构造要求。对建筑构造的影响因素、设计原则、建筑模数的标准化等内容也做了适当的介绍。

§1.1 建筑构造课程的内容及要求

建筑构造是一门综合性的工程技术科学，建筑构造主要研究房屋中各部分基本构配件之间的组合、连接原理和构造方法。通过对本课程的学习，使学生能掌握建筑构造的基本理论和一般方法，并具有建筑构造设计的综合能力。同时也将提高学生识读和绘制建筑工程图的水平。

建筑构造设计是建筑专业的一项重要工作内容，建筑构造设计是建筑设计一个不可分割的重要组成部分。其主要任务是，在建筑设计过程中综合考虑使用功能、艺术造型、技术经济等诸方面的因素，并运用物质技术手段，适当地选择并正确地决定建筑的构造方案和构配件组成以及进行细部节点构造处理。为合理实现将建筑方案由设想变为实物提供技术保障。

建筑构造是一门与实际应用紧密相关的学科，在掌握基本理论和方法后，还需在实践中进一步培养运用能力。本课程在学习中将涉及许多相关课程知识，如常见结构方案布置、有关建筑材料的选择和应用、建筑物理、建筑设备、建筑施工和建筑经济等相关知识。

随着科学技术的进步，建筑构造已发展成一门技术性很强的学科，学习时应注意以下几点：

(1)应从细部构造入手，逐步掌握房屋各组成部分的常用构造方法。

(2)应注意了解建筑构造方面的新技术，加深对常用典型构造做法和标准图集的理解。

(3)多参观已建成或正在施工的建筑，在实践中验证、充实理论。

(4)重视绘图技能的训练。通过作业和课程设计，不断提高自己绘制和识读施工图的能力。

(5)经常查阅相关图书资料，丰富自己的专业知识。

§1.2 建筑的构造组成部分及作用

各种建筑物虽然在使用要求、空间处理、构造方式及规模大小方面各自有着种种特点，但构成建筑物的主要部分，一般是由基础、地坪层、墙、楼板层、楼梯、屋顶和门窗七大部分构成，如图1-1所示，这七大部分分别处在不同的部位，发挥着各自的作用。现分述如下：

1.2.1 基础

基础是位于建筑物最下部的承重构件，埋置于自然地坪以下，承受建筑物的全部荷

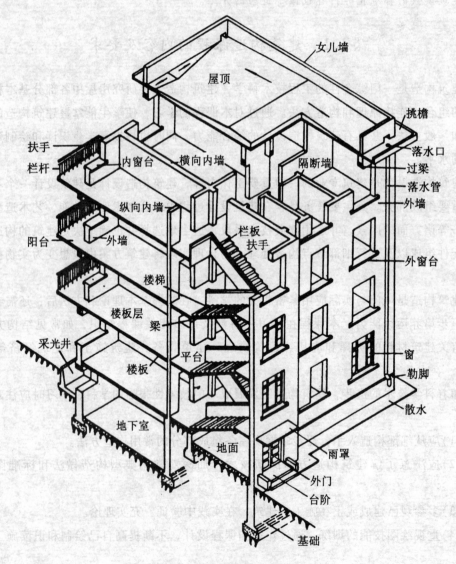

图1-1 建筑的构造组成示意图

载,并将这些荷载传给地基。因此基础必须具有足够的强度,能抵御地下各种有害因素的侵蚀,并把这些荷载传给下面的土层(该土层称为地基)。

1.2.2 地坪层

地坪层是指建筑底层房间与下部土层相接触的部分,承受着底层房间地面的荷载。地坪层可以直接铺设在天然土层上,也可以架设在建筑物的其他承重构件上。

1.2.3 墙体

墙和柱是建筑物的承重构件,承受屋顶、楼板传来的荷载、并将荷载传给基础。墙作为围护构件,外墙起着抵抗自然界各种不利因素对室内侵袭的作用,内墙主要用做分隔空间。因此要求墙体具有足够的强度、稳定性、保温隔热、隔声、防火、防水等能力,以及具有经济性和耐久性。

1.2.4 楼板层

楼板层是楼房建筑物中水平方向的承重构件。按房间层高将整幢建筑物沿水平方向分为若干部分。楼板层承受着楼层自重以及家具、设备和人体的荷载,并将这些荷载传给墙,同时还对墙身起着水平支撑的作用。楼板层要求具有足够的抗弯强度、刚度和隔声能力,对有水侵蚀的房间,还要求楼板层具有防潮、防水的能力。

1.2.5 门窗

门主要供人们内外交通和隔离房间之用,窗则主要是采光和通风,同时也起着分隔和围护作用。门和窗均属非承重构件,对某些有特殊要求的房间,要求门和窗具有保温、隔热、隔声的能力。

1.2.6 楼梯

楼梯是楼房建筑物中的垂直交通设施,供人们上下楼层和紧急疏散之用。要求楼梯具有足够的通行能力、足够的强度、稳定性以及防水、防滑的功能。

1.2.7 屋顶

屋顶是建筑物顶部的外围护构件和承重构件,抵御着自然界雨、雪及太阳热辐射等对顶层房间的影响;承受着建筑物顶部荷载,并将这些荷载传给垂直方向的承重构件。屋顶必须具有足够的强度、刚度以及防水、保温、隔热等能力。

§1.3 建筑物的分类

1.3.1 按建筑的使用性质分类

建筑物按照其使用性质可以分为三类:民用建筑、工业建筑与农业建筑。
民用建筑。供人们生活、工作、休息、娱乐及进行社会活动等非生产性的建筑。

工业建筑。用于工业生产的建筑，主要是指工业厂房、生产及辅助车间、产品仓库等。

农业建筑。用于农业生产、生活的建筑，主要是指农民用房和粮仓、畜养厂、农业机械、种植用房、种子储存等有特殊要求的建筑物。

民用建筑又分为居住建筑和公共建筑。

（1）居住建筑。供人们生活起居用的建筑物，有住宅、公寓、宿舍等。住宅构成居住建筑的主体，与人们的生活关系密切，需要量最大，占地面积最广。

（2）公共建筑。供人们进行各项社会活动的建筑物，公共建筑按其使用功能的特点，可以分为以下一些建筑类型：生活服务性建筑、文教建筑、托幼建筑、科研建筑、医疗建筑、商业建筑、行政办公建筑、交通建筑、通讯广播建筑、体育建筑、观演建筑、展览建筑、旅馆建筑、园林建筑、纪念性建筑等。

1.3.2 按建筑结构类型分类

按照结构类型，建筑物可以分为以下几种类型：

砖木结构。建筑物的主要承重构件用砖木做成，其中竖向承重构件的墙体、柱子采用砖砌，水平承重构件的楼板、屋架采用木材。

砖混结构。竖向承重构件采用砖墙或砖柱，水平承重构件采用钢筋混凝土楼板、屋顶板。

钢筋混凝土结构。主要承重构件（梁、板、柱）采用钢筋混凝土结构，按施工方式的不同分为现浇钢筋混凝土和预制装配式钢筋混凝土结构。

钢结构。主要承重构件均用钢材构成，钢结构适用于高层建筑承重骨架和工业厂房的柱、吊车梁和屋架，钢结构耗材量大。

1.3.3 按施工方法分类

按照施工方法，建筑物可分为以下几种类型。

现浇（现砌）式。建筑物的主要承重构件均在现场用手工或机械浇注和砌筑而成，采用滑升模板、现场支模、现场浇灌混凝土。这类建筑物整体性能好，多用于公共建筑。

部分现砌、部分装配式。建筑物的墙体采用现场砌筑，而楼板、楼梯、屋顶板均在加工厂制成预制构件，这是一种既有现砌又有预制的施工方法。这类建筑物以砖混结构为代表。

部分现浇、部分装配式。即内墙采用现浇钢筋混凝土墙板，而外墙及楼板、屋顶板均采用预制构件。该方法是一种混合施工方法，目前应用比较广泛，以大规模建筑物为代表。

装配式。建筑物的主要承重构件（如墙体、楼板、楼梯、屋顶板等）均为预制构件，在施工现场吊装、焊接、处理节点。这类建筑物以大板、砌块、预制框架、盒子结构为代表。

1.3.4 按建筑层数或总高度分类

1. 住宅类

（1）低层建筑：低层建筑是指1～3层的建筑物。

（2）多层建筑：多层建筑是指4～6层的建筑物。

(3)中高层建筑:中高层建筑是指7~9层的建筑物。

(4)高层建筑:高层建筑是指10层及10层以上的居住建筑物,以及建筑高度超过24m的其他民用建筑物。

2. 其他民用建筑类

(1)普通建筑:普通建筑是指高度不超过24m的民用建筑物和建筑高度超过24m的单层民用建筑物。

(2)超高层建筑:超高层建筑是指建筑高度超过100m的民用建筑物。

1.3.5 按结构的承重方式分类

(1)墙承重式:用墙体支承楼板及屋顶传来的荷载,常见的有土木结构、砖木结构、砖混结构等。这种承重体系适用于内部空间较小、建筑高度较小的建筑物。

(2)骨架承重式:用柱、梁、板组成的骨架承重,墙体只起围护作用,如框架轻板建筑物等。这种承重体系适用于跨度大、荷载大、高度大的建筑物。

(3)内骨架承重式:内部采用柱、梁、板承重,外部采用砖墙承重,这类建筑物大多是为了底层获取较大的使用面积,如底层为商店的住宅楼等。

(4)空间结构:空间结构是由钢筋混凝土或钢组成的空间结构,承受建筑物的全部荷载。对于有大跨度、大空间要求的公共建筑物(如体育馆等),需要采用大跨度空间结构体系。常见的有网架结构、悬索结构、薄壳结构等,这种结构体系所形成的屋顶造型不同,使得建筑物的外观具有特殊的艺术效果。

1.3.6 民用建筑的等级划分

各类建筑物在进行设计时,应根据建筑物的规模、重要性和使用性质,确定建筑物在使用要求、所用材料、设备条件等方面的质量标准,并相应确定建筑物的等级。民用建筑的等级是依据耐久和耐火两方面来进行划分的。

1. 按耐久等级(使用年限)划分

耐久等级的指标是使用年限,民用建筑的等级按耐久性来划分,一般分为五个等级,如表1-1所示。

表1-1 按耐久性规定的建筑物等级

建筑等级	建筑物性质	耐久等级
一	具有历史性、纪念性、代表性的重要建筑物和高层建筑物,如纪念馆、博物馆、国家大会堂等。	100年以上
二	重要的公共建筑,如一级行政机关办公楼、大城市火车站、国际宾馆、大型体育馆、大型剧院等。	50年以上
三	比较重要的公共建筑和居住建筑,如医院、高等院校、工业厂房等。	40~50年
四	普通的建筑物,如文教、交通、居住建筑及一般性厂房等。	15~40年
五	简易建筑和使用年限在15年以下的临时建筑物。	15年以下

在《民用建筑设计通则》(GB50352—2005)中对建筑物的设计使用年限作出了规定，如表1-2所示。

表1-2　　　　　　　　　　　　　设计使用年限分类

类别	设计使用年限/(年)	示例	类别	设计使用年限/(年)	示例
1	5	临时性建筑物	3	50	普通建筑物和构筑物
2	25	易于替换结构构件的建筑物	4	100	纪念性建筑和特别重要的建筑

注：设计使用年限是指不需要进行结构大修和更换结构构件的年限。

2. 按耐火程度分级

耐火等级取决于房屋的主要构件的耐火极限和燃烧性能。单位为小时。耐火极限是指从受到火的作用起，到失去支持能力或发生穿透性裂缝或构件背火一面温度升高到220℃时所延续的时间。

按材料的燃烧性能把材料分为燃烧材料（如木材等）、难燃烧材料（如木丝板等）和非燃烧材料（如砖、石等）三种。用上述材料制作的构件分别称为燃烧体、难燃烧体和非燃烧体。多层民用建筑物件的耐火等级分为四级，其划分方法如表1-3所示。

表1-3　　　　　　　　多层民用建筑构件的燃烧性能和耐火极限

构件名称		耐火等级			
		一级	二级	三级	四级
		燃烧性能和耐火极限/(h)			
墙	防火墙	非 4.00	非 4.00	非 4.00	非 4.00
	承重墙、楼梯间、电梯井墙	非 3.00	非 2.50	非 2.50	非 0.50
	非承重外墙、疏散走道的侧墙	非 1.00	非 1.00	非 0.50	非 0.25
	房间隔墙	非 0.75	非 0.50	难 0.50	难 0.25
柱	支承多层的柱	非 3.00	非 2.50	非 2.50	难 0.50
	支承单层的柱	非 2.50	非 2.00	非 2.00	燃
梁		非 2.00	非 1.50	非 1.00	难 0.50
楼板		非 1.50	非 1.00	非 0.50	难 0.25
屋顶承重构件		非 1.50	非 0.50	燃	燃
疏散楼梯		非 1.50	非 1.00	非 1.00	燃
吊顶（包括吊顶搁栅）		非 0.25	难 0.25	难 0.15	—

注：表中非是指非燃烧材料；难是指难燃烧材料；燃是指燃烧材料。

§1.4 建筑构造的影响因素及建筑标准化

1.4.1 建筑构造的影响因素

建筑构造设计的主要任务是确定构造方案、绘制切实可行的构造施工图。因此设计时必须考虑到与建筑构造密切相关的许多因素，诸如外界环境的影响，建筑技术条件的影响，建筑质量标准的影响，等等。

1. 外界环境的影响

(1) 外力的影响。

构件的自重和使用过程中作用在建筑物上的各种力统称为荷载。荷载可以归纳为静荷载(如结构自重等)和动荷载(如人群、家具、风载、雪载、地震荷载等)两大类。在动荷载中，风力是高层建筑物水平荷载的重要因素，特别是沿海地区，影响更大。此外，地震力是目前自然界中对建筑物影响最大也是最严重的一种因素。

荷载的大小是建筑物结构设计的重要依据，也是结构选型的重要基础，荷载大小决定着构件的尺度和用料多寡。而构件的选材、尺度、形状等又与其构造方式密切相关，所以在确定建筑物构造方案时，必须考虑外力的影响。在构造设计中，也应根据各地区的实际情况，予以设防。

(2) 自然气候的影响。

由于各地区的气候、地质及水文等情况大不相同，日晒、雨淋、风雪、冰冻、地下水、地震等因素将给建筑物带来影响。为防止建筑物由于大自然条件的变化而引起构配件的破坏和保证其正常使用，在构造设计时，必须针对建筑物各相关部位采取防潮、防水、隔热、保湿、隔蒸汽、防湿度变形、防震等措施。

(3) 人为因素和其他因素的影响。

人为因素对建筑物的影响主要是指人们从事生产和生活活动时带来的不利因素，诸如火灾、机械振动、噪声、化学腐蚀、人工气候、建筑物四周的绿化以及各种虫害等对建筑物的正常使用所形成的影响。因此，在进行建筑构造设计时，必须针对各种可能的因素，从建筑物构造上采取隔振、防腐、防爆、防火、隔声等相应的措施，以避免建筑物及其使用功能遭受较大的影响和损失。

2. 建筑技术条件的影响

构造方案的选择与确定除与建筑物使用功能有关外，还与结构类型、材料供应和施工技术条件有密切关系。由于建筑物结构形式不同，相应的构造措施也不一样。就材料和施工技术而言，如传统的砖混结构，一般以手工操作为主。当采用钢筋混凝土结构时，构件的尺寸和重量较砖石构件大，对施工机械和施工技术的要求也更高，其构造措施也不相同。钢结构具有自重轻，安装方便等优点，对这种结构的施工方法和构造处理当然也就有别于其他结构形式。因此，建筑构造方法一定要因建筑技术条件而有所选择。

3. 建筑物质量标准、造价等方面的影响

建筑物质量标准主要是指建筑物的耐久性、装修标准、设备标准等。建筑质量标准与造价的高低，经常直接影响到建筑构造设计方案。对民用住宅等大量民用建筑物而言，宜以经济实用为主，采取因地制宜、就地取材的方案。对于使用功能复杂，质量标准和造价较高的公共建筑物，从造型处理、材料选用及装修标准上都有更高的要求，构造上也往往采取比较特殊的处理方法。

1.4.2 民用建筑构造设计原则

1. 满足建筑物各项使用功能要求

由于建筑物的使用功能要求及某些特殊需要，如隔热、保温、隔声、吸声、防射线、防腐蚀、防振动等，给建筑设计提出了技术上的要求。为了满足使用要求，在构造设计时，必须综合有关技术知识，进行合理的设计、计算，并选择经济合理的构造方案。

2. 必须有利于结构的安全性

建筑物除根据荷载大小、结构的要求确定构件的必须尺度外，在构造上需采取措施，以保证构件的整体刚度和构件之间的连接，使之有利于结构的安全和稳定。

3. 适应建筑工业化的需要

在构造设计时，确定的建筑方案不仅应符合当地的施工条件，还应大力推广先进技术，选择各种新型建筑材料，采用国家和地方的标准设计，尽量选用定型构配件，为构配件生产的工厂化、现场施工机械化创造有利条件，以提高建设速度，改善劳动条件，保证施工质量并适应建筑工业化的需要。

4. 经济合理性

在构造设计中，应注意整体建筑物的经济效益问题，既要注意降低建筑造价，减少材料的能源消耗，又要利于降低经常运行、维修和管理的费用，考虑其综合的经济效益。

5. 美观大方

构造方案的处理是否细致且兼顾整体性，将对建筑物总体效果带来很大影响。构造方案的处理还应考虑其造型、尺寸、质感、色彩等艺术和美观问题，若有不当就会影响建筑物整体设计的效果。

综上所述，在构造设计中，坚固适用、技术先进、经济合理、美观大方是最基本的原则。

1.4.3 建筑模数标准化

为了使建筑制品、建筑构配件及其组合件的生产能够实现大规模建筑工业化生产，使得不同材料、不同形式和不同方法制造的建筑构配件及其组合件具有较大的通用性和互换性，达到减少构件类型、统一构件规格的目的。因此，必须将建筑物及其各部分的尺寸统一协调。为此，国家相关部门颁布了《建筑模数协调统一标准》（GBJZ—86），规定了模数和模数协调的原则，以作为科研、设计、施工构件制作的尺寸依据。

1. 模数

建筑模数是建筑设计中选定的标准尺寸单位，作为建筑物、建筑构件、建筑制品以及相关设备尺寸相互协调的基础。我国规定以100mm作为统一与协调建筑尺度的基本单位，称为基本模数，用符号 M 表示，即 1M=100mm。整个建筑物和建筑物的一部分以及建筑组合件的模数化尺寸，应是基本模数的倍数。

模数尺寸中凡为基本模数整数倍的称为扩大模数，其水平扩大模数的基数应为 3M，

6M，12M，15M，30M，60M，相应尺寸分别为 300mm，600mm，1200mm，1500mm，3000mm，6000mm。竖向扩大模数基数为 3M 与 6M，其相应尺寸为 300mm 和 600mm。

模数尺寸中凡为基本模数的分数倍的称为分模数。分模数基数为 1/10M，1/5M，1/2M，其相应的尺寸为 10mm，20mm，50mm。基本模数、扩大模数和分模数共同构成模数系列。

同时由于建筑设计中建筑部位、构件尺寸、构造节点，以及断面、缝隙等尺寸的不同要求，还分别采用以下模数：

1/20M(5mm)、1/50M(2mm)、1/100M(1mm) 等各分模数试用于成材的厚度、直径、缝隙、构造的细小尺寸以及建筑制品的公偏差等。

1/2M(50mm)、1/5M(20mm)、1/10M(10mm) 各分模数试用于各种节点构造、构配件的断面以及建筑制品的尺寸等。

1M(100mm)、3M(300mm)、6M(600mm) 等各基本模数和扩大模数适用于门窗洞口、构配件、建筑制品以及建筑物的跨度(进深)、柱距(开间)和层高的尺寸等。

12M(1200mm)、30M(3000mm)、60M(6000mm) 等各扩大模数适用于大型建筑物的跨度(进深)、柱距(开间)、层高及构配件的尺寸等。

2. 构件的相关尺寸

建筑设计中常见的三种尺寸是指标志尺寸、构造尺寸、实际尺寸。为了保证设计、生产、施工各阶段建筑制品、建筑构配件等相关尺寸之间的统一与协调，必须明确标志尺寸、构造尺寸和实际尺寸三者之间的关系。三种尺寸的关系如图 1-2 所示。

标志尺寸符合模数数列的规定，用以标注建筑物定位线(轴线)之间的距离(如开间、柱距、进深、跨度、层高等)以及建筑构配件、建筑制品及相关设备位置界线之间的尺寸，是应用最广泛的建筑物构造尺寸。

构造尺寸是建筑构配件、建筑制品、建筑组合件等的设计尺寸，一般情况下标志尺寸减去缝隙尺寸就是构造尺寸。

实际尺寸是建筑配件、建筑组合件及建筑制品等构件制成后的实有尺寸，实际尺寸与构造尺寸之间的差数为允许的建筑公差数值。

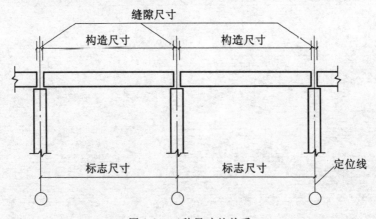

图 1-2 三种尺寸的关系

复习思考题 1

1. 建筑的基本构成要素有哪些？主要的构成要素是什么？
2. 建筑物按使用功能分为几类？
3. 一般民用建筑的主要组成构件有哪些？
4. 什么是建筑模数？什么是基本模数？
5. 什么是扩大模数？什么是分模数？分别适用于建筑物哪些部位建筑构件尺寸？
6. 建筑设计中三种常见尺寸之间存在何种关系？

第2章 基础与地下室构造

◎**内容提要**：基础是建筑物埋在地面以下的承重构件，基础的作用是承受上部建筑物传递下来的全部荷载，并将这些荷载连同自重传给下面的地基。本章主要介绍基础与地基的关系、基础的分类及构造，并对地下室的构造及防潮处理也做了适当阐述。

§2.1 基础与地基的关系

2.1.1 基础与地基的关系

在建筑工程中，把建筑物与土壤直接接触的部分称为基础。基础是建筑物埋置在地面以下的承重构件，是建筑物的重要组成部分，基础的作用是承受上部建筑物传递下来的全部荷载，并将这些荷载连同自重传给下面的土层。

地基不是建筑物的组成部分，是基础下面的土层，地基的作用是承受基础传来的全部荷载而产生应力和应变，其数值大小是随着土层深度的增加而减少的，如图2-1所示，在达到一定深度之后就可以忽略不计。直接承受建筑物荷载而需要进行计算压力的土层称为持力层，持力层以下的所有土层称为下卧层。地基不属于建筑物的组成部分。

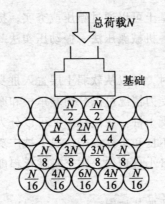

图2-1 地基的应力扩散示意图

地基可以分为天然地基和人工地基两类。凡天然土层本身具有足够的强度，能直接承受建筑物荷载的地基称为天然地基。凡天然土层本身的承载能力弱，或建筑物上部荷载较大，必须预先对土壤层进行人工加工或加固处理后才能承受建筑物荷载的地基称为人工地基。人工加固地基通常采用压实法、换土法、打桩法以及化学加固法等。

2.1.2 基础与地基的设计要求

1. 地基应具有足够的承载能力和均匀程度

建筑物应尽量选择地基承载力较高而且均匀的地段。地基土质应均匀，否则基础处理不当会使建筑物发生不均匀沉降，引起墙体开裂，严重时会影响建筑物的正常使用。

2. 基础应具有足够的强度和耐久性

基础是建筑物的重要承重构件，基础承受着上部结构的全部荷载，是建筑物安全的重要保证。因此基础必须具有足够的强度，才能保证将建筑物的荷载可靠地传给地基。

3. 经济技术要求

要求设计时尽量选择土质好的地段、优先选用地方材料、合理的构造形式、先进的施工技术方案，以降低消耗，节约工程成本。

2.1.3 地基的分类

地基可以分为天然地基和人工地基两种类型。

天然地基：不需经过处理就可以直接承受建筑物荷载的地基，如岩石、碎石、砂土、粉土、粘性土等。

人工地基：天然土层承载力较弱，缺乏足够的稳定性，不能直接承受建筑物荷载，必须进行人工加固，提高承载力和稳定性，这种经过人工处理的地基称为人工地基。

人工地基的常见做法：

1. 换土法

当建筑物基础下的持力层比较软弱，不能满足上部荷载对地基的要求时，常采用换土垫层来处理软弱土地基。

2. 机械压实法

对于含有一定承载力的地基土可以通过碾压或夯实，提高其强度，降低其透水性和压缩性，具体做法有重锤夯实法、机械碾压法、振动压实法等。

3. 打桩法

当地基土上部为软弱土层时，可以从软弱土层置入桩身，将建筑物建造在桩上，因此也可以称为桩基础。桩基础按受力情况可以分为端承桩和摩擦桩。桩基础的常用做法有预制钢筋混凝土桩、现浇钢筋混凝土桩。现浇桩中又可以分为钻孔灌注桩、挖孔灌注桩、爆扩桩等。桩基础是当基础土质不良和条件复杂情况下被广泛采用的基础形式，桩基础具有承载力高、整体性能好、沉降量小且均匀、施工机械化程度高等优点。

4. 化学处理法

通过使用化学药剂的方法使地基加固。

2.1.4 基础的埋置深度

由室外设计地面到基础底面的距离，称为基础的埋置深度，简称基础的埋深，如图 2-2 所示。埋深大于等于 5m 为深基础，小于 5m 为浅基础。在满足地基稳定和变形要求的前提下，地基宜浅埋，当上层地基的承载力大于下层土时，宜利用上层做持力层。除岩石地基外，基础埋深不宜小于 0.5m。

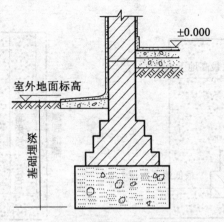

图 2-2 基础的埋深示意图

基础埋深的大小关系到地基的可靠性、施工的难易程度及工程造价的高低。影响基础埋深的因素很多，其主要因素如下：

1. 建筑物的用途，基础的形式和构造

当建筑物设置地下室、设备基础或地下设施时，基础埋深应满足使用要求；高层建筑物基础埋深应随建筑高度的增大而增大，才能满足稳定性要求。

2. 作用在地基上的荷载大小和性质

一般地，建筑物荷载较大时应加大基础埋深；受上拔力的基础应有较大埋深，以满足抗拔力的要求。

3. 工程地质和水文地质条件

基础应建立在坚实可靠的地基上，不能设置在承载力低，压缩性高的软弱土层上。

存在地下水时，确定基础埋深一般应考虑将基础埋于地下水位以上不小于 200mm 处。当地下水位较高，基础不能埋置在地下水位以上时，宜将基础埋置在最低地下水位以下 200mm 处，如图 2-3 所示。这种情况，基础应采用耐水材料，且同时考虑施工时基坑的排水和坑壁的支护等因素。

4. 土的冻结深度的影响

对于冬天地表土会结冰的地区，将结冰的土层厚度处称为冰冻线。为了防止冻融时土内所含的水的体积发生变化会对基础造成不良影响，基础底面应埋在冰冻线以下 200mm 处，如图 2-4 所示。

5. 相邻建筑物的埋深

一般情况下，新建建筑物的基础应浅于相邻的原有建筑物的基础，以避免扰动原有建筑物的地基土壤。当埋深大于原有建筑物基础的埋深时，两基础之间应保持一定水平距离，其数值应根据荷载的大小和性质等情况而定，如图 2-5 所示，一般为相邻两基础底面高差的两倍。若不能满足上述要求，应采取分段施工、设临时加固支撑、打板桩、做地下连续墙等施工措施，或加固原有建筑物的基础。

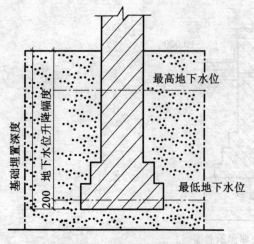
图 2-3 基础的埋深和地下水位的关系

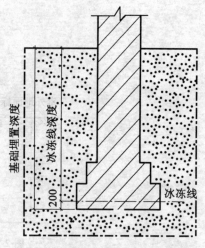
图 2-4 基础的埋深和冰冻线的关系

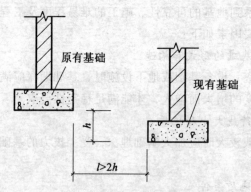
图 2-5 相邻建筑物基础埋深示意图

§2.2 基础的分类及构造

基础的类型较多,按基础所采用的材料和受力特点分为刚性基础和非刚性基础;依基础的构造形式分为条形基础、独立基础、联合基础、桩基础等。

2.2.1 按所用材料及受力特点分类

1. 刚性基础

由刚性材料制作的基础称为刚性基础。刚性材料一般是指抗压强度高,而抗拉、抗剪强度低的材料,在常用材料中,砖、石、混凝土等均属刚性材料。所以,砖、石砌体基础、混凝土基础称为刚性基础。从受力和传力的角度考虑,由于土壤单位面积的承载能力小,上部结构通过基础将其荷载传给地基时,基底宽 B 一般大于墙基的宽 B',才能适应地基受力的要求。

根据相关试验得知,上部结构(墙或柱)在基础中传递分力是沿一定角度分布的,这个传力角度称为压力分布角或称为刚性角,以 α 表示,如图 2-6 所示。

如果基础底面宽度超过了刚性角的控制范围,即由 B_1 增至 B,由于地基反作用力的原因,基础底面将产生冲切破坏,如图 2-7 所示。可见,刚性基础底面宽度的增大要受到刚性角的限制,刚性角是基础的宽 b 与基础的高 H 所夹的角,因此只有控制基础的宽高比($b:H$),才能保证基础不被拉力或冲切力破坏。

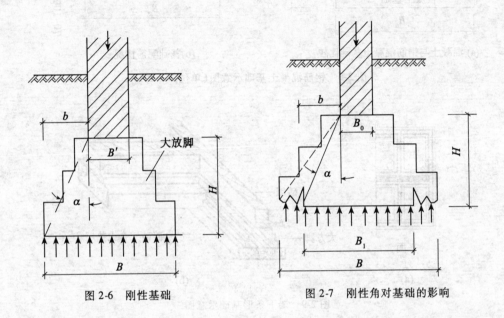

图 2-6 刚性基础　　　　　图 2-7 刚性角对基础的影响

2. 柔性基础(扩展基础)

采用刚性材料的基础,当建筑物的荷载较大,地基承载力较小时,必须加宽基础底面宽度。因刚性基础受刚性角的限制,势必也要增加基础的高度,这样就会增加土方工程量和基础材料的用量,对工期和工程造价都是不利的。如果将上部传来的荷载通过向侧边扩展成一定底面面积,使作用在基底的压应力等于或小于地基上的允许承载力,而基础内部的应力应同时满足材料本身的强度要求。

图 2-8 中实线部分为钢筋混凝土,虚线部分为混凝土,如果在混凝土基础的底部配以钢筋,利用钢筋来承受拉应力,使基础底部能够承受较大的弯矩,这时,基础的宽度不受刚性角的限制,这种起到压力扩散作用的基础,即钢筋混凝土基础,也称为柔性基础。

2.2.2　按基础的构造形式分类

基础按构造形式的不同可以分为条形基础、独立柱基础、联合基础(井格式基础、片筏式基础、板式基础、箱形基础)、桩基础等。

1. 条形基础

条形基础是指基础呈连续的带形,也称为带形基础。

(1)墙下条形基础。当建筑物上部为混合结构,在承重墙下往往做通长的条形基础,如图 2-9 所示。各种刚性基础如砖、石、灰土、灰浆、三合土、混凝土等均可以用于墙下条形基础,当地基较差、荷载很大时,承重砖墙下也可以采用钢筋混凝土条形基础。

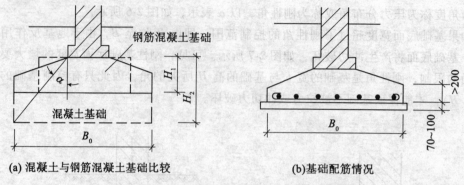

图 2-8 钢筋混凝土基础示意图（单位：mm）

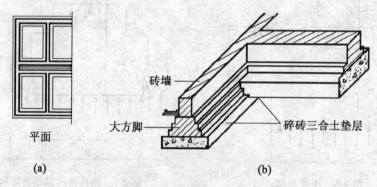

图 2-9 墙下条形基础示意图

（2）柱下条形基础。当建筑物上部为框架结构或部分框架结构，荷载较大，地基又属软弱土时，为了防止不均匀沉降，常采用钢筋混凝土条形基础，将各柱下的基础相互连接在一起，使整个建筑物的基础具有较好的整体性，如图 2-10 所示。为了减轻结构自重、节约基础材料、减轻地基承载力，充分发挥材料的强度。还可以采用壳体条形基础（筒壳或折壳条形基础），这类基础采用单跨长条筒壳或折壳来代替钢筋混凝土条形基础，如图 2-10(b) 所示。

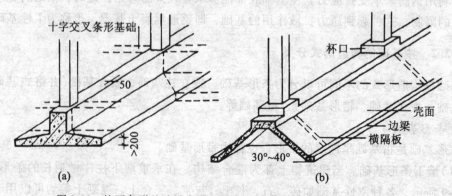

图 2-10 柱下条形基础示意图（(b)图为壳体条形基础，单位：mm）

2. 独立式基础

当建筑物上部结构采用框架结构或单层排架及门架结构承重时，其基础常采用方形或矩形的单独基础，这种基础称为独立基础或柱式基础。当柱采用预制构件时，则基础做成杯口形，然后将柱子插入。并嵌固在杯口内，故称为杯形基础，如图 2-11 所示。

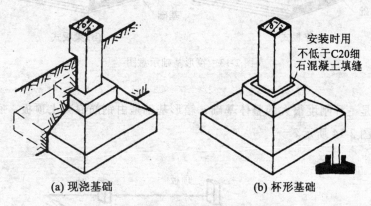

(a) 现浇基础　　　(b) 杯形基础

图 2-11　独立式基础示意图

3. 联合基础

联合基础类型较多，常见的有井格式基础、片筏式基础和箱形基础等。

(1) 井格式基础。

当框架结构处在地基条件较差的情况时，为了提高建筑物的整体性，以免各柱子之间产生不均匀沉降，常将柱下基础沿纵、横方向连接起来，做成十字交叉的井格基础，故又称为十字带形基础，如图 2-12 所示。

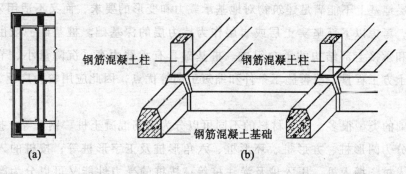

图 2-12　井格式基础示意图

(2) 筏形基础。

当建筑物上部荷载较大，或地基土质很差，承载能力小，采用独立基础或井格基础不能满足要求时，可以采用筏形基础。筏形基础有平板式和梁板式之分，如图 2-13 所示。

(3) 箱形基础。

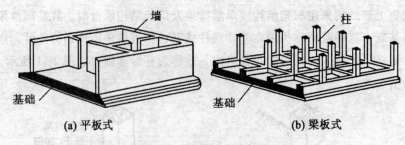

图 2-13 筏形基础示意图

箱形基础是一种刚度很大的整体基础,箱形基础是由钢筋混凝土顶板、底板和纵、横墙组成的,如图 2-14 所示。

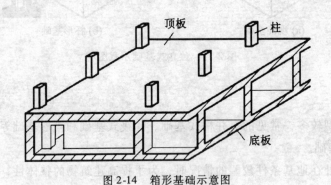

图 2-14 箱形基础示意图

(4) 桩基础。

当浅层地基上不能满足建筑物对地基承载力和变形的要求,而又不适用采取地基处理措施时,考虑以下部坚实土层或岩层作为持力层的深基础。桩基础一般由设置于土中的桩柱和承接上部结构的承台组成。桩基础具有承载力高、沉降量小、节省基础材料、减少土方工程量、改善施工条件和缩短工期等优点,因此应用较为广泛,如图 2-15 所示。

桩基础的类型很多,按其材料的不同可以分为钢筋混凝土桩、钢桩等;按桩的断面形状可以分为圆形桩、方形桩、环形桩、六角形桩及工字形桩等;按桩的入土方法可以分为打入桩、振入桩、压入桩及灌注桩等;按桩的受力性能又可以分为摩擦桩与端承桩。

摩擦桩是通过桩侧表面与周围土的摩擦力来承受荷载的,适用于软土层较厚、坚硬土层较深、荷载较小的情况。端承桩是将建筑物的荷载通过桩端传给地基深处的坚硬土层,适合于坚硬土层较浅、荷载较大的情况。

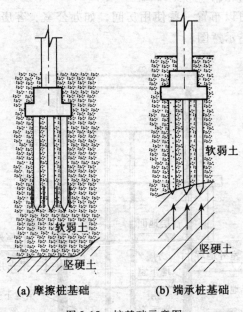

(a) 摩擦桩基础　　(b) 端承桩基础

图 2-15　桩基础示意图

§2.3　地下室构造

2.3.1　地下室的类型及构造组成

1. 地下室分类

按其功能地下室分为普通地下室和人防地下室；按其形式地下室分为全地下室和半地下室；按其材料地下室分为砖混结构地下室和混凝土结构地下室。如图 2-16、图 2-17 所示。

(1) 按功能分类。

①普通地下室：普通地下室是建筑空间在地下的延伸，通常为单层，有时根据需要可达数层。由于地下室的环境比地上房间差，住宅不允许设置在地下室。地下室可以布置一些无长期固定使用对象的公共场所或建筑物的辅助房间，如营业厅、健身房、库房、设备间、车库等。地下室的疏散和防火要求严格，尽量不把人流集中的房间设置在地下室。

②人防地下室：人防地下室是钢筋混凝土密闭的六面体，是专为战时防空、防爆、防化、防核等准备的人员临时居留处所。人防地下室有防爆门，厚度可达 300mm 以上。

(2) 按形式分类。

①全地下室：当地下层房间地坪低于室外地坪面的高度超过该房间净高的 $\frac{1}{2}$ 时，称为全地下室。

②半地下室：当地下层房间地坪低于室外地坪面高度超过该房间净高 $\frac{1}{3}$ 且不超过 $\frac{1}{2}$ 的

称半地下室。半地下室有相当一部分露在室外地面以上，采光和通风比较容易解决，其周边环境要优于地下室，可以布置一些使用房间，如办公室、客房等。如图2-16所示，为全地下室和半地下室构造示意图。

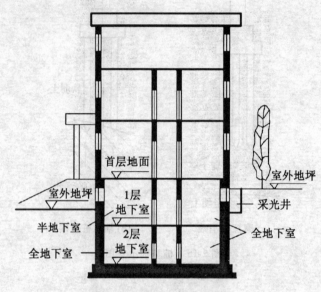

图2-16　地下室构造示意图

2. 地下室的构造组成

地下室是由墙、顶板、底板、门窗、采光井等部分组成，如图2-16所示。

（1）墙体。

地下室的墙体在承受上部结构所有荷载的同时，还要抵抗土壤的侧向压力，所以地下室墙体的强度、稳定性应十分可靠。地下室的外墙应按挡土墙设计，地下室墙体的工作环境潮湿，墙体材料应具有良好的防水、防潮性能。一般采用砖墙、混凝土墙或钢筋混凝土墙。若采用砖墙，其厚度不小于500mm，外侧应做防水、防潮处理。若采用混凝土墙或钢筋混凝土墙板，其厚度应经计算确定，并注意施工缝处理，以防渗水。

（2）顶板。

一般采用预制或现浇钢筋混凝土板，若做人防地下室，顶板均为现浇钢筋混凝土板。与楼板相同，在无采光的地下室顶板上，即首层地板处应设置保温层，以利于首层房间的使用舒适。

（3）底板。

底板一般为现浇钢筋混凝土板。由于底板承受较大荷载，且易受地下水影响，所以地下室的底板应具有良好的整体性和较大的刚度，并具有防水、抗渗能力。

（4）门和窗。

普通地下室的门窗与地上房间门窗相同，地下室外窗在室外地坪以下时，应设置采光井以利于室内采光、通风和室外行走安全。

（5）采光井。

为了改善地下室的室内环境,在城市规划部门允许的情况下,为了增加开窗面积,一般在窗外设置采光井。采光井由侧墙、底板、遮雨或铁栅栏组成。侧墙为砖砌,底板多为现浇混凝土。采光井底部抹灰应向外侧倾斜,并在井底低处设置排水管,如图2-17所示。

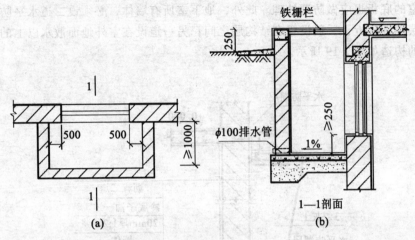

图 2-17 采光井构造示意图(单位:mm)

2.3.2 地下室的防潮和防水构造

1. 地下室的防潮

当地下水的常年设计水位和最高水位均在地下室底板高程之下,且地下室周围没有其他因素形成的滞水时,地下室不受地下水的直接影响,墙体和底板只受无压水和土壤中毛细管水的影响,此时地下室只需作防潮处理,如图2-18所示。

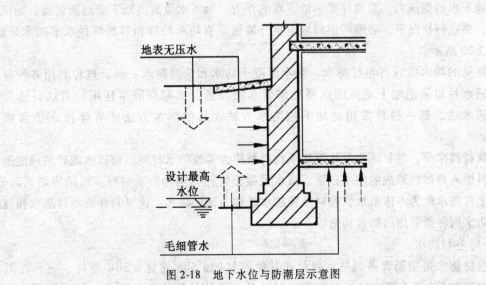

图 2-18 地下水位与防潮层示意图

砖墙体必须采用水泥砂浆砌筑，灰缝必须饱满，在外墙外侧设垂直防潮层。防潮层的做法一般为20mm厚的1∶2水泥砂浆找平，刷冷底子油一道、热沥青二道，防潮层做至室外散水处；然后在防潮层外侧周边回填低渗透性土壤，如粘土、灰土等，并逐层夯实，底宽为500mm左右。

地下室的底板也应做防潮处理。此外，地下室所有墙体，必须设二道水平防潮层，一道设在底层地坪附近，一般设置在结构层之间；另一道设在室外地面散水以上的位置，地下室防潮的构造如图2-19所示。

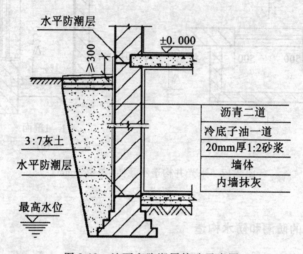

图 2-19　地下室防潮层构造示意图

2. 地下室的防水

当最高地下水位线高于地下室地面，即地下室的外墙和地坪浸在水下时，地下室外墙受到地下水的侧压力，而地坪受到地下水的浮力。地下水位高出地下室地面愈高，则压力愈大，在这种情况下，必须考虑对地下室外墙做垂直防水处理和对地坪做水平防水处理，如图2-20所示。

常见的防水措施有卷材防水、防水混凝土防水和涂膜防水三种。这种利用各种材料的不透水性以隔绝地下室外围水及毛细管水的渗透，以起到隔水作用的方法，通常被称为隔水法，是一种最常用的地下室防水方法。其他防水方法还有降排水法和综合法等。

从材料来分，卷材防水及涂膜防水材料被称为柔性防水材料。而以水泥砂浆或混凝土为主料掺入外加剂形成的防水砂浆、防水混凝土则称为刚性防水材料。以结构形式区分，混凝土自防水称为本体防水，卷材涂膜防水统称为辅助防水。这里只介绍卷材防水和混凝土自防水两种最常用的防水构造。

(1) 卷材防水。

卷材防水是用沥青系列防水卷材或其他卷材（如SBS卷材、SBC卷材、三元乙丙橡胶防水卷材等）作为防水材料。防水卷材粘贴在墙体外侧称为外防水，粘贴在墙体内侧称为内防水。由于外防水的防水效果好，因此应用较多；内防水一般在补救或修缮工

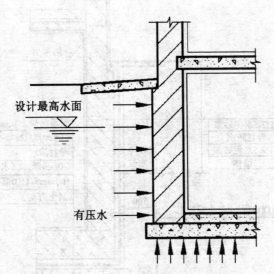

图 2-20 地下室的水压情况示意图

程中应用。卷材防水在施工时首先应做地下室底板的防水,然后把卷材沿地坪连续粘贴到墙体外表面。地下室地面防水首先在基底浇筑混凝土垫层,然后粘贴卷材,再在卷材上抹 20mm 厚 1∶3 水泥砂浆。最后浇注钢筋混凝土底板。墙体外表面先抹 20mm 厚 1∶3 水泥砂浆,刷冷底子油,然后粘贴卷材。卷材的粘贴应错缝。相邻卷材搭接宽度不小于 100mm,卷材最上部应高出最高水位 500mm 左右,外侧砌半砖护墙,如图 2-21 所示。

卷材防水应慎重处理水平防水层和垂直防水层的交换处和平面交角处的构造,如果处理不当易在该处发生渗漏,一般应在这些部位加设卷材,转角部位的找平层应做成圆弧形,在墙面与底板的转角处,通常是在素混凝土底板上粘贴水平防水层,底板外缘先砌一道临时保护墙(墙厚 120mm、墙高为板厚加 420mm),保护墙下段为永久性的,可以用水泥砂浆砌筑,其上段用石灰砂浆砌筑,以便日后拆除,如图 2-22 所示。

(2)防水混凝土防水。

当建筑高度较大或地下室层数较多时,地下室的墙体往往采用钢筋混凝土结构。如果把地下室的墙体和底板用防水混凝土整体浇筑在一起,可以使地下室的墙体和底板在具有承重和围护功能的同时,具备防水的能力。

防水混凝土的配制在满足强度要求的同时,重点考虑抗渗的要求。防水混凝土的施工与普通混凝土相同,所不同的是借不同的集料级配,以提高混凝土的密实性,或在混凝土内掺入一定量的外加剂,使其抗渗能力不小于 0.6MPa。

地下室的防水属于建筑物的隐蔽工程,由于地下的情况复杂,有时一些突发事故,如供水管线漏水,也会对建筑物的地下室防水带来不利的影响,对一些重要的地下室往往在构件自防水的基础上加设卷材防水,形成"刚柔结合"的防水形式,以提高防水的可靠性,防水混凝土防水构造如图 2-23 所示。

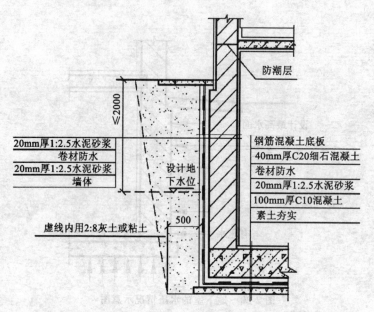

图 2-21 卷材防水构造示意图

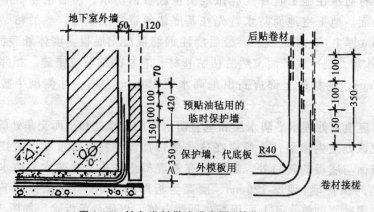

图 2-22 转角卷材做法示意图(单位:mm)

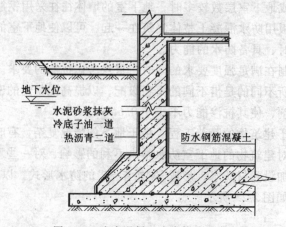

图 2-23 防水混凝土防水构造示意图

复习思考题 2

1. 什么是基础和地基？基础和地基有何区别？
2. 地基与基础的设计要求有哪些？
3. 影响基础埋置深度的因素有哪些？
4. 什么是刚性基础、柔性基础？
5. 基础按构造形式分为哪几类？一般适用于什么情况？
6. 地下室的防潮一般如何处理？地下室的防水构造有哪些类型？

第3章 墙 体

◎**内容提要**：墙体是房屋的重要承重结构，墙体也是建筑物的主要围护结构。其造价、工程量和自重往往是建筑物所有构件中所占份额最大的，因此在建筑设计中，合理地选择墙体的材料、结构方案、构造做法十分重要。墙体在建筑物中所处的不同位置，功能与作用也不同，对应的设计要求也不同。本章内容主要介绍块材墙体构造、隔墙与隔断的构造，幕墙的构造做法。对外墙体保温隔热等知识也作了适当的介绍。

§3.1 墙体的类型和设计要求

3.1.1 墙体的作用

墙体是建筑物中重要的构件，墙体的作用主要有以下三个方面：

1. 承重作用

承重墙承受建筑物部分或全部荷载及风荷载，是建筑物的主要竖向承重构件。

2. 围护作用

外墙是建筑围护结构的主体，担负着抵御自然界中的风、雨、雪及噪声、冷热、太阳辐射等不利因素侵袭的责任。

3. 分隔作用

墙体是建筑水平方向划分空间的构件，把建筑物内部划分成不同的空间。

3.1.2 墙体类型

按墙体所在的位置、受力情况、所用的材料及施工方法等的不同，墙体可以分为不同的类型。

1. 按墙体所在位置及方向分类

建筑物的墙体依其在房屋中所处位置的不同，有内外墙之分和纵横墙之分，如图3-1所示。

外墙：房屋的外部墙体，分外横墙和外纵墙。

内墙：房屋的内部墙体，分内横墙和内纵墙。

纵墙：沿房屋长轴方向布置的墙。

横墙：沿房屋短轴方向布置的墙。

另外，根据墙体与门窗的位置关系，平面上窗洞之间的墙体可以称为窗间墙，立面上下洞口之间的墙体可以称为窗下墙，屋顶上部的墙称为女儿墙。

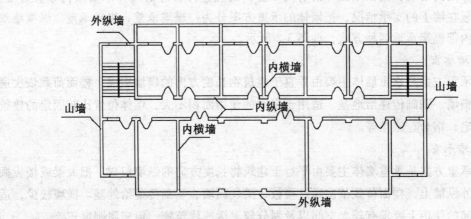

图 3-1　建筑平面图中的墙体分类示意图

2. 按墙体受力情况分类

承重墙：承受上部结构（梁、板、屋架等）传来的荷载的墙。

非承重墙：不承受上部荷载的墙，包括自承重墙和框架墙。自承重墙是仅承受自身质量的墙，如隔墙、填充墙和幕墙等。

隔墙的主要作用是分隔建筑物的内部空间，其自重由属于建筑物结构支承系统中的相关构件承担。填充墙（框架墙）为在框架结构中，位于框架梁、柱之间的后砌墙，其作用是分隔或围护。幕墙一般是指悬挂于建筑物外部骨架外或楼板之间的轻质外墙。处于建筑物外围护系统位置上的填充墙和幕墙还要承受风荷载和地震荷载。

3. 按墙体材料分类

根据墙体建造材料的不同，墙体还可以分为砖墙、石墙、土墙、砌块墙、混凝土墙以及其他用轻质材料制作的墙体。其中粘土砖虽然是我国传统的墙体材料，但粘土砖越来越受到材源的限制，我国有许多地方已经限制在建筑工程中使用实心粘土砖。砌块墙是砖墙的良好替代品，由多种轻质材料和水泥等制成，例如加气混凝土砌块。混凝土墙则可以现浇或预制，在多层建筑物、高层建筑物中应用较多。

此外，墙体根据其施工方式，还可以分为组砌式墙（如石墙、砌块墙等）、预制装配式墙（如大板建筑物、盒子建筑物、大中型砌块建筑物等的预制墙板）、现浇整体式墙（如大模板建筑物中的钢筋混凝土墙体）。

4. 按墙体构造方式分类

按墙体构造方式墙体可以分为实体墙、空体墙和组合墙三种。实体墙由单一材料组成，如砖墙、砌块墙等。空体墙也是由单一材料组成，可以由单一材料砌成内部空腔，也可以用具有孔洞的材料建造墙，如空斗砖墙、空心砌块墙等。组合墙由两种以上材料组合而成，例如混凝土、加气混凝土复合板材墙。其中混凝土起承重作用，加气混凝土起保温隔热作用。

3.1.3　墙体的承重方案

墙体是多层砖混房屋的围护构件，也是主要的承重构件。墙体布置必须同时考虑建筑和结构两方面的要求,既满足设计的房间布置,又应选择合理的墙体承重结构布置方案。根据梁、板在墙上的支承情况,把墙体的承重方案分为:横墙承重、纵墙承重、纵横墙双向承重、内部框架承重四种方式,如图 3-2 所示。

1. 横墙承重

横墙承重方案是承重墙体主要由垂直于建筑物长度方向的横墙组成。楼面荷载依次通过楼板、横墙、基础传递给地基。适用于房间的使用面积不大,墙体位置比较固定的建筑物,如住宅、宿舍、旅馆等。

2. 纵墙承重

纵墙承重方案是承重墙体主要由平行于建筑物长度方向的纵墙组成。把大梁或楼板搁置在内、外纵墙上,楼面荷载依次通过楼板、梁、纵墙、基础传递给地基。横墙较少,适用于对空间的使用上要求有较大空间以及划分较灵活的建筑物,但房屋刚度较差。

3. 纵、横墙承重

纵、横墙承重方案是承重墙体由纵、横两个方向的墙体混合组成。采用该方案的建筑物组合灵活,空间刚度较好,墙体材料用量较多,适用于开间、进深变化较多的建筑物。

4. 局部框架承重

局部框架承重是房间内部由梁和柱形成框架承重体系,房间四周由纵墙和横墙承重,内框架与外墙共同承担水平构件的荷载,其特点是房屋空间大,布置灵活,不受墙体布置的限制,房屋整体性能好,抗震性能高。

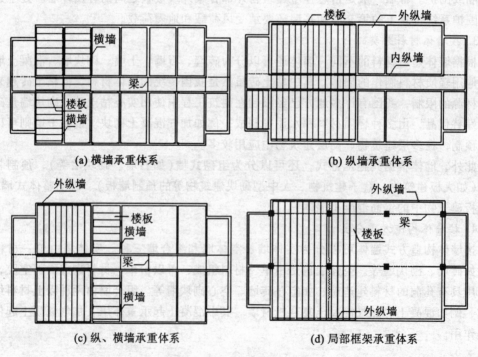

图 3-2 墙体的承重体系示意图

3.1.4 墙体的设计要求

1. 具有足够的强度和稳定性

墙体的强度是指墙体承受荷载的能力，墙体的强度与墙体所采用的材料以及同一材料的强度等级有关。作为承重墙的墙体，必须具有足够的强度，以确保结构的安全。

墙体的稳定性与墙的高度、长度和厚度有关。高而薄的墙稳定性差，矮而厚的墙稳定性好；长而薄的墙稳定性差，短而厚的墙稳定性好。

2. 满足保温、隔热等热工方面的要求

建筑物在使用中对热工环境舒适性的要求带来一定的能耗，从节能的角度出发，也为了降低长期的运营费用，要求作为围护结构的外墙具有良好的热稳定性，使室内温度环境在外界环境气温变化的情况下保持相对的稳定，减少对空调和采暖设备的依赖。

3. 满足防火要求

墙体选用的材料及截面厚度，都应符合防火规范中相应燃烧性能和耐火极限所规定的要求。在较大的建筑物中应设置防火墙，把建筑物分成若干区段，以防止火灾蔓延。

4. 满足隔声的要求

墙体主要隔离由空气直接传播的噪声。一般采取以下措施：

(1)加强墙体缝隙的填密处理。

(2)增加墙厚和墙体的密实性。

(3)采用有空气间层式多孔性材料的夹层墙。

(4)在建筑总平面中考虑隔声问题：将不怕噪声干扰的建筑物靠近城市干道布置，对后排建筑物可以起到隔声作用。也可以尽量利用绿化带来降低噪声。

5. 满足防潮、防水的要求

在卫生间、厨房、实验室等用水房间的墙体以及地下室的墙体应满足防水、防潮要求。通过选用良好的防水材料及恰当的构造做法，可以保证墙体的坚固耐久，使室内保持良好的卫生环境。

6. 满足建筑工业化要求

在大量的民用建筑物中，墙体工程量占相当的比重。因此，建筑工业化的关键是墙体改革，可以通过提高机械化施工程度来提高工效、降低劳动强度，并采用轻质高强的墙体材料，以减轻自重、降低工程成本。

§3.2 块材墙体构造

3.2.1 墙体材料

块材墙所用材料主要分为块材和胶结材料两部分。

1. 常用块材

(1)砖。

①烧结砖。凡是通过焙烧而制得的砖称为烧结砖，包括普通粘土砖、烧结多孔砖、烧结空心砖等。

普通粘土砖主要以粘土为原材料,经配料、调制成型、干燥、高温焙烧而制成。普通粘土砖的抗压强度较高,有一定的保温隔热作用,其耐久性较好,可以用做墙体材料及砌筑柱、拱、烟囱及基础等。但由于粘土材料占用农田,随着墙体材料的改革和发展,实心粘土砖将逐步退出历史舞台。

烧结空心砖和烧结多孔砖都是以粘土、页岩等为主要原料,经焙烧而成。前者孔洞率不小于35%,孔洞为水平孔。后者孔洞率在15%~35%之间,孔洞尺寸小而数量多。这两种砖主要适用于非承重墙体,但不应用于地面以下或防潮层以下的建筑部位。

②非烧结砖。以工业废渣为原料制成的砖称为非烧结砖。利用工业废渣中的硅质成分与外加的钙质材料在热环境中反应生成具有胶凝能力和强度的硅酸盐,从而使这类砖具有强度和耐久性。非烧结砖的种类主要有:蒸压灰砂砖、粉煤灰砖、炉渣砖等。

常用粘土砖规格为:240mm(长)×115mm(宽)×53mm(厚),在实际工程中,加上砌筑所需的灰缝尺寸,正好形成4:2:1的比值,便于砌筑时互相搭接和组合,如图3-3所示。

砖以抗压强度大小为标准划分强度等级。强度等级有:MU30、MU25、MU20、MU15、MU10、MU7.5等(MU7.5即抗压强度平均值不小于$30.0N/mm^2$)。

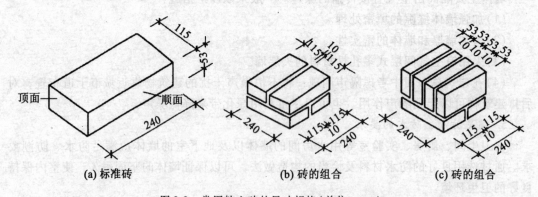

图3-3 常用粘土砖的尺寸规格(单位:mm)

(2)砌块。

砌块是利用混凝土、工业废料(煤渣、矿渣等)或地方材料制成的人造块材,其外形尺寸比砖大,具有设备简单,砌筑速度快的优点,符合建筑工业化发展中墙体改革的要求。

砌块按不同尺寸和质量的大小分为小型砌块、中型砌块和大型砌块。砌块系列中主规格的高度大于115mm而又小于380mm的称为小型砌块,高度为380~980mm的称为中型砌块,高度大于980mm的称为大型砌块,使用中以中小型砌块居多。按构造方式砌块可以分为实心砌块和空心砌块,空心砌块有单排方孔、单排圆孔和多排扁孔三种形式,其中多排扁孔的砌块对保温较有利。按砌块在组砌中的位置与作用可以分为主砌块和辅助砌块。

目前常用的有混凝土空心砌块和加气混凝土砌块。混凝土空心砌块按组成砌块的原材料分,有普通混凝土砌块、工业废渣骨料混凝土砌块、天然轻骨料混凝土砌块和人造轻骨料混凝土砌块等。加气混凝土砌块是含硅材料和钙质材料加水并加适量的发气剂和其他外加剂，经混合搅拌、浇注发泡、坯体静停与切割后，再经蒸压或常压蒸气养护制成。加气混凝土制成的砌块具有容重轻、耐火、承重和保温等特殊性能。蒸压加气混凝土砌块则长度多为600mm，其中 a 系列宽度为 75mm、100mm、125mm 和 150mm，厚度为 200mm、250mm 和 300mm；b 系列宽度为 60mm、120mm、180mm 等，厚度为 200mm 和 300mm。

吸水率较大的砌块不能用于长期浸水、经常受干湿交替或冻融循环的建筑部位。

2. 胶结材料

块材需经胶结材料的粘结砌筑成墙体，使墙体传力均匀。同时胶结材料还起着嵌缝作用，能提高墙体保温、隔热、隔声、防潮等性能。块材墙的胶结材料主要是砂浆。砂浆要求有一定的强度，以保证墙体的承载能力，还要求有适当的稠度和保水性（即和易性），方便施工。

常用的砌筑砂浆有水泥砂浆、混合砂浆、石灰砂浆三种。比较砂浆性能的指标主要是强度、和易性、防潮性等若干方面。水泥砂浆适用于潮湿环境及水中的砌体工程；石灰砂浆仅用于强度要求低、干燥环境中的砌体工程；混合砂浆不仅和易性好，而且可以配制成各种强度等级的砌筑沙浆，除对耐水性有较高要求的砌体外，可以广泛用于各种砌体工程中。

砂浆的强度等级分为7级：M15、M10、M7.5、M5、M2.5、M1、M0.4。在同一段砌体中，砂浆和块材的强度有一定的对应关系，以保证砌体的整体强度不受影响。

3.2.2 组砌方式

组砌是指块材在砌体中的排列。组砌的关键是错缝搭接，使上、下层块材的垂直缝交错，保证墙体的整体性。如果墙体表面或内部的垂直缝处于一条线上，即形成通缝（如图3-4所示）。在荷载作用下，通缝会使墙体的强度和稳定性显著降低。

1. 砖墙的组砌

在砖墙的组砌中，长边垂直于墙面砌筑的砖称为丁砖，长边平行于墙面砌筑的砖称为顺砖。上、下两皮砖之间的水平缝称为横缝，左、右两块砖之间的缝称为竖缝，如图3-4所示。标准缝宽为10mm，可以在 8~12mm 之间进行调节。组砌原则：砖缝砂浆应饱满；砖缝横平竖直、上下错缝、内外搭接。如图3-5、图3-6所示是普通粘土砖的组砌方法，可以作为一种参考。即使完全取消砖块的使用，有时用仿砖的饰面砖来做装修时，这种肌理也是有用的。

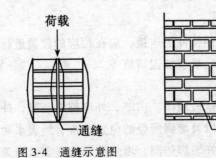

图 3-4　通缝示意图

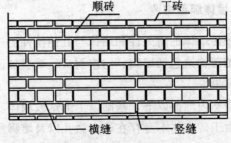

图 3-5　砖墙组砌名称

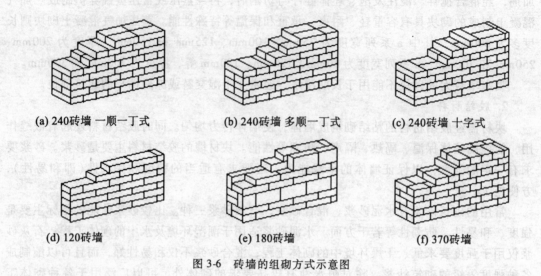

图 3-6 砖墙的组砌方式示意图

2. 砌块墙的组砌

砌块在组砌中与砖墙不同的是，由于砌块规格较多、尺寸较大，为保证错缝以及砌体的整体性，砌块需要在建筑平面图和立面图上进行砌块的排列设计，注明每一砌块的型号，如图 3-7 所示。排列设计的原则：正确选择砌块的规格尺寸，减少砌块的规格类型；优先选用大规格的砌块做主砌块，以加快施工速度；上下皮应错缝搭接，搭接长度为砌块长度的 $\frac{1}{4}$，高度的 $\frac{1}{3} \sim \frac{1}{2}$，且不应小于 90mm。由于砌块规格多，外形尺寸往往不像砖那样规整，因此砌块组砌时，缝型比较多，水平缝有平缝和槽口缝，垂直缝有平缝、错口缝和槽口缝等形式。水平和垂直灰缝的宽度不仅应考虑到安装方便、易于灌浆捣实，以保证墙体足够的强度和刚度，而且还应考虑隔声、保温、防渗等问题。

当采用混凝土空心砌块时，应在房屋四大角、外墙转角、楼梯间四角设芯柱。芯柱用 C15 细石混凝土填入砌块孔中，并在孔中插入通长钢筋，如图 3-8 所示。

当砌体墙作为填充墙使用时，其构造要点主要体现在墙体与周边构件的拉结、合适的高厚比、其自重的支承以及避免成为承重的构件。此外，为了保证填充墙上部结构的荷载不直接传到该墙体上，即保证其不承重，当墙体砌筑到顶端时，应将顶层的一皮砖斜砌。

3.2.3 墙体细部构造

为了保证砖墙体的耐久性和墙体与其他构件的连接，应在相应的位置进行细部构造处理。墙体的细部构造包括墙脚、门窗洞口、墙身加固措施等。

1. 墙脚构造

墙脚是指室内地面以下、基础以上的这段墙体。内墙、外墙都有墙脚，外墙的墙脚又称为勒脚。由于砖砌体本身存在许多微孔以及墙脚所处的位置，常有地表水和土壤中的水渗入，影响室内卫生环境。因此，必须做好墙脚防潮，增强勒脚的坚固及耐久性，排除房

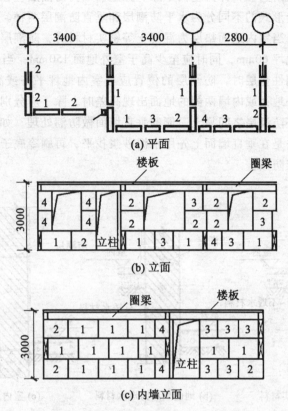

图 3-7 砌块排列示意图(单位:mm)

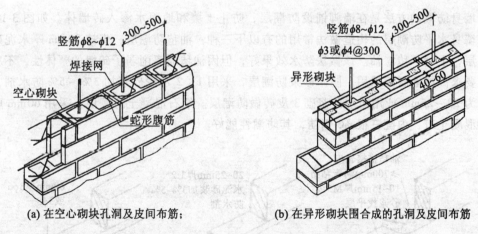

图 3-8 用空心砌块做配筋砌体(单位:mm)

屋四周地面水。吸水率较大、对干湿交替作用敏感的砖和砌块不能用于墙脚部位,如加气混凝土砌块。

(1)墙身防潮。

墙身防潮是在墙脚铺设防潮层,以防止土壤中的水分由于毛细作用上升使建筑物墙身受潮，提高建筑物的耐久性，保持室内干燥、卫生。墙身防潮层应在所有的内墙、外墙中连续设置，且按构造形式的不同分为水平防潮层和垂直防潮层两种。

防潮层的位置：当室内地面垫层为混凝土等密实材料时，防潮层设在垫层厚度中间位置，一般低于室内地坪60mm，同时应至少高于室外地面150mm；当室内地面垫层为三合土或碎石灌浆等非刚性垫层时，防潮层的位置应与室内地坪平齐或高于室内地坪60mm；当室内地面低于室外地面或内墙两侧的地面出现高差时，除了应分别设置两道水平防潮层外，还应对两道水平防潮层之间靠土一侧的垂直墙面做防潮处理，如图3-9所示。墙身垂直防潮层的具体做法是在垂直墙面上先用水泥砂浆找平，再刷冷底子油一道、热沥青两道或采用防水砂浆抹灰防潮。

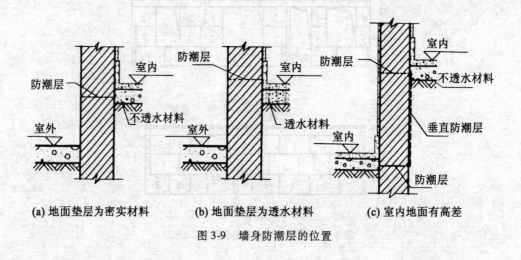

图3-9 墙身防潮层的位置

墙身防潮的方法是在墙脚铺设防潮层，防止土壤和地面水渗入砖墙体。如图3-10所示，墙身水平防潮层的构造做法常用的有以下三种：油毡防潮层，先抹20mm厚水泥砂浆找平层，上铺一毡二袖。该做法防水效果好，但因油毡隔离削弱了砖墙的整体性，不应在刚度要求高或地震区采用。防水砂浆防潮层，采用1:2水泥砂浆加3%~5%防水剂，其厚度为20~25mm或用防水砂浆砌3皮砖做防潮层。细石混凝土防潮层，采用60mm厚的细石混凝土带，内配三根$\phi 6$钢筋，其防潮性能好。

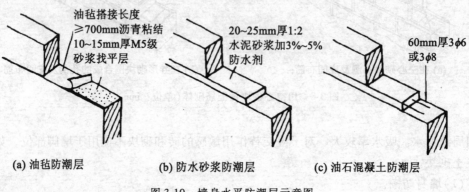

图3-10 墙身水平防潮层示意图

（2）勒脚。

勒脚是外墙的墙脚，是墙体接近室外地面的部分。一般情况下，其高度为室内地坪与室外地面的高差部分。有的工程将勒脚高度提高到底层室内踢脚线或窗台的高度。勒脚所处的位置是墙体容易受到外界碰撞和雨、雪侵蚀的部位。同时，地表水和地下水所形成的地潮还会因毛细作用而沿墙体不断上升，既容易造成对勒脚部位的侵蚀和破坏，又容易致使底层室内墙面的底部发生抹灰粉化、脱落，装饰层表面生霉等现象，影响人体健康。在寒冷地区，冬季潮湿的墙体部分还可能产生冻融破坏的后果。因此，在构造上必须对勒脚部分采取相应的防护措施。

另外，勒脚的做法、高矮、色彩等应结合建筑造型，选用耐久性高的材料或防水性能好的外墙饰面。一般采用以下几种构造做法：抹水泥砂浆、水刷石、斩假石；或外贴面砖、天然石板等，如图3-11所示。我国江南一些水乡临水的建筑物，往往直接用天然石块来砌筑基础以上直到勒脚高度部分的墙体。

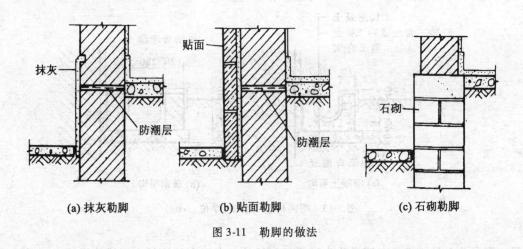

图3-11　勒脚的做法

（3）散水与明沟构造。

为保护墙基不受雨水的侵蚀，常在外墙四周将地面做成向外倾斜的坡面，以便将屋面雨水排至远处，这一坡面称为散水或护坡。还可以在外墙四周做明沟，将通过水落管流下的屋面雨水等有组织地导向地下集水井（又称为集水口），然后流入排水系统。一般雨水较多的地区多做明沟，干燥的地区多做散水。散水所用材料与明沟相同，散水坡度约5%，其宽一般为600~1000mm。散水的做法通常是在基层土壤上现浇混凝土或用砖、石铺砌，水泥砂浆抹面。明沟通常采用素混凝土浇筑，也可以用砖、石砌筑，并用水泥砂浆抹面，如图3-12、图3-13所示。其中散水和明沟都是在外墙面的装修完成后再做的。散水、明沟与建筑物主体之间应当留有缝隙，用油膏嵌缝。因为建筑物在使用过程中会发生沉降，散水、明沟与建筑物主体之间如果用普通粉刷，砂浆很容易被拉裂，雨水就会顺缝而下。

2. 门窗洞口构造

（1）门窗过梁。

门窗过梁为了支承洞口上部砌体所传来的各种荷载，并将这些荷载传给窗间墙，常在

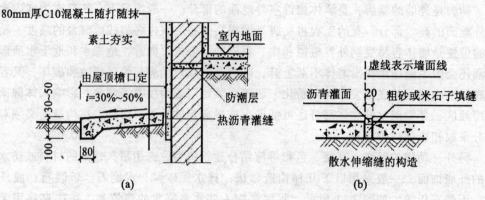

图 3-12 混凝土散水构造示意图(单位：mm)

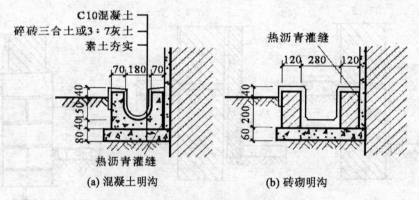

图 3-13 明沟构造示意图(单位：mm)

门、窗洞孔上设置横梁，该梁称为过梁。一般地，由于砌筑块材之间错缝搭接，过梁上墙体的重量并不全部压在过梁上，仅有部分墙体重量传给过梁，即图 3-14 中三角形部分的荷载。只有当过梁的有效范围内出现集中荷载时，才另行考虑。

过梁的形式较多，但常见的有砖拱过梁和钢筋混凝土过梁等。

①砖拱过梁。砖拱(平拱、弧拱和半圆拱)是我国传统式做法，可以满足清水砖墙的统一外观效果。通常将立砖和侧砖相间砌筑而成，砖拱过梁利用灰缝上大下小，使砖向两边倾斜，相互挤压形成拱的作用来承担荷载，如图 3-15 所示。砖拱过梁不宜用于上部有集中荷载或有较大振动荷载的部位，或可能产生不均匀沉降和有抗震设防要求的建筑物中。

②钢筋混凝土过梁。当门窗洞口较大或洞口上部有集中荷载时，常采用钢筋混凝土过梁。一般过梁宽度同墙厚，高度及配筋应由计算确定，梁高与砖的皮数相适应。过梁在洞口两侧伸入墙内的长度应不小于 240mm。对于外墙中的门窗过梁，在过梁底部抹灰时应注意做好滴水处理。过梁的断面形式有矩形和 L 形，矩形多用于内墙和混水墙，L 形多用于外墙和清水墙。在寒冷地区，为防止钢筋混凝土过梁产生冷桥问题，也可以将外墙洞口的过梁断面做成 L 形或组合式过梁。其形式如图 3-16 所示。

图 3-14 墙体洞口上方荷载的传递情况示意图

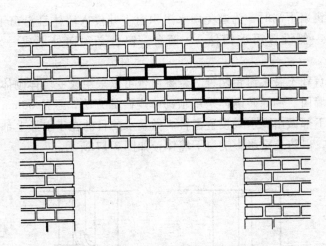

(a) 砖砌平拱过梁　　(b) 砖砌弧拱过梁　　(c) 砖砌半圆拱过梁

图 3-15 砖拱过梁示意图

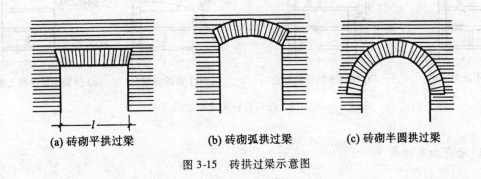

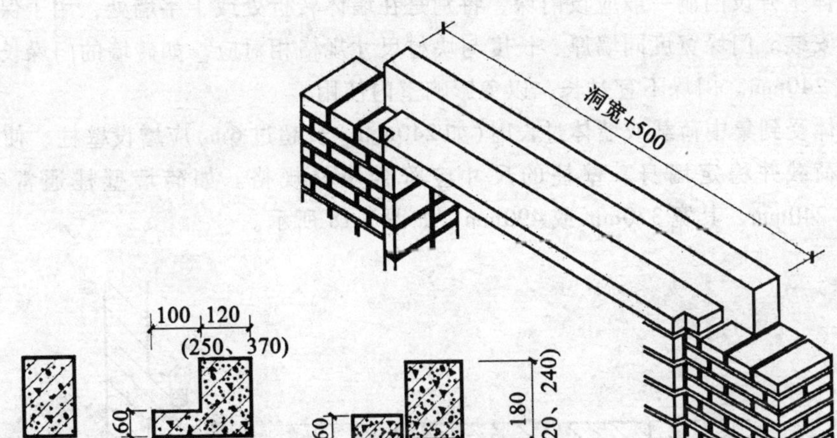

(a) 矩形截面　　(b) L形截面　　(c) 组合形截面

图 3-16 钢筋混凝土过梁示意图(单位：mm)

（2）窗台。

当室外雨水沿窗扇下淌时，为避免雨水聚积窗下并侵入墙体且沿窗下槛向室内渗透，可以于窗下靠室外一侧设置泻水构件——窗台。窗台必须向外形成一定坡度，以利于排水。

窗台有悬挑窗台和不悬挑窗台两种。悬挑窗台可以采用改变墙体砌体的砌筑方式，使其局部倾斜并突出墙面。例如砖砌体采用顶砌一皮砖的方法，悬挑60mm，外部用水泥砂浆抹灰，并于外沿下部做出滴水线设置窗台。做滴水的目的在于引导上部雨水沿着所设置的槽口聚集而下落，以防止雨水影响窗下墙体，如图3-17所示。

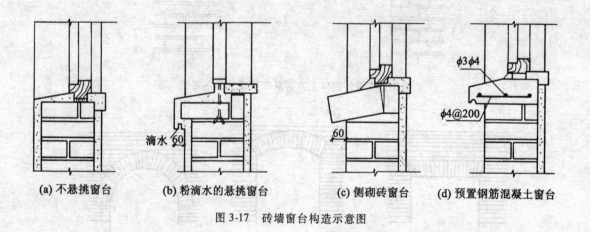

(a) 不悬挑窗台　　(b) 粉滴水的悬挑窗台　　(c) 侧砌砖窗台　　(d) 预置钢筋混凝土窗台

图3-17　砖墙窗台构造示意图

3. 墙身加固措施

（1）门垛和壁柱。

在墙体上开设门洞一般应设门垛，特别是在墙体转折处或丁字墙处，用于保证墙体稳定和门框安装。门垛宽度同墙厚、长度与块材尺寸规格相对应。如砖墙的门垛长度一般为120mm或240mm。门垛不宜过长，以免影响室内使用。

当墙体受到集中荷载或墙体过长时（如240mm、长超过6m）应增设壁柱，使之和墙体共同承担荷载并稳定墙身。壁柱的尺寸应符合块材规格。如砖墙壁柱通常突出墙面120mm或240mm、其宽370mm或490mm，如图3-18所示。

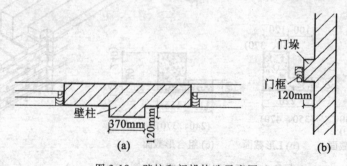

图3-18　壁柱和门垛构造示意图

(2) 圈梁。

圈梁是沿建筑物外墙、内纵墙及部分横墙设置的连续而封闭的梁。圈梁的作用是提高建筑物的整体刚度及墙体的稳定性,减少由于地基不均匀沉降而引起的墙体开裂,提高建筑物的抗震能力。

当圈梁被门窗洞口(如楼梯间、窗洞口)截断时,应在洞口上部设置附加圈梁,进行搭接补强。附加圈梁与圈梁的搭接长度不应小于两梁高差的两倍,亦不小于1 000mm,如图3-19所示。

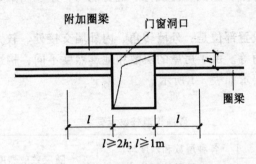

图3-19 附加圈梁示意图

圈梁有钢筋混凝土圈梁和钢筋砖圈梁两种。钢筋混凝土圈梁整体刚度好,应用广泛,钢筋混凝土圈梁宜设置在与楼板或屋面板同一标高处(称为板平圈梁);或紧贴板底(称为板底圈梁,如图3-20(a)、(b)所示)。钢筋砖圈梁构造如图3-20(c)所示。

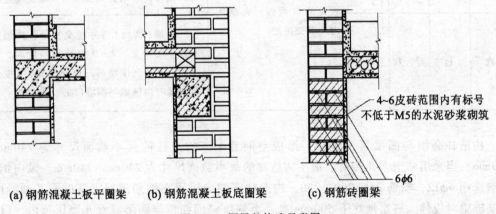

图3-20 圈梁的构造示意图

圈梁宽度同墙厚,其高度一般为180mm或240mm。通常设置圈梁的方法为:2~3层房屋,地基较差时,可以在基础上或房屋檐口处设置圈梁。地基较好时,3层以下房屋可以不设圈梁。4层及4层以上房屋根据横墙数量及地基情况,隔一层或隔两层设置圈梁。在地震设防区内,外墙及内纵墙屋顶处都要设置圈梁,6~7度地震烈度时,楼板处隔层设一道圈梁,8~9度地震烈度,每层楼板处设一道圈梁。对于内横墙,6~7度地震烈度时，屋顶处圈梁设置间距不大于7m，楼板处圈梁设置间距不大于15m，构造柱对应部位都应设置圈梁；8~9级烈度，各层所有横墙均应设置圈梁。现浇或装配整体式钢筋混凝土楼、屋盖与墙体有可靠连接的房屋，可以允许不另设圈梁，但楼板沿墙体周边应加强配筋并应与相应的构造柱钢筋可靠连接。

（3）构造柱。

由于砖砌体是脆性材料，抗震能力较差，因此在抗震设防地区，为了增强建筑物的整体刚度和稳定性，在多层砖混结构房屋的墙体中，还需设置钢筋混凝土构造柱，使之与各层圈梁连接，形成空间骨架，加强墙体抗弯、抗剪能力，用以增加建筑物的整体刚度和稳定性。

多层砖房构造柱的设置部位是：外墙转角、内外墙交接处、较大洞口两侧、较长墙段的中部及楼梯、电梯四角等。由于房屋的层数和地震烈度不同，构造柱的设置要求也有所不同。砖墙构造柱设置要求如表3-1所示。

表3-1　　　　　　　　　　　砖墙构造柱设置要求

房屋层数				各种层数和烈度均应设置的部位	随层数或烈度变化而增设的部位
6度	7度	8度	9度		
四、五	三、四	二、三		外墙四角、错层部位横墙与外纵墙交接处，较大洞口两侧，大房间内外墙交接处。	7~9度地震烈度时，楼梯间、电梯间的横墙与外墙交接处。
六、七	五、六	四	二		各开间横墙（轴线）与外墙交接处，山墙与内纵墙交接处，7~9度地震烈度时，楼梯间、电梯间横墙与外墙交接处。
八	七	五、六	三、四		内墙（轴线）与外墙交接处，内墙局部较小墙垛处，7~9度地震烈度时，楼梯间、电梯间横墙与外墙交接处，9度地震烈度时内纵墙与横墙（轴线）交接处。

构造柱必须与圈梁紧密连接，形成空间骨架。构造柱的最小截面尺寸为240mm×180mm，当采用粘土多孔砖时，最小构造柱的最小截面尺寸为240mm×240mm。纵向钢筋一般选用$4\phi12$，箍筋$\phi6@200~250$。构造柱下端应锚固在钢筋混凝土基础或基础梁内，无基础梁时应伸入底层地坪下500mm处，上端应锚固在顶层圈梁或女儿墙压顶内，以增强其稳定性。施工时，先放置构造柱钢筋骨架，后砌墙，再做墙体的升高而逐段现浇混凝土构造柱身，以保证墙柱形成整体。如图3-21所示，为加强构造柱与墙体的连接，构造柱处的墙体宜砌成"马牙槎"，并沿墙高每隔500mm设$2\phi6$拉结钢筋，每边伸入墙内不少于1 000mm。

（4）空心砌块墙墙芯柱。

当采用混凝土空心砌块时，应在房屋四大角，外墙转角、楼梯间四角设芯柱。芯柱用C15细石混凝土填入砌块孔中，并在空中插入通长钢筋，如图3-22所示。

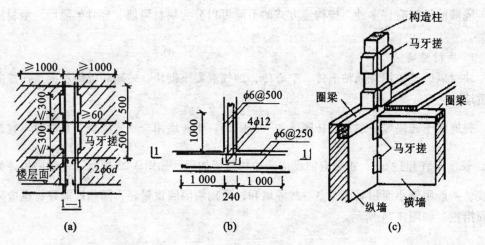

图3-21 砖砌体中的构造柱示意图(单位：mm)

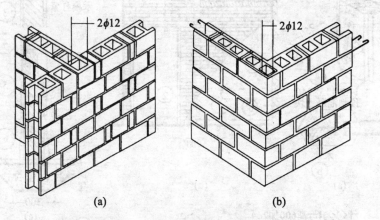

图3-22 空心砌块利用孔洞配筋成为芯柱

§3.3 隔墙与隔断构造

隔墙与隔断是分隔空间的非承重构件。其作用是对空间的分隔、引导和过渡。

隔墙与隔断的不同之处在于分隔空间的程度和特点不同。隔墙通常是做到顶，将空间完全分为两个部分，相互隔开，没有联系，必要时隔墙上设有门。隔断可以到顶也可以不到顶，空间似分非分，相互可以渗透，视线可以不被遮挡，有时设门，有时设门洞，比较灵活。

3.3.1 隔墙

隔墙构造设计时，应注意自重轻，有利于减轻楼板的荷载；强度、刚度、稳定性好；墙体薄，增加建筑物的有效空间；隔声性能好，使各使用房间互不干扰；满足防火、防水、防潮等特殊要求；便于拆除，能随使用要求的改变而变化。

隔墙的类型有许多种，按构造方式的不同可以分为块材隔墙、轻骨架隔墙、板材隔墙三类。

1. 块材隔墙

块材隔墙是采用普通粘土砖、空心砖、加气混凝土砌块、玻璃砖等块材砌筑而成的非承重墙。

普通粘土砖隔墙一般有半砖隔墙和$\frac{1}{4}$砖隔墙。半砖墙用全顺式砌筑，其高度不宜超过4m，长度不宜超过6m，否则应加设构造柱和拉梁加固，如图3-23所示。$\frac{1}{4}$砖墙用砖侧砌而成，一般用于小面积隔墙。空心砖隔墙和轻质砌块隔墙重量轻，隔热性能好，也应采取加固措施，如图3-24所示。

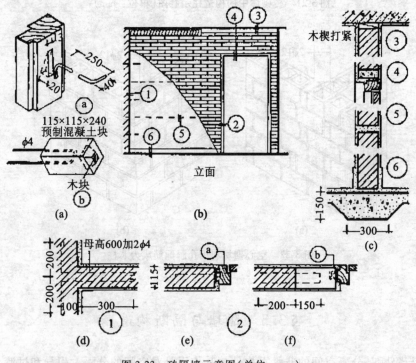

图 3-23 砖隔墙示意图（单位：mm）

玻璃砖隔墙美观、通透、整洁、光滑、保温、隔声性能好。玻璃砖侧面有凹槽，采用水泥砂浆或结构胶拼砌，缝隙一般为10mm。若砌筑曲面时，最小缝隙为3mm，最大缝隙为16mm。玻璃砖隔墙高度控制在4.5m以下，长度也不宜过长。凹槽中可以加钢筋或扁钢进行拉接，以提高其稳定性。当隔墙面积超过12~15m²时，增加支撑加固，如图3-25所示。

2. 轻骨架隔墙

轻骨架隔墙是由骨架（龙骨）和饰面材料组成的轻质隔墙。常用的骨架有木骨架和金属

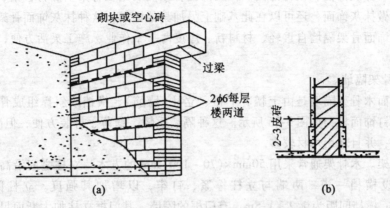

图 3-24 砌块或空心砖隔墙示意图

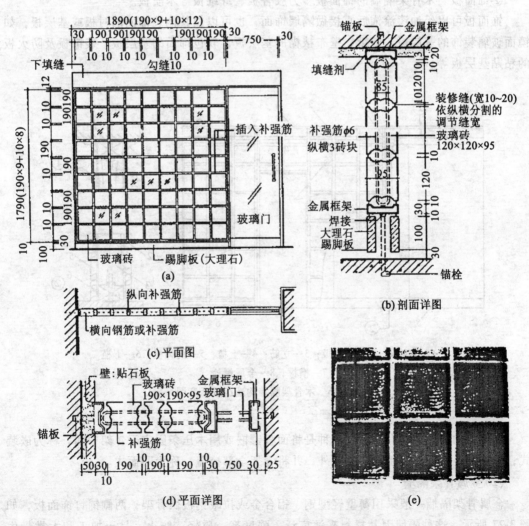

图 3-25 玻璃砖隔墙示意图(单位: mm)

骨架，饰面有抹灰饰面和板材饰面。抹灰饰面骨架隔墙是在骨架上加钉板条、钢板网、钢丝网，然后做抹灰饰面，还可以在此基础上另加其他饰面，这种抹灰饰面骨架隔墙已很少采用。板材饰面骨架隔墙自重轻、材料新、厚度薄、干作业、施工灵活方便，目前室内采用较多。

(1) 木骨架隔墙。

板材饰面木骨架隔墙是由上槛、下槛、立柱(墙筋)、横档或斜撑组成骨架，然后在立柱两侧铺钉饰面板，如图3-26所示。这种隔墙质轻、壁薄、拆装方便，但防火、防潮、隔声性能差，并且耗用木材较多。

①木骨架。木骨架通常采用50mm×(70~100)mm的方木。立柱之间沿高度方向每隔1.5m左右设横档一道，两端与立柱撑紧、钉牢，以增加其强度。立柱间距一般为400~600mm，横档间距为1.2~1.5m。有门框的隔墙，其门框立柱加大断面尺寸或双根并用。档间距为1.2~1.5m。

②饰面板。木骨架隔墙的饰面板多为胶合板、纤维板等木质板。

饰面板可以经油漆涂饰后直接做隔墙饰面，也可以做其他装饰面的衬板或基层板，如镜面玻璃装饰的基层板，壁纸、壁布裱糊的基层板，软包饰面的基层板，装饰板及防火板的粘贴基层板等。

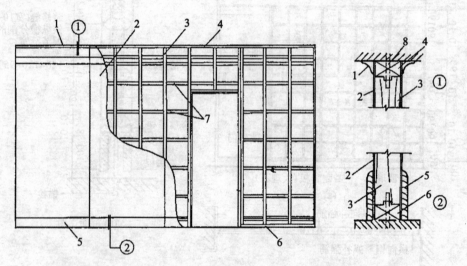

1—木线脚；2—罩面板；3—立筋；4—上槛；5—踢脚板；6—下槛
7—横撑；8—金属螺栓

图3-26 木骨架隔墙构造组成示意图

饰面板的固定方式有两种：一种是将面板镶嵌或用木压条固定于骨架中间，称为嵌装式；另一种是将面板封于木骨架之外，并将骨架全部掩盖，称为贴面式。

(2) 金属骨架隔墙

金属骨架隔墙一般采用薄壁轻型钢、铝合金或拉眼钢板做骨架，两侧铺钉饰面板，如图3-27所示。这种隔墙因其材料来源广泛、强度高、质轻、防火、易于加工和大批量生产等特点，近几年得到了广泛的应用。

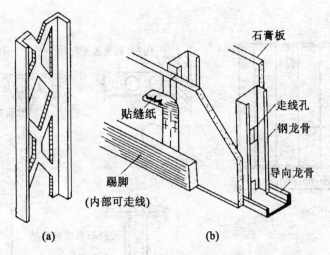

图 3-27　金属骨架隔墙组成示意图

①金属骨架。由沿顶龙骨、沿地龙骨、竖向龙骨、横撑龙骨、加强龙骨及各种配件组成。通常做法是将沿顶龙骨和沿地龙骨用射钉或膨胀螺栓固定,构成边框,中间设竖向龙骨,若需要还可以加横撑和加强龙骨,龙骨间距为 400~600mm。骨架和楼板、墙或柱等构件连接时,多用膨胀螺栓固定,竖向龙骨、横撑之间用各种配件或膨胀铆钉相互连接在竖向龙骨上,每隔 300mm 左右预留一个准备安装管线的孔。龙骨的断面多数用 T 形或 C 形。

②饰面板。金属骨架的饰面板采用纸面石膏板、金属薄钢板或其他人造板材。目前应用最多的是纸面石膏板、防火石膏板和防水石膏板。

3. 板材隔墙

板材隔墙是指单板高度相当于房间净高,面积较大,且不依赖骨架,直接拼装而成的隔墙。通常分为复合板材、单一材料板材、空心板材等类型。常见的有金属夹芯板、石膏夹芯板、石膏空心板、泰柏板、增强水泥聚苯板(GRC 板)、加气混凝土条板、水泥陶粒等。板材式隔墙墙面上均可做喷浆、油漆、贴墙纸等多种饰面。如图 3-28 所示为增强石膏空心条板的安装节点构造。

3.3.2　隔断

隔断有许多种类。从限定程度上可以分为:空透式隔断、隔墙式隔断;从固定方式上可以分为:固定式隔断、活动式隔断;从材料上可以分为:竹木隔断、玻璃隔断、金属隔断、混凝土花格隔断,等等。另外还有硬质隔断、软质隔断、家具式隔断、屏风式隔断等。下面按固定方式介绍隔断构造。

1. 固定式隔断

固定式隔断所用材料有木制、竹制、玻璃、金属及水泥制品等,可以做成花格、落地罩、飞罩、博古架等各种形式,俗称空透式隔断。下面介绍几种常见的固定式隔断。

(1) 木隔断。

木隔断通常有两种形式,一种是木饰面隔断;另一种是硬木花格隔断。

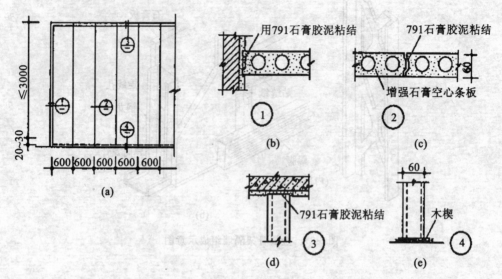

图3-28 增强石膏空心条板的安装节点(单位：mm)

①木饰面隔断。木饰面隔断一般采用木龙骨上固定木板条、胶合板、纤维板等面板，做成不到顶的隔断。木龙骨与楼板、墙应有可靠的连接，面板固定在木龙骨上后，用木压条盖缝，最后按设计要求罩面或贴面。

另外，还有一种开放式办公室的隔断，其高度为1.3~1.6m，用高密度板做骨架，防火装饰板罩面，用金属(镀铬铁质、铜质、不锈钢等)连接件组装而成。这种隔断便于工业化生产，壁薄体轻，面板色泽淡雅、易擦洗、防火性好，并且能节约办公用房面积，便于内部业务沟通，是一种流行的办公室隔断。

②硬木花格隔断。硬木花格隔断常用的木材多为硬质杂木，其自重轻，加工方便，制作简单，可以雕刻成各种花纹，做工精巧、纤细，如图3-29所示。

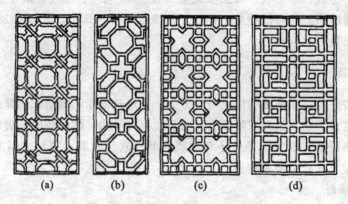

图3-29 几种硬木花格隔断示意图

硬木花格隔断一般用板条和花饰组合，花饰镶嵌在木质板条的裁口中，可以采用榫接、销接、钉接和胶接，外边钉有木压条，为保证整个隔断具有足够的刚度，隔断中立有一定数量的板条贯穿隔断的全高和全长,其两端与上下梁、墙应有牢固的连接。

(2)玻璃隔断。

玻璃隔断是将玻璃安装在框架上的空透式隔断。这种隔断可以到顶,也可以不到顶,其特点是空透、明快,而且在光的作用下其色彩有变化,可以增强装饰效果。

玻璃隔断按框架的材质不同有落地玻璃木隔断、铝合金框架玻璃隔断、不锈钢圆柱框玻璃隔断。

2. 活动式隔断

活动式隔断又称为移动式隔断,其特点是使用时灵活多变,可以随时打开和关闭,使相邻空间根据需要成为一个大空间或若干个小空间,关闭时能与隔墙一样限定空间,阻隔视线和声音。也有一些活动式隔断全部或局部镶嵌玻璃,其目的是增加透光性,不强调阻隔人们的视线。活动式隔断构造较为复杂,下面介绍几种常见的活动式隔断。

(1)拼装式隔断。

拼装式活动隔断是用可以装拆的壁板或门扇(通称隔扇)拼装而成,不设滑轮和导轨。隔扇高2~3m,宽600~1200mm,其厚度视材料及隔扇的尺寸而定,一般为60~120mm。隔扇可以用木材、铝合金、塑料做框架,两侧粘贴胶合板及其他各种硬质装饰板、防火板、镀膜铝合金板,也可以在硬纸板上衬泡沫塑料,外包人造革或各种装饰性纤维织物,再镶嵌各种金属和彩色玻璃饰物制成美观高雅的屏风式隔扇。

为装卸方便,隔断的顶部应设通长的上槛,用螺钉或铅丝固定在顶棚上。上槛一般应安装凹槽,设置插轴来安装隔扇。为便于安装和拆卸隔扇,隔扇的一端与墙面之间应留有空隙,空隙处可以用一个与上槛大小、形状相同的槽形补充构件来遮盖。隔扇的下端一般都设下槛,需高出地面,且在下槛上也设凹槽或与上槛相对应设置插轴。下槛也可以做成可卸式,以便将隔扇拆除后不影响地面的平整,拼装式隔断立面与构造如图3-30所示。

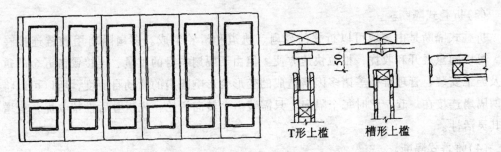

图3-30 拼装式隔断立面与构造示意图(单位:mm)

(2)直滑式隔断。

直滑式隔断是将拼装式隔断中的独立隔扇用滑轮挂置在轨道上,可以沿轨道推拉移动的隔断。轨道可以布置在顶棚或梁上,隔扇顶部安装滑轮,并与轨道相连,隔扇下部地面不设轨道,主要为避免轨道积灰损坏,如图3-31所示。

面积较大的隔断,当把活动扇收拢后会占据较多的建筑空间,影响使用和美观,所以多采取设置贮藏壁柜或贮藏间的形式加以隐蔽,如图3-32所示。

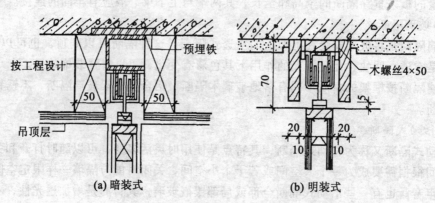

图 3-31　悬吊导向式滑轮轨道（单位：mm）

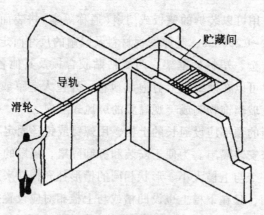

图 3-32　直滑式隔断示意图

（3）折叠式隔断。

折叠式隔断是由多扇可以折叠的隔扇、轨道和滑轮组成。多扇隔扇用铰链连接在一起，可以随意展开和收拢，推拉快速方便。但由于隔扇本身的重量、连接铰链五金的重量以及施工安装、管理维修等诸多因素造成的变形会影响隔扇的活动自由度，所以可以将相邻两隔扇连接在一起，此时每个隔扇上只需装一个转向滑轮，先折叠后推拉收拢，更增加了其灵活性。

（4）帷幕式隔断。

帷幕式隔断是用软质、硬质帷幕材料利用轨道、滑轮、吊轨等配件组成的隔断。这类隔断占用面积少，能满足遮挡视线的要求，使用方便，便于更新，一般多用于住宅、旅馆和医院。

帷幕式隔断的软质帷幕材料主要是棉、麻、丝织物或人造革。硬质帷幕材料主要是竹片、金属片等条状硬质材料。这种帷幕隔断最简单的固定方法是用一般家庭中固定窗帘的方法，但比较正式的帷幕隔断，构造要复杂得多，且固定时需要一些专用配件。

§3.4 外墙的保温与隔热

适宜的室内温度和湿度状况是人们生活和工作的基本要求。对于建筑物的外墙来说，由于在大多数情况下，建筑物室内外都会存在温差，特别是处于寒冷地区冬季需要采暖的建筑物和处于夏季炎热地区而需要在室内使用空调制冷的建筑物，其外墙两侧的温差在这样的情况下甚至可以达到数十度之多。因此，在外墙设计中，根据各地的气候条件和建筑物的使用要求，合理解决建筑物外墙的保温与隔热问题，是建筑构造设计的重要内容。

3.4.1 建筑物外围护结构热工构造基本知识

热量从高温处向低温处转移的过程中，存在热传导、热对流和热辐射三种方式。其中热传导是指物体内部高温处的分子向低温处的分子连续不断地传送热能的过程；热对流是指流体(如空气)中温度不同的各部分相对运动而使热量发生转移；热辐射则是指温度较高的物质的分子在振动激烈时释放出辐射波，热能按电磁波的形态传递。

这三种传热的基本方式，在建筑物外围护结构传热的过程中表现为：其某个表面首先通过与附近空气之间的对流与导热以及与周围其他表面之间的辐射传热，从周围温度较高的空气中吸收热量；然后在围护结构内部由高温向低温的一侧传递热量，其间的传热主要是以材料内部的导热为主；接下去围护结构的另一个表面将继续向周围温度较低的空间散发热量。

由此可见，在建筑物室内外存在温差，尤其是较大温差的情况下，如果要维持建筑物室内的热稳定性，使室内温度在设定的舒适范围内不作大幅度的波动，而且要节省能耗，就必须尽量减少通过建筑物外围护结构传递的热流量。其中，减少外围护结构的表面积，以及选用导热系数较小，即其传热阻较大的材料来做建筑物的外围护构件，是减少热量通过外围护结构传递的重要途径。

3.4.2 外墙的保温措施

为了提高外墙的保温能力减少热损失，可以从以下几个方面采取措施：

1. 通过对材料的选择，提高外墙保温能力减少热损失

第一，增加墙体厚度、使传热过程延缓，达到保温的目的。例如在我国北方曾将低层或多层住宅的实心粘土砖墙都做到了370mm或490mm的厚度，这是很不经济的。如今实行墙体改革，减少或取消使用实心粘土砖，但许多外墙材料的导热系数都比普通实心粘土砖的导热系数要大。例如为了达到新颁采暖居住建筑节能设计的标准，若使用粘土多孔砖，其厚度在西安地区就需370mm，在北京地区需490mm，在沈阳地区需760mm，在哈尔滨地区甚至需高达1 020mm。普通钢筋混凝土墙体的热工性能就更不行。因此加大构件厚度并不是好方法。

第二，选用孔隙率高的轻质材料做外墙，如加气混凝土等。这些材料导热系数小，保温效果好，但导热系数小的材料一般都是孔隙多、密度小的轻质材料，大部分没有足够的强度，当外围护结构兼有承重结构的作用时，不适合于直接用做外墙的基材。

第三，采用多种材料的组合墙，形成保温构造系统，解决保温与承重双重问题。外墙

保温系统根据保温材料与承重材料的位置关系，有外墙外保温、外墙内保温和夹芯保温三种方式。

以下将就这三种情况下常用的外墙保温构造方法，结合对"热桥"部分的处理，分别加以介绍。

(1) 外墙内保温构造。

做在外墙内侧的保温层，一般有以下两种构造方法：

①外墙硬质保温板内贴。具体做法是在外墙内侧用胶贴剂粘贴增强石膏聚苯复合保温板等硬质建筑保温制品，然后在其表面抹粉刷石膏，并在里面压入中碱玻纤涂塑网格布（满铺），最后用腻子嵌平，做涂料，如图 3-33 所示。由于石膏的防水性能较差，因此在卫生间、厨房等较潮湿的房间内不宜使用增强聚苯石膏板。

②保温层挂装。保温层可以采用半硬质矿（岩）棉板、矿（岩）棉毡、半硬质玻璃棉板等具有耐火、环保功能的天然纤维材料。护面层可以采用纸面石膏板、无石棉硅酸钙板等材料。

具体做法是先在外墙内侧固定衬有保温材料的保温龙骨，在龙骨的间隙中填入岩棉等保温材料，然后在龙骨表面安装面板，如图 3-34 所示。

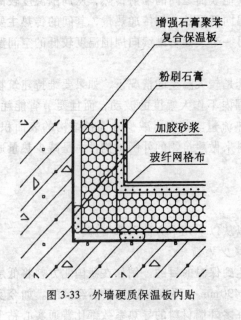

图 3-33 外墙硬质保温板内贴

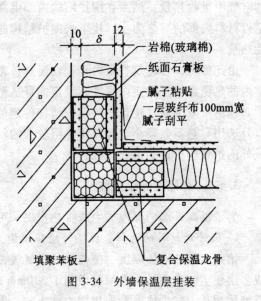

图 3-34 外墙保温层挂装

外墙内保温的优点在于不影响外墙外饰面及防水等构造的做法，但需要占据较多的室内空间，减少了建筑物的使用面积，而且用在居住建筑物中，会给用户的自主装修造成一定的麻烦。由于外墙受到的温差大，直接影响到墙体内表面应力变化，这种变化一般比外保温墙体大得多。昼夜和四季的更替，易引起内表面保温层的开裂，特别是保温板之间的裂缝尤为明显。另外，在热桥处保温困难，容易出现"结露"现象。

(2) 外墙外保温构造。

外墙外保温比起外墙内保温来，其优点是可以不占用室内使用面积，而且可以使整个外墙墙体处于保温层的保护之下，冬季不至于产生冻融破坏，延长建筑物寿命。还有利于旧建筑物进行节能改造。同时基本消除了"热桥"现象，较好地发挥了材料的保温节能功能。

但因为外墙的整个外表面是连续的，不像内墙面那样可以被楼板隔开。同时外墙面又会直接受到阳光照射和雨雪的侵袭，所以外墙外保温构造在对抗变形因素的影响和防止材料脱落，以及防火等安全方面的要求更高。

常用外墙外保温构造有以下三种：

①保温浆料外粉刷。具体做法是先在外墙外表面做一道界面砂浆，然后粉胶粉聚苯颗粒保温浆料等保温砂浆。如果保温砂浆的厚度较大，应在里面钉入镀锌钢丝网，以防止开裂（但满铺金属网时应有防雷措施）。保护层及饰面用聚合物砂浆加上耐碱玻纤布，最后用柔性耐水腻子嵌平，涂表面涂料。

②外墙外贴保温板材。用于外墙外保温的板材最好是自防水及阻燃型的，如阻燃性挤塑型聚苯板和聚氨酯外墙保温板等，可以省去做隔蒸汽层及防水层等的麻烦，又较安全。此外，出于高层建筑物进一步的防火方面的需要，在高层建筑60m以上高度的墙面上，窗口以上的一段应用矿棉板来保温。

外贴保温板材的外墙外保温构造的基本做法是：用粘结胶浆与辅助机械锚固方法一起固定保温板材，保护层用聚合物砂浆加上耐碱玻纤布，饰面用柔性耐水腻子嵌平，涂表面涂料，如图3-35所示。

对于砌体墙上的圈梁、构造柱等热桥部位，可以利用砌块厚度与圈梁、构造柱的最小允许截面厚度尺寸之间的差，将圈梁、构造柱与外墙的某一侧做平，然后在其另一侧圈梁、构造柱部位墙面的凹陷处填入一道加强保温材料，如聚苯保温板等，其厚度以与墙面做平为宜，如图3-36所示。当加强保温材料做在外墙外侧时，考虑适应变形及安全的因素，聚苯保温板等应采用铆钉加固。

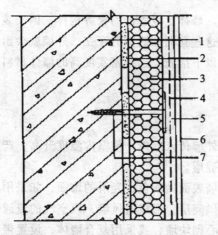

1—基层；2—聚合物胶粘；
3—XPS聚苯保温板；4—涂塑耐碱玻纤网；
5—薄抹面层（抗裂砂浆底层）；
6—饰面涂层；7—锚栓

图3-35 外墙外贴保温板材

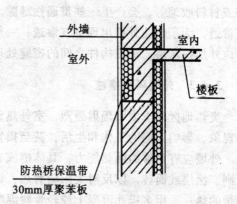

图3-36 外墙热桥部位保温层加强处理

③外墙夹芯保温构造。在按照不同的使用功能设置多道墙板或做双层砌体墙的建筑物中，外墙保温材料可以放置在这些墙板或砌体墙的夹层中，或并不放入保温材料，只是封闭夹层空间形成静止的空气间层，并在里面设置具有较强反射功能的铝箔等，起到阻挡热量外流的作用。

2. 防止外墙出现凝结水

空气中含有水蒸汽，处于不同的温度下的空气，其中所含的水蒸汽的质量是不同的。温度越低，空气中含水蒸汽的量就越少。因此，当空气的温度下降时，如果其中水蒸汽的含量达到了相对饱和，多余的水蒸汽就会从空气中析出，在温度较低的物体表面凝结成冷凝水，这种现象称为结露。结露时的临界温度称为露点温度。

由于建筑物外围护结构的两侧存在温差，当室内外空气中的水蒸汽含量不相等时，水蒸汽分子会从压力高的一侧通过围护结构向压力低的一侧渗透。在这一过程中，如果温度达到了露点温度，在外墙中就有可能出现"结露"现象，这时材料就受潮。"结露"现象若发生在保温层中，因为水的导热系数远比干燥的空气要高，这样就会降低材料的保温效果。如果水汽不能够被排出，就可能使材料发生霉变，影响其使用寿命。在冬季室外温度较低的情况下，如果水汽进而受冻结冰，体积膨胀，就会使材料的内部结构遭到破坏，称为"冻融性破坏"。

因此，在对建筑物的外墙进行热工设计时，不能不考虑水汽的影响。其基本原则：一、阻止水汽进入保温材料内；二、安排通道以使进入建筑物外墙中的水汽能够排出。

其具体做法视材料的内部结构而定。如果材料内部的孔隙相互之间不连通，或表面具有自防水的功能可以阻止水或水汽进入，就可以不做任何处理。否则应在温度较高的一侧先设置隔蒸汽层，阻止水汽进入墙体，同时将受阻隔的水汽排出到围护结构外。隔气层常用卷材、防水涂料或薄膜等材料。

3. 防止外墙出现空气渗透

墙体材料一般都不够密实，有许多微小孔洞。墙体上设置的门窗等构件，因安装不严密或材料收缩等，会产生一些贯通性缝隙。由于这些孔洞和缝隙的存在，外墙就会出现空气渗透，为了防止外墙出现空气渗透，一般采取以下措施：选择密实度高的墙体材料，墙体内外加抹灰层，加强构件之间的密缝处理等。

3.4.3 外墙隔热措施

炎热地区夏季太阳辐射强烈，室外热量通过外墙传入室内，使室内温度升高，产生过热现象，影响人们的工作和生活，甚至损害人的健康。

外墙应有足够的隔热能力，具体措施有：外墙表面做浅色、光滑的饰面，如采用浅色粉刷、涂层或面砖，以反射太阳辐射热；设置通风间层，形成通风墙，以空气的流通带走大量的热；采用多排孔混凝土或轻骨料混凝土空心砌块墙，或采用复合墙体；设置带铝箔的封闭空气间层，利用空气间层隔热。当为单面贴铝箔时，铝箔宜贴在温度较高的一侧。

复习思考题 3

1. 墙体的主要作用有哪些？墙体是如何分类的？

2. 墙体的设计应满足哪些功能要求？
3. 墙体中为什么要设水平防潮层？水平防潮层应设在什么位置？一般有哪些？
4. 常见的散水和明沟的做法有哪几种？
5. 常见的过梁有哪几种？各种过梁的适用范围和构造特点是什么？
6. 窗台构造中应考虑哪些问题？
7. 墙体加固措施有哪些？有什么设计要求？
8. 常见隔墙有哪些？试简述各种隔墙的构造做法。
9. 砌块墙的组砌要求有哪些？
10. 试简述外墙保温的构造与做法。

第4章 楼板层和地坪构造

◎**内容提要**：本章内容主要包括楼板层、地坪层的基本概念，楼板层与地坪层的组成和设计要求，钢筋混凝土楼板的类型和构造。对楼板层饰面构造，阳台和雨篷的构造也作了适当介绍。

§4.1 楼板的类型及设计要求

楼板与地面是房屋的重要组成部分，楼板是房屋的水平承重构件，楼板具有承重、分隔、支承、隔声、保温、隔热等功能，楼板主要由楼板结构层、楼面面层、板底天棚等若干部分组成。地面是建筑物底部与地表连接处的构造层，地面直接承担起表面上的各种物理化学作用，并把上部荷载通过垫层扩散给地基。

4.1.1 楼板的类型

根据所采用材料的不同，楼板可以分为木楼板、砖拱楼板、钢筋混凝土楼板以及钢衬板承重的楼板等多种形式，如图4-1所示。

木楼板具有自重轻、构造简单等优点，但其耐火和耐久性均较差，为节约木材，除产木地区外现已极少采用。砖拱楼板可以节约钢材、水泥和木材，曾在缺乏钢材、水泥的地区采用过。由于砖拱楼板自重大、承载能力差，且对抗震不利，加上施工较繁，现已趋于不用。

钢筋混凝土楼板具有强度高、刚度好、耐久、防火、良好的可塑性，且便于工业化生产和机械化施工等特点，是目前我国工业与民用建筑中楼板的基本形式。近年来，由于压型钢板在建筑工程中的应用，于是出现了以压型钢板为底模的钢衬板楼板。但由于需要钢材多，实际应用起来受到一定限制。

4.1.2 楼板层的基本组成

1. 楼板层的基本组成

为了满足各种使用功能的要求，楼板层一般由面层、结构层和顶棚组成。有特殊要求的楼板，还需设置附加层，如图4-2所示。

(1) 面层。

楼板层的面层位于楼板层的最上层，起着保护楼板层、分布荷载、室内装饰等作用。根据室内使用要求的不同，有多种做法。

(2) 结构层。

楼板层的结构层又称为楼板，位于面层之下，由梁、板或拱组成，承受着整个楼板层

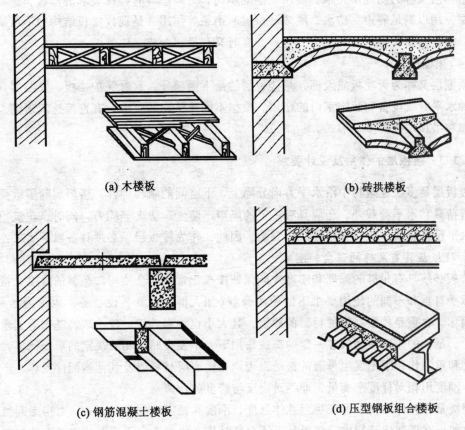

图 4-1 楼板构造示意图

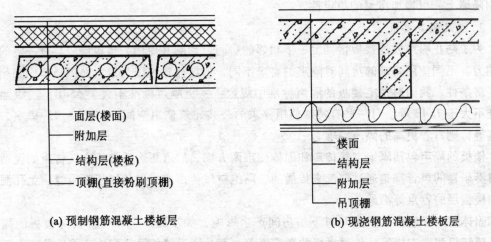

图 4-2 楼板层的基本组成示意图

的荷载。同时还有水平支撑墙身、增强建筑物整体刚度的作用。

(3) 附加层。

附加层又称为功能层，根据使用功能的不同，对某些具有特殊要求的楼板，还需设置附加层，用以满足隔声、防水、隔热、保温和绝缘等作用，是现代楼板结构中不可缺少的部分。根据需要，有时和面层合二为一，有时又和吊顶合成一体。

（4）顶棚层。

顶棚层又称为天花板或天棚，是楼板层的最下面部分，起着保护楼板、安装灯具、遮掩各种水平管线设备和装饰室内的作用。根据不同建筑物的要求，有直接抹灰顶棚、粘贴类顶棚和吊顶顶棚等多种形式。

4.1.3 楼板层的作用及设计要求

楼板层是多层建筑物中沿水平方向分隔上、下空间的结构构件，楼板层除了承受并传递垂直荷载和水平荷载外，还应具有一定的隔声、防水、防火等能力，同时，建筑物中的各种水平设备管线，也将在楼板层内安装。因此，作为楼板层，必须具备以下要求：

1. 楼板层具有足够的强度和刚度

楼板必须具有足够的强度和刚度才能保证楼板正常和安全使用。足够的强度是指楼板能够承受自重和不同的使用要求下的使用荷载（如人群、家具、设备等，也称为活荷载）而不损坏。自重是楼板层构件材料的静重，其大小也将影响墙、柱、墩、基础等支承部分的尺寸。足够的刚度使楼板在一定的荷载作用下，不发生超过相关规定的形变挠度，以及人走动和重力作用下不发生显著的振动，否则会使面层材料以及其他构配件损坏，产生裂缝等。刚度用相对挠度来衡量，即绝对挠度与跨度的比值。

楼板是在整体结构中保证房屋总体强度、刚度和稳定性的构件之一，对房屋起稳定作用。比如：在框架建筑物中，楼板是保证全部结构在水平方向不变形的水平支承构件；在砖混结构建筑物中，当横向隔墙间距较大时，楼板构件也可以使外墙承受的水平风力传至横向隔墙上，以增加房屋的稳定性。

2. 满足隔声要求

为了防止噪声通过楼板传到上、下相邻的房间，影响其使用，楼板层应具有一定的隔声能力。不同使用要求的房间对隔声的要求不同，如居住建筑因为量大面广，所以必须考虑经济条件。我国对住宅楼板的隔声标准中规定：一级隔声标准不大于65dB，二级隔声标准不大于75dB等。对一些有特殊使用要求的公共建筑使用空间，如医院、广播室、录音室等，则有着更高的隔声要求。

楼板的隔声包括隔绝空气传声和固体传声两方面，后者更为重要。空气传声如说话声及演奏乐器的声音都是通过空气来传播的。隔绝空气传声应采取使楼板无裂缝、无孔洞及增加楼板层的容重等措施。

固体传声一般由上层房间对下层房间产生影响，如步履声、移动家具对楼板的撞击声、缝纫机和洗衣机等振动对楼板的影响声等，都是通过楼板层构配件来传递的。由于声音在固体中传递时，声能衰减很少，所以固体传声的影响更大，是楼板隔声的重点。

隔绝固体传声简单有效的方法之一是采用富于弹性的铺面材料作面层，以吸收一些撞击能量，减弱楼板的振动。如铺设地毯、橡胶皮、塑料等。另外，还可以通过在面层下设置弹性垫层或在楼板底设置吊顶棚等方法来达到隔声的目的。

3. 满足热工、防火、防潮等要求

在冬季采暖建筑物中，若上、下两层温度不同，应在楼板层构造中设置保温材料，尽可能使采暖方面减少热损失。并应使构件表面的温度与房间的温度相差不超过规定数值。在不采暖的建筑物中，如起居室、卧室等房间，从满足人们卫生和舒适出发，楼面铺面材料亦不宜采用蓄热系数过小的材料，如红砖、石块、锦砖、水磨石等，因为这些材料在冬季容易传导人们足部的热量而使人缺乏舒适感。

采暖建筑物中楼板等构件搁入外墙部分应具备足够的热阻，或可以设置保温材料提高该部分的隔热性能；否则热量可能通过此处散失，而且易产生凝结水，影响卫生及构件的寿命。

从防火和安全角度考虑，一般楼板层承重构件应尽量采用耐火与半耐火材料制造。如果局部采用可燃材料，应作防火特殊处理；木构件除了防火以外，还应注意防腐、防蛀。

潮湿的房间，如卫生间、厨房等应要求楼板层有不透水性。除了支承构件采用钢筋混凝土以外，还可以设置有防水性能，易于清洁的各种铺面，如面砖、水磨石等。与防潮要求较高的房间上下相邻时，还应对楼板层作特殊处理。

4. 经济方面的要求

在多层房屋中，楼板层的造价一般约占建筑造价的20%～30%，因此，楼板层的设计应力求经济合理。应尽量就地取材，在进行结构布置和确定构造方案时，应与建筑物的质量标准和房间的使用要求相适应，并且必须结合施工要求，避免不切合实际而造成浪费。

5. 建筑工业化的要求

在多层建筑物或高层建筑物中，楼板结构占相当大的比重，要求在楼板层设计时，应尽量考虑减轻自重和减少材料的消耗，并为建筑工业化创造条件，以加快建设速度。

§4.2 钢筋混凝土楼板层

钢筋混凝土楼板按其施工方法的不同，可以分为现浇式、装配式和装配整体式三种。现浇钢筋混凝土楼板的整体性好，刚度大，利于梁板布置灵活、能适应各种不规则形状和需要留孔洞等特殊要求的建筑物，但模板材料的消耗大，施工速度慢。装配式钢筋混凝土楼板能节省模板，并能改善构建制作时工人的劳动条件，有利于提高劳动生产率和加快施工进度，但楼板的整体性较差，房屋的刚度也不如现浇式的房屋刚度好。一些房屋为节省模板，加快施工进度和增强楼板的整体性，常做成装配整体式楼板。

4.2.1 现浇钢筋混凝土楼板层

现浇钢筋混凝土楼板是指在现场支模、绑扎钢筋、浇捣混凝土，经养护而成的楼板。现浇钢筋混凝土楼板根据受力和传力情况的不同，分为板式楼板、梁板式楼板、无梁式楼板和压型钢板组合板等。

1. 板式楼板层

板内不设梁，板直接搁置在四周墙上的板称为板式楼板。因支承方式不同，现浇钢筋混凝土板式楼板层又分为两种情况：墙承式楼板层和柱承式楼板层。

(1)墙承式楼板层。

板的四边由承重墙支承,板将荷载直接传递给墙体,多用于小跨度的房间(居住建筑物中的居室、厨房、卫生间)或走廊。这种楼板层结构具有整体性好、板底面平整、隔水性好等特点。楼板依其受力特点和支承情况有单向板和双向板之分,如图4-3所示。

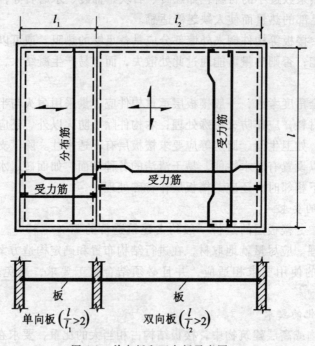

图 4-3 单向板和双向板示意图

当板的长边与短边之比大于2时,板基本上沿短边单方向传递荷载,这种板称为单向板;当板的长边与短边之比小于或等于2时,作用于板上的荷载沿双向传递,在两个方向产生弯曲,称为双向板。

(2)柱承式楼板层。

楼板结构直接由柱子支承,亦称无梁楼板层或无梁楼盖。由于柱子直接支承楼板,为减小板跨和防止局部破坏,应增大柱子与楼板的接触面积,通常应在柱的顶部设置柱帽和托板,柱帽形式有方形、多边形、圆形等,如图4-4所示。

无梁楼板层柱网的布置应为方形或接近方形,这样比较经济。常用的柱网尺寸在6m左右,楼面活荷载大于5kPa,板厚不宜小于150mm,一般取柱网短边尺寸的$\frac{1}{30} \sim \frac{1}{25}$。这种楼板结构天棚平整,室内净高大,采光通风好,通常用于商场、仓库、展厅等大型空间中。

2. 梁板式楼板层

当房间或柱距尺寸较大时,应设置梁作为板的中间支点来减小板的跨度,以免板厚过大。这时作用于楼板上的荷载传递方式为板、次梁、主梁、承重墙或柱。依梁的布置及尺寸等不同,有以下几种形式的梁板式楼板层。

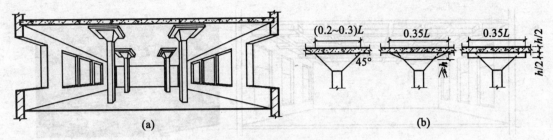

图 4-4 柱承式楼板层示意图

(1)主、次梁式楼板层。

常用于面积较大的有柱空间中。主梁的经济跨度为 $6\sim 8m$,最大可达 $12m$,梁高为跨度的 $\frac{1}{14}\sim\frac{1}{8}$,梁宽为梁高的 $\frac{1}{3}\sim\frac{1}{2}$;次梁的经济跨度为 $4\sim 6m$(次梁的跨度即为主梁的间距),梁高为跨度的 $\frac{1}{18}\sim\frac{1}{12}$,梁宽为梁高的 $\frac{1}{3}\sim\frac{1}{2}$,如图 4-5 所示。

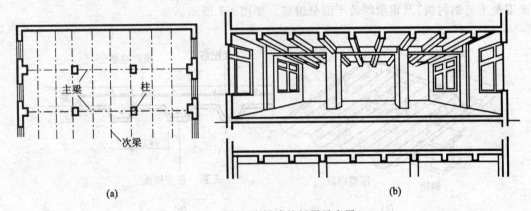

图 4-5 主、次梁式楼板层示意图

板的经济跨度为 $1.5\sim 3m$,单向板板厚 $60\sim 80mm$,一般为板跨的 $\frac{1}{35}\sim\frac{1}{30}$;双向板板厚 $80\sim 160mm$,一般为板跨的 $\frac{1}{40}\sim\frac{1}{35}$。若施加预应力(宽梁情况),则梁的跨度可以达到 $20m$ 左右,梁高为跨度的 $\frac{1}{22}\sim\frac{1}{18}$。

(2)井格梁式楼板层。

当房间的平面尺寸较大(跨度在 $10m$ 以上)并接近正方形时,常沿两个方向等尺寸地布置构件,主、次梁不分,梁的截面相同,形成井格式的梁板结构形式,如图 4-6 所示。井格梁式楼板多用于正方形平面,也可以用于长方形平面,但长边与短边之比 $\frac{L_2}{L_1} \leq 1.5$;井格梁式楼板可以利用结构本身形成较美观的顶棚,有装饰效果,但需要现浇,且造价较

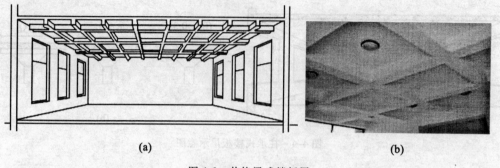

图 4-6　井格梁式楼板层

高,多用于公共建筑物的门厅、大厅或跨度较大的房间。梁跨一般在 10m 左右,根据需要也可以增加至 20～30m,如北京政协礼堂井字楼板跨度达 28.5m。

(3)压型钢板式楼板层。

压型钢板组合楼板是利用截面为凹凸相间的压型钢板做衬板与现浇混凝土面层浇筑在一起支承在钢梁上成为整体性很强的一种楼板;这种楼板主要由楼面层、组合板(包括现浇混凝土与钢衬板)及钢梁等若干部分组成,如图 4-7 所示。

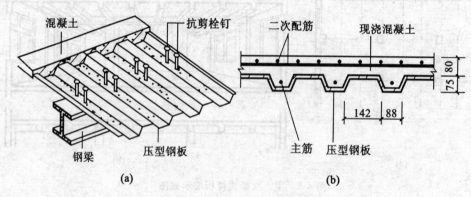

图 4-7　压型钢板式楼板层示意图

压型钢板式楼板层的特点是压型钢板起到了现浇混凝土的永久性模板和受拉钢筋的双重作用,同时又是施工的台板,简化了施工程序,加快了施工进度。另外,还可以利用压型钢板肋间的空间敷设电力管线或通风管道。

4.2.2　装配式(预制)钢筋混凝土楼板层

预制装配式钢筋混凝土楼板是指楼板的梁、板等构件,在预制加工厂或施工现场外预先制作成各种形式和规格的构件,然后运到工地现场进行安装。预制装配式钢筋混凝土楼板具有节省模板,便于机械化施工,施工速度快,降低劳动强度,提高生产率,工期大大缩短的优点,但其整体性差。由于有利于建筑工业化水平的提高,应大力推广。凡是建筑设计中平面形状规整,尺度符合模数要求的建筑物,都应尽量采用预制楼板,长度一般为

300mm 的倍数；板的宽度根据制作、吊装和运输条件以及有利于板的排列组合确定，一般为 100mm 的倍数。另外，预制构件分预应力和非预应力两种。

1. 预制楼板构件类型

(1) 实心平板。

预制实心平板的跨度一般小于 2.5m；板厚大约为跨度的 $\frac{1}{30}$，一般为 60~80mm；板宽为 600~900mm。具有板面上、下平整，制作简单等优点。但由于板跨受到限制，隔音效果差，若板跨增加，板亦较厚，故经济性差。适用于小跨度铺板，多用于建筑物内的走道、厨房、卫生间、阳台等处，也常用做架空隔板和管沟盖板，如图 4-8 所示。

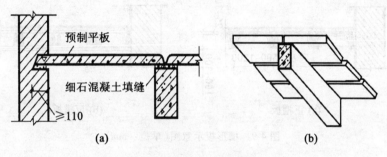

图 4-8 实心平板示意图

(2) 槽形板。

槽形板是一种梁板结合的构件，即实心板的两侧设有纵肋，作用在板上的荷载主要由边肋承担。为便于搁置和提高板的刚度，板的两端常设端肋封闭。为加强槽形板的刚度，当板跨达 6m 时，应在板的中部每隔 500~700mm 增设横肋一道。一般尺度为板跨 3~7.2m，板宽 600~1 200mm，板厚 30~35mm，肋高 150~300mm。槽形板的自重轻，用料省，便于开孔和打洞，但由于板底不平整，隔声效果差，不够美观，常用于实验室，厨房，厕所，屋顶。

依板的槽口向下和向上分别称为正槽板和反槽板，如图 4-9 所示。

正置：是指肋向下搁置。板受力合理，板底不平，不利于室内采光，一般装修时需要设置吊顶棚。

倒置：是指肋向上搁置，板底平整，但需做面板。板受力不合理，考虑到楼板的隔声和保温，需在槽内填充轻质多孔材料。

(3) 空心板。

将板沿纵向抽孔而成，空心板也是一种梁、板合一的预制构件，其结构计算理论与槽形板相似，材料消耗也相近。根据板内抽孔方式的不同，有矩形孔板、圆孔板、椭圆孔板，如图 4-10 所示。矩形孔板能节约一定量的混凝土，但脱模困难且易出现板面开裂，已不采用；椭圆孔和圆孔增大了板肋的截面面积，使板的刚度增强，对受力有利，但相比之下圆孔抽芯脱模更省事，故目前预制多孔板基本上采用圆孔板。

空心板的板厚一般为 120~300mm，宽度为 500~1 200mm，板跨在 2.4~7.2m 范围

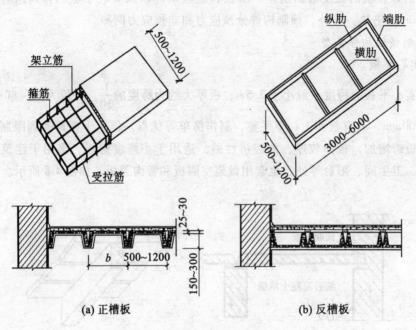

图 4-9 槽形板示意图（单位：mm）

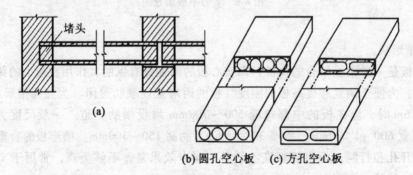

图 4-10 空心板示意图

内居多。具有板面上下平整，隔声效果好，便于施加预应力，故板跨度大的优点。但不能在板上任意开洞，若需开孔，应在板制作时就预留出孔洞的位置。

2. 楼板的布置

根据房间的开间、进深大小确定板的支承方式，板沿短向布置较为经济，一般有两种搁置方式：一种是预制板直接搁置在墙上时称为板式结构布置；另一种是预制板搁置在梁上时称为梁板式结构布置，如图 4-11 所示。

楼板直接支承在墙上，对一个房间进行板的布置时，通常以房间的短边为板跨进行布置，如房间为 3 600mm×4 500mm，采用板长为 3 600mm 的预制板铺设，为了减少板的规格，也可以考虑以长边作为板跨，如另一个房间的开间为 3 000mm、进深为 3 600mm，此时仍可以选用板跨为 3 600mm 的预制楼板。

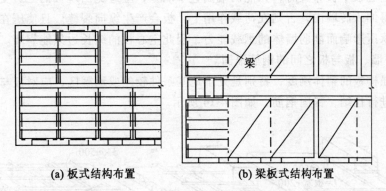

图 4-11 预制楼板结构布置示意图

3. 梁的截面形式

梁的截面形式有矩形、T 形、十字形、花篮形等，如图 4-12 所示。矩形截面梁外形简单，制作方便；T 形截面梁较矩形截面梁自重轻；采用十字形或花篮形可以减少楼板所占的空间高度。通常，梁的跨度尺寸为 5~8m 较为经济，如图 4-13 所示。

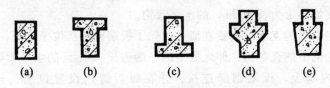

图 4-12 梁的截面形式

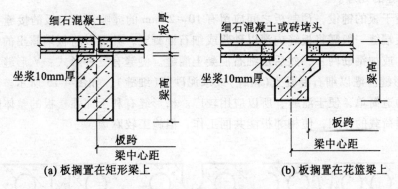

图 4-13 板在梁上搁置

4. 楼板的细部构造

（1）铺板应注意细则。

①在墙上的搁置长度不小于 90mm，在梁上的搁置长度不小于 60mm；

②采用 M5 砂浆坐浆不小于 10mm 厚，板端搁置部位应用水泥砂浆坐浆；

③板的端缝用细石混凝土或水泥砂浆灌实；

④空心板支承端的两端孔内用砖块或混凝土块填塞。

另外，空心板平板布置时，只能两端搁置于墙上，应避免出现板的三边支承情况，即板的纵边不得伸入砖墙内，否则在荷载作用下，板会产生纵向裂缝。且使压在边肋上的墙体因受局部承压影响而削弱墙体的承载能力，因此空心板的纵长边只能靠墙。

（2）板与墙、板与板之间的钢筋锚固。

为了增强楼板的整体刚度，特别是处于地基条件较差或地震区，应对板与墙、板与板之间用钢筋进行拉结，锚固钢筋，如图4-14所示。

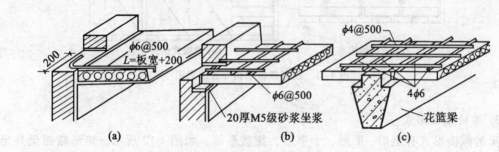

图4-14 板的锚固示意图（单位：mm）

①板靠墙：空心板的纵向长边靠墙布置，板面每隔1 000mm设置拉筋，板缝为弯钩，钢筋伸入墙内，在墙体上为长300mm的水平弯钩。

②板进墙：空心板的支承端搁置在墙上，除了板端搁置部位坐浆外，应在每板缝设拉筋一根，板缝内为向下的直弯钩，伸入墙上的一端为长300mm的水平弯钩。

③内墙：在内墙上，板端钢筋连接，并在每板缝内设置拉筋，分别伸入两房间各500mm。

（3）板缝的处理。

为了便于板的铺设，预制板之间应留有10～20mm的缝隙，板与板的接缝有端缝和侧缝两种。板端缝一般需将板缝内灌以砂浆或细石混凝土，并可以将板端露出的钢筋交错搭接在一起，或加钢筋网片，然后用细石混凝土灌缝。侧缝有三种形式：V形缝、U形缝和槽（双齿）形缝。灌以细石混凝土（粗缝）或水泥砂浆（细缝），如图4-15所示。V形缝与U形缝板缝构造简单，便于灌缝，所以应用较广。槽形缝有利于加强楼板的整体刚度，板缝能起到传递荷载的作用，使相邻板能共同工作，但施工较麻烦。

(a) V形缝　　(b) U形缝　　(c) 槽形缝

图4-15 板缝的形式

在排板过程中，当板的横向尺寸与房间平面尺寸出现差额（这个差额称为板缝差）时，可以采用以下办法调整板缝：

①当缝差在60mm以内时，通过细石混凝土调整板缝宽度即可；

②当缝差在 60～120mm 时，可以沿墙边挑两皮砖解决，如图 4-16(a)所示；

③当缝差在 120～200mm 时，或因竖向管道沿墙边通过时，则用局部现浇板带的办法解决，如图 4-16(b)所示；

④当缝差超过 200mm 时，重新选择板的规格。

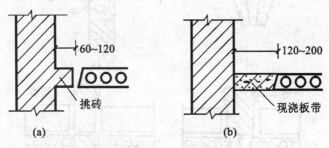

图 4-16 板缝的处理示意图(单位：mm)

(4)隔墙与楼板的关系处理。

1)轻质隔墙：可以直接搁置在楼板上任一位置。

2)自重较大的隔墙(砖隔墙)：为了避免将隔墙的荷载集中在一块楼板上，可以采取下列措施。

①采用槽形板——隔墙可以搁置在槽形板的边肋上，如图 4-17(a)所示。

②上、下隔墙相对时——结合板缝加设钢筋砖带或设梁，如图 4-17(b)所示。

③为了板底平整，可以使梁的截面与板厚度相同或在板缝内配筋，如图 4-17(c)所示。

④若采用空心板——可以在隔墙下板缝设现浇钢筋混凝土板带或设梁支承隔墙，如图 4-17(d)所示。

(5)板的面层处理。

由于预制构件的尺寸误差或施工上的原因造成板面不平，需做找平层，通常采用 20～30mm 厚水泥砂浆或 30～40mm 厚的细石混凝土找平，然后再做面层，电线管等小口径管线可以直接埋在整浇层内。装修标准较低的建筑物，可以直接将水泥砂浆找平层或细石混凝土整浇层表面抹光，即可作为楼面，如果要求较高，则必须在找平层上另做面层。

4.2.3 装配整体式钢筋混凝土楼板层

装配整体式钢筋混凝土楼板是先预制部分构件，然后在现场安装，再以整体浇筑方法连成一体的楼板。这类楼板克服了现浇板消耗模板量大、预制板整体性差的缺点，整合了现浇式楼板整体性好和装配式楼板施工简单、工期短的优点。装配整体式钢筋混凝土楼板按结构及构造方式可以分为密肋填充块楼板和预制薄板叠合楼板。

1. 密肋填充块楼板

密肋填充块楼板是指在填充块之间现浇钢筋混凝土密肋小梁和面层而形成的楼板层，也有采用在预制倒 T 形小梁上现浇钢筋混凝土楼板的做法，填充块有空心砖、轻质混凝土块等。这种楼板能够充分利用不同材料的性能，能适应不同跨度，并有利于节约模板，

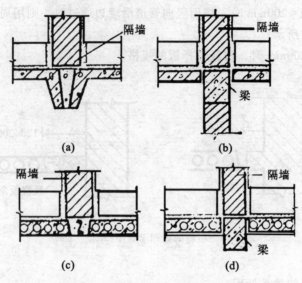

图 4-17 隔墙与楼板的关系示意图

其缺点是结构厚度偏大。密肋填充块楼板有现浇密肋楼板、预制小梁现浇楼板、带骨架芯板填充楼板等,如图 4-18 所示。

密肋板由布置得较为密的肋(梁)与板构成。肋的间距及高应与填充物尺寸配合,通常肋的间距小于 700mm,肋宽 60~120mm,肋高 200~300mm,肋的跨度 3.5~4m,不宜超过 6m,板的厚度为 50mm 左右,楼面荷载不宜过大。

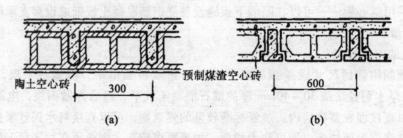

图 4-18 密肋填充块楼板示意图(单位:mm)

现浇密肋填充块楼板通常是以陶土空心砖、矿渣混凝土实心块等作为肋间填充块来现浇密肋和面板而成。预制小梁填充块楼板是在预制小梁之间填充陶土空心砖、矿渣混凝土实心块、煤渣空心块,上面现浇面层而成。密肋填充块楼板板底平整,有较好的隔声、保温、隔热效果,在施工中空心砖还可以起到模板的作用,也有利于管道的敷设。这种楼板常用于学校、住宅、医院等建筑物中。

2. 叠合式楼板层

近年来,随着城市高层建筑物和大开间建筑物的不断涌现,从而在设计中要求加强建筑物的整体性,采用现浇钢筋混凝土楼板愈来愈多。现浇钢筋混凝土楼板需要消耗大量模板,很不经济。为解决这些矛盾,便出现了预制薄板与现浇混凝土面层叠合而成的装配整体式楼板,或称为预制薄板叠合楼板。

叠合式楼板可以分为普通钢筋混凝土薄板和预应力混凝土薄板两种。叠合式楼板形式中预制混凝土薄板既是永久性模板承受施工荷载,也是整个楼板结构的一个组成部分。预应力混凝土薄板内配以高强钢丝作为预应力筋,同时也是楼板的跨中受力钢筋。板面现浇混凝土叠合层,所有楼板层中的管线预先埋在叠合层内。现浇层内只需配置少量支座负弯矩钢筋。预制薄板底面平整,作为顶棚可以直接喷浆或粘贴装饰顶棚壁纸。

叠合楼板跨度一般为3~6m,最大可达9m,以5.4m以内较为经济。预应力薄板厚通常为50~70mm,板宽1.1~1.8m,板间应留缝10~20mm。为了保证预制薄板与叠合层有较好的连接,薄板上表面需做处理,常见的处理有两种:一种是在表面做刻槽处理,刻槽直径50mm,深20mm,间距150mm;另一种是在薄板上表面露出较规整的三角形状的结合钢筋,如图4-19所示。

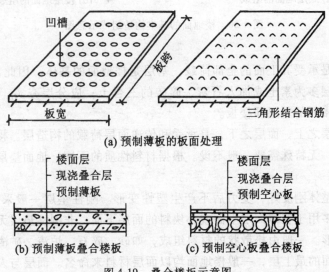

图4-19 叠合楼板示意图

现浇叠合层楼板采用C20级的混凝土,其厚度一般为70~120mm。叠合楼板的总厚度取决于板的跨度,一般为150~250mm。楼板厚度以大于或等于薄板厚度的两倍为宜。

§4.3 楼地面构造

楼地面由面层和基层两部分构成。基层主要是结构层,在地基较差时为加固地基增设垫层,对有特殊要求的地坪,常在面层与结构层之间增设附加层。

4.3.1 楼地面的组成及要求

人们常将"楼面"与"地面"统称为"地面"这是因为楼面与地面的功能及使用要求基本相同,在基本构造组成上又有许多共同之处。由于支承结构不同,楼面与地面又各有其特点，楼板结构的弹性变形较小，而地面承重层的弹性变形较大。一般地，将楼面与地面统称为楼地面。楼地面一般均由基层、垫层和面层三部分组成，如图 4-20 所示。

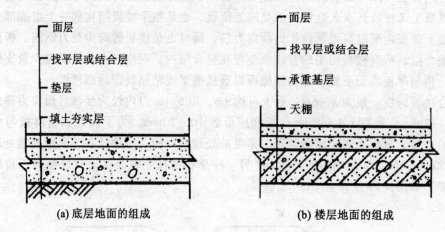

图 4-20　楼地面的基本构造组成示意图

基层的作用是承受其上面的全部荷载，基层是楼地面的基体。因此，基层必须坚固、稳定。地面的基层多为素土或加入石灰、碎砖的三合土；应分层夯实，一般每铺 300mm 厚应夯实一次。楼面的基层即楼板。

垫层位于基层之上、面层之下，是承受和传递面层荷载的构造层。楼层的垫层，具有隔声和找坡作用，无特殊需要一般不设。根据材料性质的不同，地面垫层分为刚性垫层和非刚性垫层两种。

刚性垫层的整体刚度好，受力后不产生塑性变形。刚性垫层一般采用 C7.5～C10 混凝土，这种垫层多用于整体面层下面或小块料的面层下面。非刚性垫层无整体刚度，受力后会产生塑性变形。一般由松散状的材料组成，如砂、碎石、炉渣、矿渣、灰土等。

面层是楼地面的最上层，一般楼地面均以面层材料来命名。面层与人们直接接触，也承受外界各种物理化学作用。因此，根据不同的材料与要求，面层的构造与施工方法也各不相同。

4.3.2　楼地面的设计要求

1. 足够的坚固性

地面应当不易被磨损、破坏，表面平整光洁，易清洁，不起灰。并对楼地层的结构层起保护作用。

2. 良好的保温性和弹性

从人们使用的角度考虑，地面装修材料导热系数宜小，以免冬季给人过冷的感觉。考虑人行走的感受，面层材料不宜过硬，有弹性的面层也有利于减少噪声。

3. 具有良好的防潮、防火和耐腐蚀性

对于一些特别潮湿的房间，如浴室、卫生间、厨房等，要求抗潮湿、不透水；有火源的房间，地面应防火、耐燃；有酸碱腐蚀的房间，对地面应采取有防腐蚀措施。

4. 满足美观要求

地面应与墙面、顶棚等统一设计，考虑到色彩、肌理、光影等的综合运用，以及与室内空间的使用性质相协调。

4.3.3 楼地面的分类

地面根据其组成材料、构造方法和施工工艺的不同，通常可以归纳为四类，即：整体地面，块料地面，木地面和人造软制品地面。根据不同的要求设置不同的地面。

1. 整体地面

按设计要求选用不同材质和相应配合比，经施工现场整体浇筑的楼地面面层称为整体式楼地面。整体式楼地面的面层无接缝，这类楼地面可以通过加工处理，获得丰富的装饰效果，一般造价较低。这类楼地面包括水泥砂浆楼地面、细石混凝土楼地面、现制水磨石楼地面、涂布楼地面等。

(1) 水泥砂浆楼地面。

水泥砂浆楼地面构造简单，施工方便，造价较低，但热导率大，易起灰、起砂，天气过潮时，易产生凝结水。水泥砂浆楼地面饰面做法有单层和双层两种，如图 4-21 所示。双层做法虽增加了工序，但不易开裂。

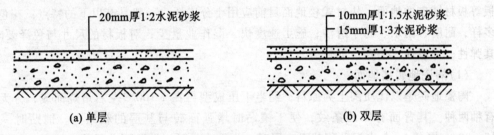

图 4-21 水泥砂浆楼地面面层示意图

(2) 细石混凝土楼地面。

细石混凝土楼地面强度高、整体性和耐久性好，干缩小，不易起砂，但其厚度较大(35~50mm)，面层材料为细石混凝土，混凝土标号 C20 以上，石子粒径应不大于 15mm 或不大于面层厚度的 $\frac{2}{3}$。

(3) 现浇水磨石楼地面。

现浇水磨石楼地面是在刚性垫层或结构层上用 10~20mm 厚的 1:3 水泥砂浆找平，采用白水泥与水泥加颜料(普通水磨石)，或彩色水泥与大理石屑(美术水磨石)拌和为面层，待面层达到一定承载力后加水用磨石机磨光、打蜡而成。

为适应地面变形可能引起的面层开裂以及施工和维修方便，做好找平层后，用嵌条把地面分成若干小块。分块形状可以设计成各种图案。嵌条用料常为玻璃、塑料或金属条(铜条、铝条)。

现浇水磨石具有色彩丰富、图案组合多种多样的饰面效果，面层平整光滑，坚固耐磨，整体性好，防水，耐腐蚀，易于清洁。常用于公共建筑物中人流较多的门厅等楼地面。现浇水磨石楼地面构造做法如图4-22所示。

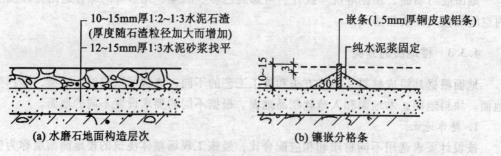

图4-22 现浇水磨石楼地面示意图

(4) 涂布楼地面

涂布楼地面主要是合成树脂代替水泥或部分水泥，再加入填料、颜料等混合调制而成的材料，硬化以后形成整体无缝的面层。该饰面易清洁、施工简捷、功效高、更新方便、造价低。

2. 块料地面

块料楼地面是指用陶瓷地砖、陶瓷锦砖、水泥砖、预制水磨石板、大理石板、花岗石板等板材铺砌的地面。块材式楼地面目前应用十分广泛，一般具有以下特点：花色品种多样，耐磨、耐水、易于清洁；施工速度快，湿作业量少；对板材的尺寸与色泽要求高；其弹性、保温性、消声性都较差。

(1) 陶瓷地砖楼地面。

陶瓷地砖是以优质陶土为原料，经半干压成型再在1 100℃左右焙烧而成，分无釉和有釉两种。其背面有凹凸条纹，便于镶贴时增强面砖与基层的粘结力。铺贴时一般用15~20mm厚的1:3水泥砂浆找平，同时作为结合材料，铺贴要求平整，如图4-23所示。

陶瓷地砖的种类及尺寸规格、花色品种较多，适用于公共建筑物及居住的大部分房间楼地面。地砖的表面质感多种多样，有平面、麻面、磨光面、抛光面、纹点面、仿大理石（或花岗岩）表面、压花浮雕表面等多种表面形状。也可以做出丝网印刷、套花图案、单色及多色等装饰效果。

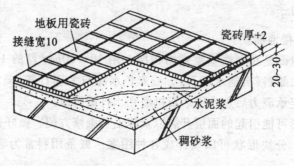

图4-23 陶瓷地砖地面构造示意图（单位：mm）

(2) 制品块楼地面。

水泥制品块楼地面常见的有水泥砂浆砖、预制水磨石块、预制混凝土块等。水泥制品块与基层粘结有两种方式：当预制块尺寸较大且较厚时，常在板下干铺一层20～40mm厚细砂或细炉渣，待校正后，板缝用砂浆嵌填。这种做法施工简单、造价低，便于维修更换，但不易平整。当预制块小而薄时，则采用12～20mm厚的1∶3水泥砂浆做结合层，铺好后再用1∶1水泥砂浆嵌缝。这种做法坚实，平整，但施工较复杂，造价也较高。

(3) 石材楼地面。

饰面石材主要有大理石、花岗石、石灰岩等，是从天然岩体中开采出来的、经过加工成块材或板材，再经过粗磨、细磨、抛光、打蜡等工序，就可以加工成各种不同质感的高级装饰材料。其构造做法如图4-24所示。

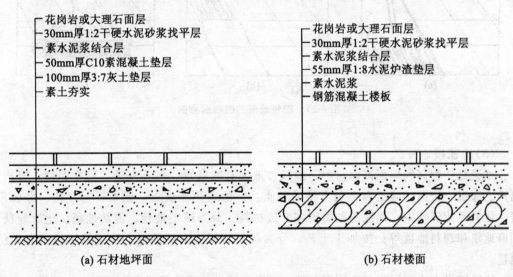

图4-24 石材楼地面构造示意图

3. 人造软质楼地面

软质制品地面是指以质地较软的地面覆盖材料所形成的楼地面饰面，如橡胶地毡、聚氯乙烯塑料地板、地毯等地面。

(1) 橡胶地毡楼地面。

橡胶地毡是以天然橡胶或合成橡胶为主要原料，加入适量的填充料加工而成的地面覆盖材料。橡胶地毡地面具有较好的弹性、保温、隔撞击声、耐磨、防滑、不导电等性能，适用于展览馆、疗养院等公共建筑物，也适用于车间、实验室的绝缘地面以及游泳池边、运动场等防滑地面。

橡胶地毡表面有平滑或带肋两类，其厚度为4～6mm，橡胶地毡与基层的固定一般用胶粘剂粘贴在水泥砂浆基层上。

(2) 塑料地板楼地面。

塑料地板楼地面是指用聚氯乙烯或其他树脂塑料地板作为饰面材料铺贴的楼地面。塑料地面具有美观、质轻、耐腐、绝缘、绝热、防滑、易清洁、施工简便、造价较低的优点。但其不耐高温、怕明火、易老化。塑料地板与基层的固定一般用胶粘剂粘贴在水泥砂浆基层上，如图 4-25 所示。多用于一般性居住建筑物和公共建筑物，不适宜人流密集的公共场所。

塑料地板的种类很多，从不同的角度划分如下：按产品形状，分为块状塑料地板和卷状塑料地板；按结构，分为单层塑料地板、双层复合塑料地板、多层复合塑料地板；按材料性质，分为硬质塑料地板、软质塑料地板、半硬质塑料地板；按树脂性质，分为聚氯乙烯塑料地板、氯乙烯—醋酸乙烯塑料地板和聚丙烯塑料地板。

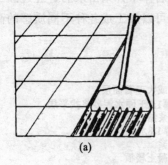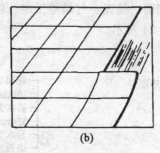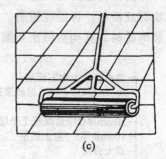

图 4-25　塑料地面的铺贴示意图

（3）地毯楼地面。

地毯是一种高级地面饰面材料。地毯楼地面具有美观、脚感舒适、富有弹性、吸声、隔声、保温、防滑、施工和更新方便的特点。广泛应用于宾馆、酒店、写字楼、办公用房、住宅等建筑物中。地毯的种类很多，按材料，分为纯毛地毯、混纺地毯、化纤地毯、剑麻地毯和塑料地毯等；按加工工艺，分为机织地毯、手织地毯、簇绒编织地毯和无纺地毯。

地毯铺设方式有固定和不固定两种。不固定铺设是将地毯浮搁在基层上，不需将地毯与基层固定。地毯固定铺设的方法又分为两种，一种是胶粘剂固定法，另一种是倒刺板固定法。胶粘剂固定法用于单层地毯，倒刺板固定法用于有衬垫地毯，如图 4-26、图 4-27 所示。

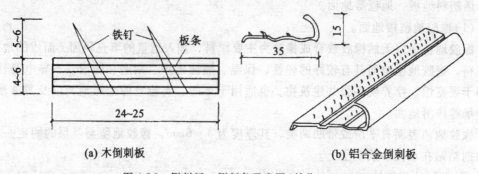

图 4-26　倒刺板、倒刺条示意图（单位：mm）

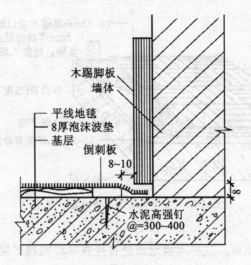

图 4-27 倒刺板固定地毯示意图(单位:mm)

4. 木楼地面

木楼地面是近年来常用的楼地面装饰方式,木楼地面具有以下特点:纹理及色泽自然美观,具有较好的装饰效果;有弹性,行走有舒适感,自重轻,具有良好的保温隔热性能,不起尘,易清洁。但其耐火性、耐久性较差,潮湿环境下易腐朽,易产生裂缝和翘曲变形。

(1)木质楼地面的基本材料。

木楼地面所用的材料可以分为:面层材料、基层材料和粘结材料三类。

①面层材料。面层是木楼地面直接受磨损的部位,也是室内装饰效果的重要组成部分。因此要求面层材料耐磨性好、纹理优美清晰、有光泽、不易腐朽、开裂及变形。根据材质不同,面层可以分为普通纯木地板、软木地板、复合木地板、竹地板等。

②基层材料。基层的主要作用是承托和固定面层。基层可以分为水泥砂浆(或混凝土)基层和木基层。水泥砂浆(或混凝土)基层,一般多用于粘贴式木地面。常用水泥砂浆配合比为 1∶2.5~1∶3,混凝土强度等级一般为 C10~C15。

木基层有架空式和实铺式两种,由木搁栅、剪刀撑、垫木、沿游木和毛地板等部分组成。一般选用松木和杉木作用料。

③粘结材料(胶粘剂)。粘结材料的主要作用是将木地板条直接粘结在水泥砂浆或混凝土基层上,目前应用较多的粘贴剂有:氯丁橡胶剂、环氧树脂剂、合成橡胶溶剂、石油沥青、聚氨酯及聚醋酸乙烯乳液等。具体选用,应根据面层及基层材料、使用条件、施工条件等综合确定。

(2)木质楼地面的基本构造。

木楼地面一般有实铺式和空铺式两种方式,实铺式又分为粘贴式和铺钉式两种。

①实铺粘贴式木楼地面。在钢筋混凝土楼板上或底层地面的素混凝土垫层上做找平层,再用粘结材料将各种木板直接粘贴在找平层上而成,如图 4-28 所示。这种做法构造简单、造价低、功效快、占空间高度小,但其弹性较差。

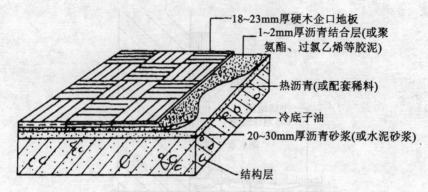

图 4-28　实铺粘贴式木楼地面示意图

②实铺铺钉式木楼地面。这种木楼地面是直接在基层的找平层上固定木搁栅，然后将木地面铺钉在木搁栅上，如图 4-29 所示。这种做法施工较简单，地面弹性好，所以实际工程中应用较多。

③空铺式木楼地面。空铺式木楼地面主要是用于因使用要求弹性好，或面层与基底距离较大的场合。通过地垄墙、砖墩或钢木支架的支撑来架空，如图 4-30 所示。其优点是使木地板富有弹性、脚感舒适、隔声、防潮。其缺点是施工较复杂、造价高。

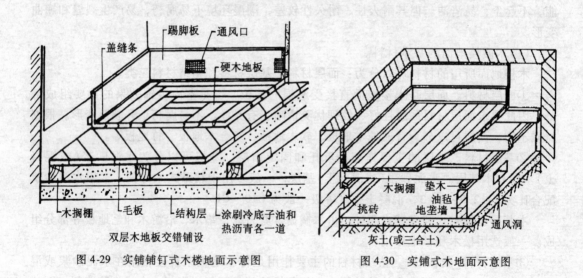

图 4-29　实铺铺钉式木楼地面示意图　　图 4-30　实铺式木地面示意图

5. 特殊构造楼地面

(1) 弹性木地面。

用于某些专业性较强的木楼地面，如舞台、舞厅、练功房、比赛场等。构造上分为衬垫式和弓式。衬垫式木地面如图 4-31 所示。弓式木地面又分为木弓木地面和钢弓木地面。

(2) 活动地板。

活动夹层楼地面是由各种装饰板材经高分子合成胶粘剂胶合而成的活动木地板、抗静电的铸铅活动地板和复合抗静电活动地板等。配以龙骨、橡胶垫、橡胶条和可调节的金属

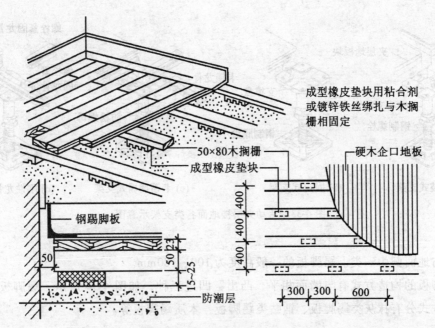

图 4-31　橡皮垫块衬垫式弹性木地面示意图（单位：mm）

支架等组成的楼地面，如图 4-32、图 4-33 所示。

活动夹层楼地面具有安装、调试、清理、维修简便，板下可以敷设多条管道和各种管线，并可以随意开启检查、迁移等特点，多用于计算机房、通讯中心、多媒体教室等建筑物。

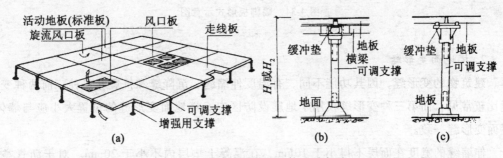

图 4-32　活动夹层楼地面构造示意图

4.3.4　楼地面的细部构造

1. 踢脚板构造

踢脚板又称为踢脚线，是楼地面与内墙面相交处的一个重要构造节点。踢脚板的主要作用是遮盖楼地面与墙面的接缝，保护墙面，以防搬运东西、行走或做清洁卫生时将墙面弄脏，同时满足室内美观的要求。踢脚板的材料与楼地面的材料基本相同，所以在构造上

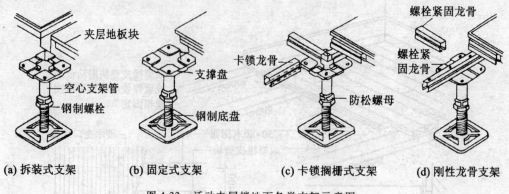

图 4-33 活动夹层楼地面各类支架示意图

常将其与地面归为一类。踢脚板的一般高度为 100~180mm。

踢脚板的构造方式有与墙面相平、凸出、凹进三种，如图 4-34 所示。踢脚板按材料和施工方式分有抹灰类踢脚板、铺贴类踢脚板、木质踢脚板等。

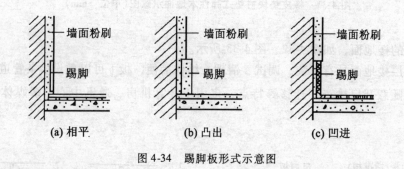

图 4-34 踢脚板形式示意图

2. 楼地面变形缝

建筑物的变形缝，因其功能不同，有温度伸缩缝、沉降缝和抗震缝三种。前两种变形缝比较常见，而第三种变形缝仅用于地震设防区中。楼地面变形缝的位置大小应与墙体、屋面变形缝一致。

伸缩缝的宽度在面层不得小于 10mm，在混凝土垫层内不小于 20mm。对于沥青类材料的整体面层和铺在砂、沥青玛蹄脂结合层上的板材、块材面层，可以只在混凝土垫层或楼板中设置伸缩缝。

为了将楼地面基层中的变形缝封闭，常采用可以压缩变形的沥青玛蹄脂、沥青木丝板、金属调节片等材料作封缝处理。一般在面层处需覆以盖缝板，在构造上应以允许构件之间能自由伸缩、沉降为原则。如图 4-35 所示。所有金属构件，均需满涂防锈漆一道，外露面加涂调和漆两道，所有盖缝板外表颜色应与地面一致。

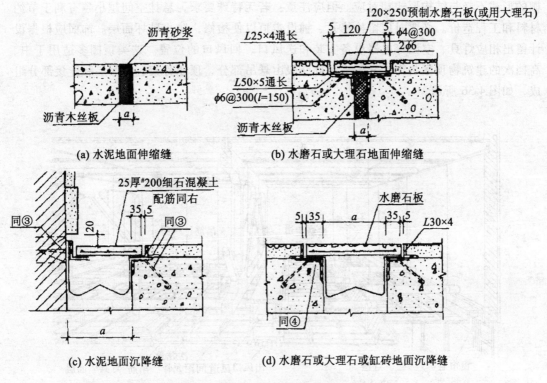

图 4-35 楼地面变形缝示意图(单位：mm)

§4.4 顶棚装饰构造

顶棚是位于楼盖和屋盖下的装饰构造，又称为天棚、天花板。顶棚的设计与选择应考虑到建筑功能、建筑声学、建筑热工、设备安装、管线敷设、维护检修、防火安全等综合因素。

顶棚按饰面与基层的关系可以归纳为直接式顶棚与悬吊式顶棚两大类。

4.4.1 直接式顶棚

直接式顶棚是在屋面板或楼板结构底面直接做饰面材料的顶棚。直接式顶棚具有构造简单、构造层厚度小、施工方便，可以取得较高的室内净空，造价较低等特点。但直接式顶棚没有供隐蔽管线、设备的内部空间，故一般用于普通建筑物或空间高度受到限制的房间。

直接式顶棚按施工方法可以分为直接式抹灰顶棚、直接喷刷式顶棚、直接粘贴式顶棚、直接固定装饰板顶棚及结构顶棚等。

4.4.2 悬吊式顶棚

悬吊式顶棚是指饰面与板底之间留有悬挂高度做法的顶棚。悬吊式顶棚可以利用这段悬挂高度布置各种管道和设备，或对建筑物起到保温隔热、隔声的作用，同时，悬吊式顶棚的形式不必与结构形式相对应。但应注意：若无特殊要求，悬挂空间越小越有利于节约材料和工程造价。必要时应留检修孔、铺设走道以便检修，防止破坏面层。饰面应根据设计留出相应灯具、空调等电器设备安装和送风口、回风口的位置。这类顶棚多适用于中、高档次的建筑物顶棚装饰。悬吊式顶棚一般由悬吊部分、顶棚骨架、饰面层和连接部分组成，如图 4-36 所示。

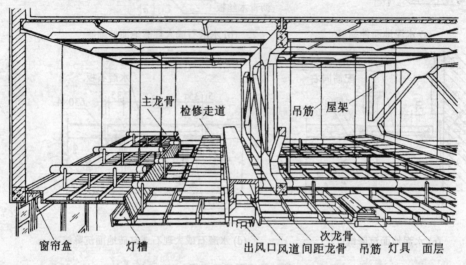

图 4-36 悬吊式顶棚的构造示意图

1. 悬吊部分

悬吊部分包括吊点、吊杆和连接杆，如图 4-37 所示。吊杆与楼板或屋面板连接的节点为吊点。在荷载变化处和龙骨被截断处应增设吊点。吊杆（吊筋）是连接龙骨和承重结构的承重传力构件。吊杆的作用是承受整个悬吊式顶棚的重量（如饰面层、龙骨以及检修人员），并将这些重量传递给屋面板、楼板、屋架或屋面梁，同时还可以调整、确定悬吊式顶棚的空间高度。

吊杆按其材料分为钢筋吊杆、型钢吊杆、木吊杆。钢筋吊杆的直径一般为 6~8mm，用于一般悬吊式顶棚；型钢吊杆用于重型悬吊式顶棚或整体刚度要求高的悬吊式顶棚，其规格尺寸应通过结构计算确定；木吊杆用 40mm×40mm 或 50mm×50mm 的方木制作，一般用于木龙骨悬吊式顶棚。

2. 顶棚骨架

顶棚骨架又称为顶棚基层，是由主龙骨、次龙骨、小龙骨（或称为主搁栅、次搁栅）所形成的网格骨架体系。其作用是承受饰面层的重量并通过吊杆传递到楼板或屋面板上。

悬吊式顶棚的龙骨按材料分为木龙骨、型钢龙骨、轻钢龙骨、铝合金龙骨等。

3. 饰面层

饰面层又称为面层，其主要作用是装饰室内空间，并且还兼有吸声、反射、隔热等特

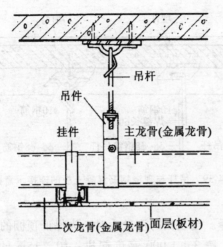

图 4-37 悬吊部分主要构件示意图

定的功能。饰面层一般有抹灰类、板材类、开敞类等。

4. 连接部分

连接部分是指悬吊式顶棚龙骨之间、悬吊式顶棚龙骨与饰面层之间、龙骨与吊杆之间的连接件、紧固件。一般有吊挂件、插挂件、自攻螺钉、木螺钉、圆钢钉、特制卡具、胶粘剂等。

(1) 吊杆、吊点连接构造。

空心板、槽形板缝中吊杆的安装如图 4-38 所示。现浇钢筋混凝土板上吊杆的安装如图 4-39 所示。

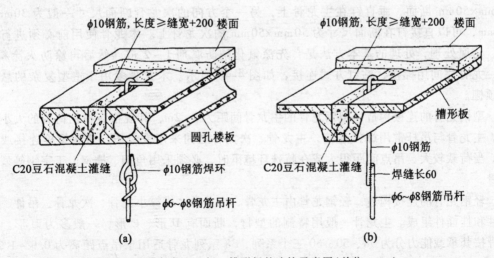

图 4-38 吊杆与空心板、槽形板的连接示意图（单位：mm）

(2) 龙骨的布置与连接构造。

①龙骨的布置要求。主龙骨是悬吊式顶棚的承重结构，又称为承载龙骨、大龙骨。主

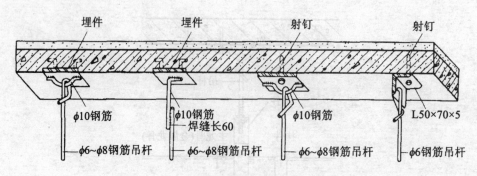

图4-39 吊杆与现浇钢筋混凝土板的连接示意图

龙骨吊点间距应按设计选择。当顶棚跨度较大时，为保证顶棚的水平度，其中部应适当起拱，一般7～10m的跨度，按3∶1 000高度起拱；10～15m的跨度，按5∶1 000高度起拱。

次龙骨又称为中龙骨、覆面龙骨，主要用于固定面板。次龙骨与主龙骨垂直布置，并紧贴主龙骨安装。

小龙骨又称为间距龙骨、横撑龙骨，一般与次龙骨垂直布置，个别情况也可以平行布置。小龙骨底面与次龙骨底面相平行，其间距和断面形状应配合次龙骨并利于面板的安装。

②龙骨的连接构造。

木龙骨的连接构造：木龙骨的断面一般为方形或矩形。主龙骨的断面尺寸为50mm×70mm，钉接或栓接在吊杆上，其间距一般为1.2～1.5m；主龙骨的底部钉装次龙骨，其间距由面板规格而定。次龙骨一般双向布置，其中一个方向的次龙骨断面尺寸为50mm×50mm断面，垂直钉在主龙骨上，另一个方向的次龙骨断面尺寸一般为30mm×50mm，可以直接钉在断面尺寸为50mm×50mm的次龙骨上。木龙骨使用前必须进行防火、防腐处理，处理的基本方法是：先涂氟化钠防腐剂1～2道，然后再涂防火涂料3道，龙骨之间用榫接、粘钉方式连接，如图4-40所示。木龙骨多用于造型复杂的悬吊式顶棚。

型钢龙骨的连接构造：型钢龙骨的主龙骨间距为1～2m，其规格应根据荷载的大小确定。主龙骨与吊杆常用螺栓连接，主龙骨、次龙骨之间采用铁卡子、弯钩螺栓连接或焊接。当荷载较大、吊点间距很大或在特殊环境下时，必须采用角钢、槽钢、工字钢等型钢龙骨。

轻钢龙骨的连接构造：轻钢龙骨由主龙骨、中龙骨、横撑小龙骨、次龙骨、吊件、接插件和挂插件组成。主龙骨一般用特制的型材，断面有U形、C形，一般多为U形。主龙骨按其承载能力分为38、50、60三个系列，38系列龙骨适用于吊点距离为0.9～1.2m的不上人悬吊式顶棚；50系列龙骨适用于吊点距离为0.9～1.2m的上人悬吊式顶棚，主龙骨可以承受80kg的检修荷载；60系列龙骨适用于吊点距离为1.5m的上人悬吊式顶棚，可以承受80～100kg检修荷载。注意龙骨的承载能力还与型材的厚度有关，荷载大时必须采用厚型材料。中龙骨、小龙骨断面有C形和T形两种。吊杆与主龙骨之间、主龙骨与

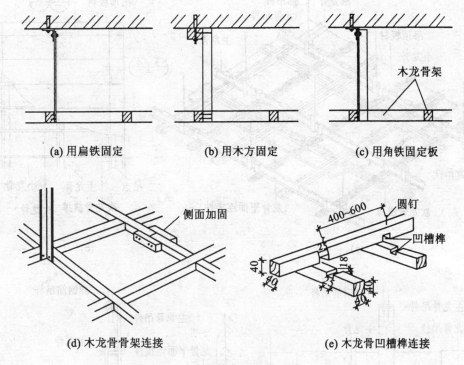

图 4-40 木龙骨构造示意图(单位:mm)

中龙骨之间、中龙骨与小龙骨之间是通过吊挂件、接插件连接的,如图 4-41 所示。

U 形轻钢龙骨悬吊式顶棚构造方式有单层和双层两种。中龙骨、横撑小龙骨、次龙骨紧贴主龙骨底面的吊挂方式(不在同一水平面)称为双层构造;主龙骨与次龙骨在同一水平面的吊挂方式称为单层构造,单层轻钢龙骨悬吊式顶棚仅用于不上人悬吊式顶棚。当悬吊式顶棚面积大于 120m² 或长度方向大于 12m 时,必须设置控制缝,当悬吊式顶棚面积小于 120m² 时,可以考虑在龙骨与墙体连接处设置柔性节点,以控制悬吊式顶棚整体的变形量。

(3)悬吊式顶棚饰面层连接构造。

①抹灰类饰面层。在龙骨上钉木板条、钢丝网或钢板网,然后再做抹灰饰面层。目前这种做法已不多见。

②板材类饰面层。板材类饰面层又称为悬吊式顶棚饰面板。最常用的饰面板有植物板材(木材、胶合板、纤维板、装饰吸音板、木丝板)、矿物板材(各类石膏板、矿棉板)、金属板材(铝板、铝合金板、薄钢板)。各类饰面板与龙骨的连接,有以下几种方式。

钉接:用铁钉、螺钉将饰面板固定在龙骨上。木龙骨一般用铁钉,轻钢龙骨、型钢龙骨用螺钉,钉距视板材材质而定,要求钉帽应埋入板内,并作防锈处理,如图 4-42(a)所示。适用于钉接的板材有植物板、矿物板、铝板等。

粘接:用各种胶粘剂将板材粘贴于龙骨底面或其他基层板上,如图 4-42(b)所示。也可以采用粘、钉结合的方式,连接更牢靠。

搁置:将饰面板直接搁置在倒 T 形断面的轻钢龙骨或铝合金龙骨上,如图 4-42(c)所示。有些轻质板材采用该方式固定,遇风易被掀起,应用物件夹住。

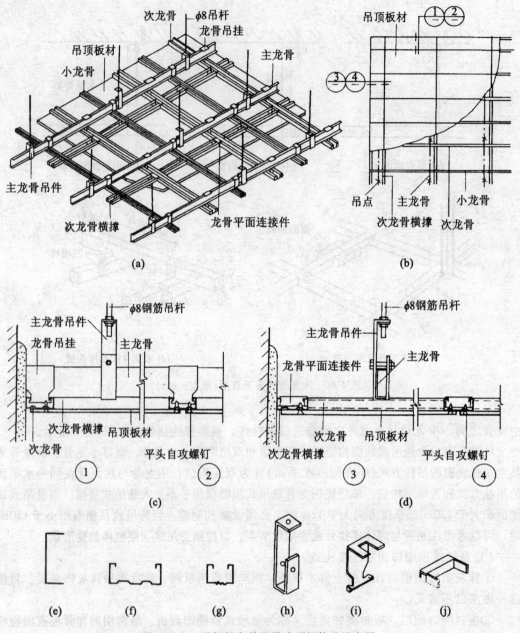

图4-41 U形轻钢龙骨悬吊式顶棚构造示意图

卡接：用特制龙骨或卡具将饰面板卡在龙骨上，这种方式多用于轻钢龙骨、金属类饰面板，如图4-42(d)所示。

吊挂：利用金属挂钩龙骨将饰面板按排列次序组成的单体构件挂于其下，组成开敞悬吊式顶棚，如图4-42(e)所示。

③饰面板的拼缝。

对缝：对缝也称密缝，是板与板在龙骨处对接，如图4-43(a)所示。粘、钉固定饰面板时可以采用对缝。对缝适用于裱糊、涂饰的饰面板。

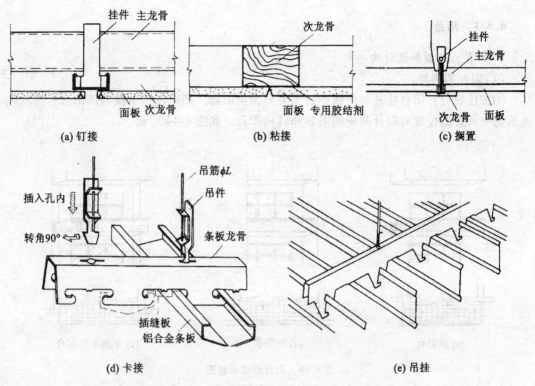

图 4-42 悬吊式顶棚饰面板与龙骨的连接构造示意图

凹缝：凹缝是利用饰面板的形状、厚度所形成的拼接缝，也称为离缝，凹缝的宽度不应小于 10mm，如图 4-43（b）所示。凹缝有 V 形缝和矩形缝两种，纤维板、细木工板等可刨破口，一般做成 V 形缝。石膏板做成矩形缝，镶金属护角。

盖缝：盖缝是利用装饰压条将板缝盖起来，如图 4-43（c）所示，这样可以克服缝隙宽窄不均、线条不顺直等施工质量问题。

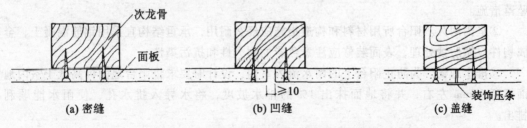

图 4-43 悬吊式顶棚饰面板拼缝形式示意图

§4.5 阳台与雨篷

阳台是多层建筑物及高层建筑物中供人们室外活动的平台。阳台的设置对建筑物外部形象具有重要作用。

4.5.1 阳台

1. 阳台的类型和设计要求

(1) 阳台的类型。

①按位置分：阳台按其与外墙面的关系分为挑阳台，凹阳台，半挑半凹阳台；按其在建筑物中所处的位置可以分为中间阳台和转角阳台，如图 4-44 所示。

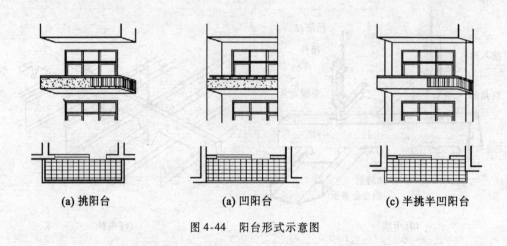

图 4-44 阳台形式示意图

②按功能分：阳台按其使用功能的不同又可以分为生活阳台（靠近卧室或客厅）和服务阳台（靠近厨房）。由承重梁、板和栏杆组成。

(2) 阳台设计时应满足的要求。

①安全适用。悬挑阳台的挑出长度不宜过大，应保证在荷载作用下不发生倾覆现象，以 1.2~1.8m 为宜。低层、多层住宅阳台栏杆净高不低于 1.05m，中高层住宅阳台栏杆净高不低于 1.1m，但也不大于 1.2m。阳台栏杆形式应防坠落（垂直栏杆之间净距不应大于 110mm）、防攀爬（不设水平横杆）、防倾覆，以免造成恶果。放置花盆处，也应采取防坠落措施。

②坚固耐久。阳台所用材料和构造措施应经久耐用，承重结构宜采用钢筋混凝土，金属构件应做防锈处理，表面装修应注意色彩的耐久性和抗污染性。

③排水顺畅。为防止阳台上的雨水流入室内，设计时要求将阳台地面标高低于室内地面标高 60mm 左右，并将地面抹出 1% 的排水坡度，将水导入排水孔，使雨水能顺利排出。

还应考虑地区气候特点。南方地区宜采用有助于空气流通的空透式栏杆，而北方寒冷地区和中高层住宅应采用实体栏杆，并满足立面美观的要求，为建筑物的形象增添风采。

2. 阳台的结构布置方式

阳台承重结构通常是楼板的一部分，因此应与楼板的结构布置统一考虑。钢筋混凝土阳台可以采用现浇或装配两种施工方式。

如果是凹阳台，则情况比较简单，阳台板可以直接由阳台两边的墙支承，板的跨度与房屋开间尺寸相同，采用现浇或预制均可。如果是挑阳台，则有以下几种方式：

(1) 挑梁式。

即在阳台两边设置挑梁，挑梁上搁板，如图4-45(a)所示。这种方式构造简单，施工方便，阳台板与楼板规格可以一致，是较常用的一种方式。阳台正面可以露出挑梁头，也可以在阳台板下设边梁，将挑梁头封住以连成一体。挑梁式也可以采用现浇方式将挑梁、边梁、外墙圈梁、阳台板及栏板现浇成一个整体，可以增加阳台的整体刚度。

(2) 挑板式。

挑板式是一种悬臂板结构，如图4-45(b)所示。阳台板的一部分作为楼板压在墙内，一部分作为阳台出挑，施工方式可以为现浇或预制。

(3) 压梁式。

压梁式的阳台板与外墙上的梁浇在一起，常采用现浇式，如图4-45(c)所示，外墙是非承重墙时阳台板靠墙梁与梁上墙的自重平衡；外墙是承重墙时阳台板靠墙梁和梁上支承的楼板荷载平衡。也可以将梁和阳台板预制成一个构件，如图4-45(d)所示。

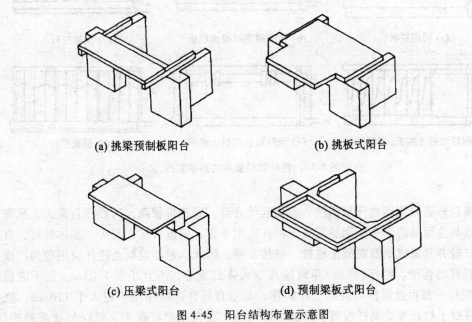

(a) 挑梁预制板阳台　　　　(b) 挑板式阳台

(c) 压梁式阳台　　　　(d) 预制梁板式阳台

图4-45　阳台结构布置示意图

(4) 转角阳台。

转角阳台的结构处理可以采用挑梁或挑板两种方式。图4-46(a)为现浇挑梁和转角阳台板，其余板预制的方式；图4-46(b)为预制板双向挑出的方式。这两种方式都可以采取现浇的办法。

3. 阳台的细部构造

(1) 阳台栏杆的类型与构造。

1) 阳台栏杆的类型。阳台栏杆(栏板)是设置在阳台外围的垂直构件，主要供人们倚扶之用，以保障人身安全，且对整个建筑物起装饰美化作用。按阳台栏杆空透的情况不同有实体式、空花式和混合式，按材料可以分为砖砌、钢筋混凝土和金属栏杆，如图4-47所示。

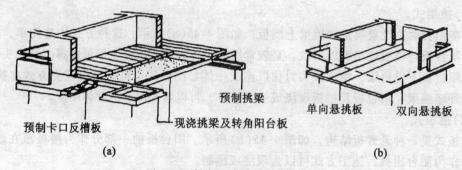

图 4-46 转角阳台结构布置示意图

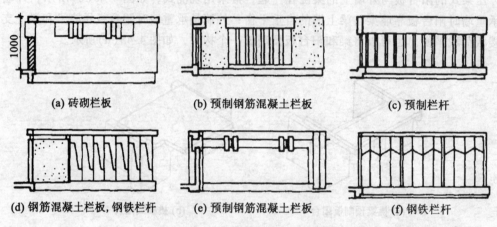

图 4-47 栏杆和栏板的类型示意图

金属栏杆若采用钢栏杆易锈蚀，若为其他合金，则造价较高；砖栏杆自重大，抗震性能差，且其立面显得厚重；钢筋混凝土栏杆造型丰富、可虚可实、耐久、整体性好，自重较砖栏杆轻并常做成钢筋混凝土栏板，拼接方便。因此，钢筋混凝土栏杆应用较为广泛。

2）栏杆的构造。栏杆（栏板）净高应高于人体的重心，不宜小于1.05m，也不应超过1.2m。栏杆一般由金属杆或混凝土杆制作，其垂直杆件之间净距不应大于110mm，栏板有钢筋混凝土栏板和玻璃栏板等。阳台细部构造主要包括栏杆扶手、栏杆与扶手的连接、栏杆与面梁（或称止水带）的连接、栏杆与墙体的连接等。

①栏杆扶手。栏杆扶手是供人手扶使用的，有金属和钢筋混凝土两种。金属扶手一般为钢管与金属栏杆焊接。钢筋混凝土扶手应用广泛，形式多样，一般直接用做栏杆压顶，其宽度有80mm、120mm、160mm。当扶手上需放置花盆时，需在外侧设保护栏杆，一般高180~200mm，花台净宽为240mm。钢筋混凝土扶手用途广泛，形式多样，有不带花台、带花台、带花池等，如图4-48所示。

②栏杆与扶手的连接方式有焊接、现浇等方式。

③栏杆与面梁或阳台板的连接方式有预埋铁件焊接、榫接坐浆、插筋现浇连接等，如图4-49所示。

④扶手与墙的连接，应将扶手或扶手中的钢筋伸入外墙的预留洞中，用细石混凝土或水泥砂浆填实固牢；现浇钢筋混凝土栏杆与墙连接时，为确保牢固，应在墙体内预埋

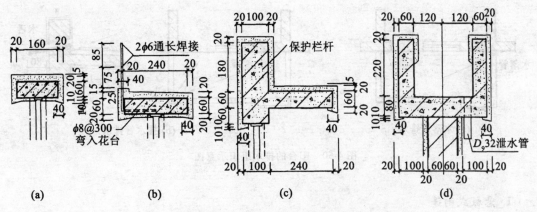

图 4-48 钢筋混凝土扶手的形式示意图（单位：mm）

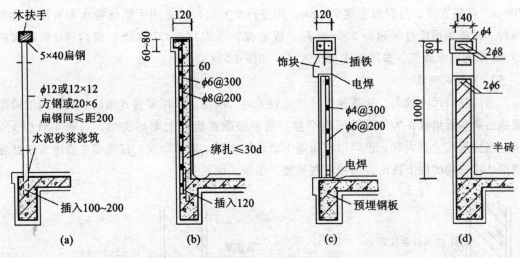

图 4-49 栏杆的连接方式示意图（单位：mm）

240mm（宽）×180mm（深）×120mm（高）的洞，用 C20 细石混凝土块填实，从中伸出 $2\phi6$，长 300mm 的钢筋，与扶手中的钢筋绑扎后再进行现浇。

（2）阳台的排水。

阳台排水有外排水和内排水。外排水适用于低层建筑，即在阳台外侧设置泄水管将水排出。内排水适用于多层建筑物和高层建筑物，即在阳台内侧设置排水立管和地漏，将雨水直接排入地下管网，保证建筑物立面美观，如图 4-50 所示。

4.5.2 雨篷

雨篷是在房屋的入口处，为了保护外门免受雨淋而设置的水平构件。当代建筑物的雨篷形式多样，以雨篷的结构分为悬板式雨篷、梁板式雨篷、吊挂式雨篷等。

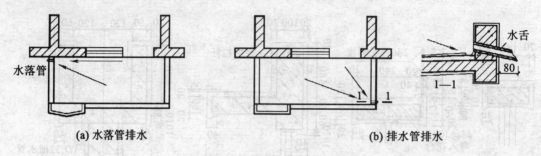

图 4-50　阳台的排水组织示意图

(a) 水落管排水　　(b) 排水管排水

1. 悬板式雨篷

悬板式雨篷外挑长度一般为 0.9~1.5m，板根部厚度不小于挑出长度的 $\frac{1}{8}$，且不小于 70mm，雨篷宽度比门洞每边宽 250mm，雨篷排水方式可以采用无组织排水和有组织排水两种。雨篷顶面距过梁顶面 250mm 高，板底抹灰可以抹 1:2 水泥砂浆内掺 5% 防水剂 15mm 厚的防水砂浆，多用于次要出入口，如图 4-51(a) 所示。

2. 梁板式雨篷

当门洞口尺寸较大，雨篷挑出尺寸也较大时，雨篷应采用梁板式结构。梁板式结构即雨篷由梁和板组成，为使雨篷底面平整，梁一般翻在板的上面成倒梁，如图 4-51(b) 所示。当雨篷尺寸更大时，也可以在雨篷下面设柱支撑。如影剧院、商场等主要出入口处悬挑梁从建筑物的柱上挑出，为使板底平整，多做成倒梁式。

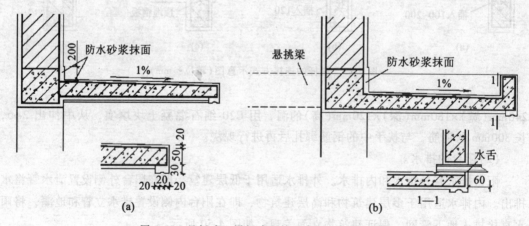

图 4-51　悬板式、梁板式雨篷示意图（单位：mm）

3. 吊挂式雨篷

对于钢构架金属雨篷和玻璃组合雨篷常用钢斜拉杆，以抵抗雨篷的倾覆。有时为了建筑立面效果的需要，立面挑出跨度大，也用钢构架带钢斜拉杆组成的雨篷。

4. 雨篷的排水和防水

如图 4-52 所示，雨篷顶面应做好防水和排水处理，一般采用 20mm 厚的防水砂浆抹面进行防水处理，防水砂浆应沿墙面上升，其高度不小于 250mm，同时在板的下部边缘做滴水，防止雨水沿板底漫流。雨篷顶面需设置 1% 的排水坡，并在一侧或双侧设排水管将雨水排除。为了立面需要，可以将雨水由雨水管集中排除，这时雨篷外缘上部需做挡水边坎。

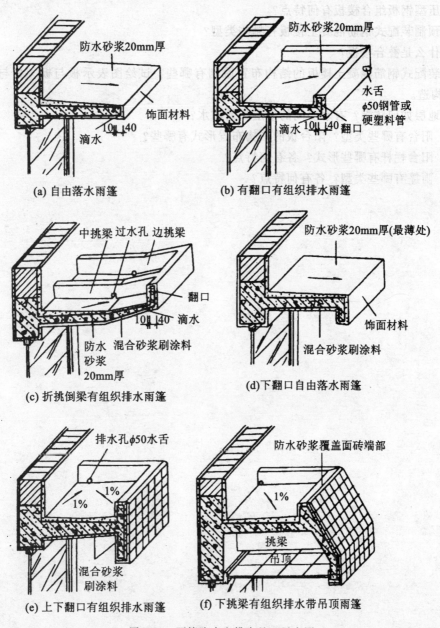

图 4-52 雨篷防水和排水处理示意图

复习思考题 4

1. 楼板层的基本组成是什么？地坪层的基本组成是什么？
2. 楼地层的设计要求有哪些？
3. 楼板有哪些类型？
4. 现浇钢筋混凝土楼板的特点有哪些？
5. 压型钢板组合楼板有何特点？
6. 预制装配式钢筋混凝土楼板有哪些类型？
7. 什么是叠合楼板？
8. 装配式钢筋混凝土楼板的结构布置原则有哪些？试绘图表示板与板、板与墙和梁的连接构造。
9. 地层如何防潮？有水房间的楼层如何防水？
10. 阳台有哪些类型？阳台板的结构布置形式有哪些？
11. 阳台栏杆有哪些形式？各有何特点？
12. 雨篷有哪些类型？各有何特点？

第5章 楼梯与其他垂直交通设施

◎**内容提要**：建筑空间的竖向组合交通联系，依托于楼梯、电梯、自动扶梯、台阶、坡道等竖向交通设施。其中，楼梯作为竖向交通和人员紧急疏散的主要交通设施，使用最为普遍。本章以一般大量性民用建筑物中广泛使用的楼梯为重点。主要内容包括楼梯的组成、类型和尺度；钢筋混凝土楼梯的构造和楼梯的细部构造。对室外台阶和坡道、电梯和自动扶梯等知识也作了适当的介绍。

建筑空间的竖向组合交通联系，依靠楼梯、电梯、自动扶梯、台阶坡道以及爬梯等竖向交通设施。楼梯的作用是建筑物联系上下层的垂直交通设施，也是解决建筑高差的措施。楼梯应满足人们正常时垂直交通、紧急时安全疏散的要求。楼梯应做到上下通行方便，有足够的通行宽度和疏散能力，包括人行及搬运家具、物品，还应满足坚固、耐久、安全、防火要求；另外楼梯造型应美观，增强建筑物内部空间的观瞻效果。

电梯也是现代多层建筑物、高层建筑物中常用的垂直交通设施。在高层建筑物中，电梯是解决垂直交通的主要设备，垂直升降电梯则用于七层以上的多层建筑物和高层建筑物。

§5.1 楼梯的组成、类型、尺度

5.1.1 楼梯的组成

楼梯一般由梯段、平台、栏杆扶手三个部分组成，如图5-1所示。

1. 梯段

梯段，俗称梯跑，是联系两个不同标高平台的倾斜构件。通常为板式梯段，也可以由踏步板和梯斜梁组成梁板式梯段。为了减轻人们蹬梯的疲劳，梯段的踏步步数一般不超过18级，但也不宜少于3级。

2. 平台

按照所处位置的标高不同，有中间休息平台和楼层平台之分。中间休息平台起到人们休息和转向的作用。楼层平台的作用有中间休息平台的功能外，还有分配人流的作用。

3. 栏杆扶手

栏杆扶手是设在梯段及平台边缘的安全保护构件。当梯段宽度不大，如不大于两股人流时，可以只在梯段临空侧设置。当梯段宽度大，如大于三股人流时，应在梯段墙面侧加设靠墙扶手。如大于四股人流时，应在梯段中间加设中间扶手。

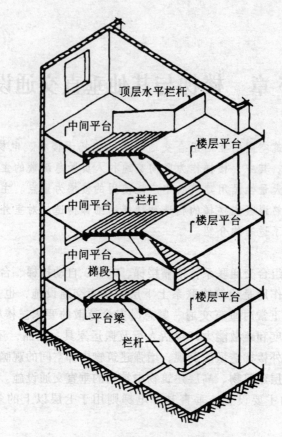

图 5-1 楼梯的组成示意图

5.1.2 楼梯的类型

建筑物中楼梯的类型很多,一般有以下几种分类:
(1)按照楼梯的主要材料分,有钢筋混凝土楼梯、钢楼梯、木楼梯等。
(2)按照楼梯在建筑物中所处的位置分,有室内楼梯和室外楼梯。
(3)按照楼梯的使用性质分,有主要楼梯、辅助楼梯、疏散楼梯、消防楼梯等。
(4)按照楼梯的形式分,有单跑楼梯、双跑折角楼梯、双跑平行楼梯、双跑直楼梯、三跑楼梯、四跑楼梯、双分式楼梯、双合式楼梯、八角形楼梯、圆形楼梯、螺旋形楼梯、弧形楼梯、剪刀式楼梯、交叉式楼梯等,如图 5-2 所示。
(5)按照楼梯间的平面形式分,有封闭式楼梯、非封闭式楼梯、防烟楼梯等,如图5-3所示。

5.1.3 楼梯的尺度

1. 楼梯的坡度

楼梯的坡度是指楼梯段的坡度,即楼梯段的倾斜角度。楼梯的坡度有两种表示法,即角度法和比值法。

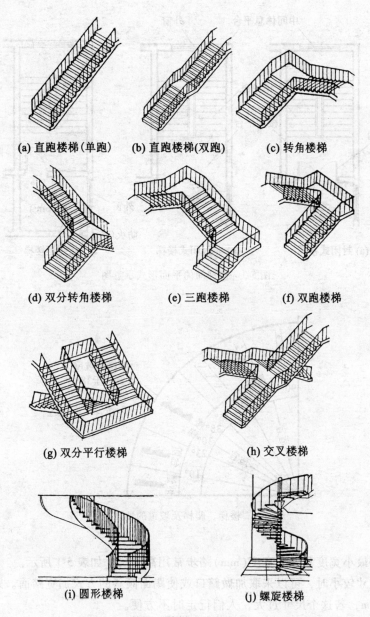

(a) 直跑楼梯(单跑)　(b) 直跑楼梯(双跑)　(c) 转角楼梯

(d) 双分转角楼梯　(e) 三跑楼梯　(f) 双跑楼梯

(g) 双分平行楼梯　(h) 交叉楼梯

(i) 圆形楼梯　(j) 螺旋楼梯

图 5-2　楼梯形式示意图

一般楼梯的坡度在 23°~45°之间，适宜坡度为 30°。坡度超过 45°时，应设爬梯；坡度小于 23°时，应设坡道，如图 5-4 所示。

2. 楼梯的踏步尺寸

楼梯梯段是由若干踏步组成，每个踏步由踏面和踢面组成。楼梯梯段是供人们通行的，因此踏步尺寸与人行走有关，踢面高度和踏面宽度之比也决定楼梯坡度。踏面是人脚踩的部分，其宽度不应小于成年人的脚长，一般为 260~320mm。踏步的高度，成人以 150mm 左右较适宜。

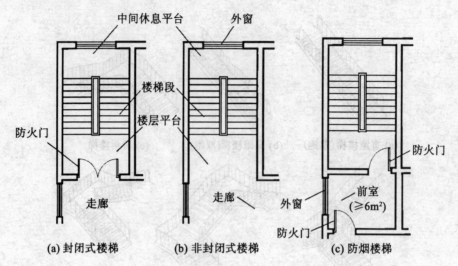

图 5-3 楼梯间的平面形式示意图

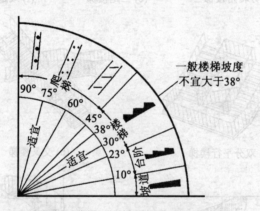

图 5-4 楼梯、爬梯及坡道的坡度范围

楼梯踏步最小宽度和最大宽度(mm)踏步常用高度尺寸如表 5-1 所示。

当踏步尺寸较小时，可以采取加做踏口或使踢面倾斜的方式加宽踏面。踏口的挑出尺寸为 20~25mm，若这个尺寸过大，人们行走时不方便。

表 5-1　　　　　　　　常见的民用建筑物楼梯的适宜踏步尺寸

楼梯类别	踏面宽/(mm)	踢面高/(mm)
住宅公用楼梯	260~300	150~175
幼儿园楼梯	260~280	120~150
医院、疗养院等楼梯	300~350	120~150
学校、办公楼等楼梯	280~340	140~160
剧院、会堂等楼梯	300~350	120~150

3. 栏杆（或栏板）扶手高度

扶手高度是指踏步前沿到扶手顶面的垂直距离。一般室内扶手高度取 900mm；平台上水平扶手长度超过 500mm 时，其高度不应小于 1 000mm。托幼建筑物中楼梯扶手高度应适合儿童的身材，扶手高度一般取 500~600mm；但应注意在 600mm 处设一道扶手，900mm 处仍应设扶手，此时楼梯为双道扶手。室外楼梯扶手高度也应适当加高一些，常取 1 100mm。

4. 楼梯段的宽度

楼梯段的宽度是指楼梯段临空侧扶手中心线到另一侧墙面（或靠墙扶手中心线）之间的水平距离。应根据楼梯的设计人流股数、防火要求及建筑物的使用性质等因素确定。一般每股人流按 550~600mm 宽度考虑，双人通行时其宽度为 1 100~1 200mm，三人通行时其宽度为 1 650~1 800mm，依此类推。

5. 楼梯平台宽度

楼梯平台是楼梯段的连接构件，也供行人稍加休息之用。为了保证通行顺畅和搬运家具、设备的方便，楼梯平台的宽度应不小于楼梯段的宽度。

6. 梯井尺度

楼梯两梯段的间隙称为楼梯井，梯井的作用是便于施工和安装。有时梯井过大，对儿童不是很安全，应采取一定安全措施。一般梯井的宽度为 60~200mm 为宜。

7. 楼梯的净空高度

楼梯的净空高度包括楼梯段的净高和平台处的净高。楼梯段的净高是指自踏步前缘线（包括最低和最高一级踏步前缘线以外 0.3m 范围内）量至正上方突出物下缘之间的垂直距离。平台过道处净高是指平台梁底至平台梁正下方踏步或楼地面上边缘的垂直距离。为保证在这些部位通行或搬运物件时不受影响，其净空高度在平台过道处应大于 2m；在楼梯段处应大于 2.2m，如图 5-5 所示。

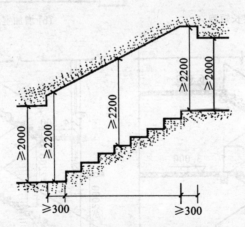

图 5-5 楼梯段上的净空高度示意图（单位：mm）

当在平行双跑楼梯底层中间平台下需设通道时，为保证平台下净高满足人们的通行要求，常采用以下几种处理方法：

(1) 在底层变作长短跑梯段。起步第一跑为长跑，以提高中间平台标高，如图5-6(a)所示。这种方式仅在楼梯间进深较大时适用。

(2) 局部降低底层中间平台下地坪标高，如图5-6(b)所示，这种处理方式可以保持等跑梯段，使梯段构件统一，但这样实际是抬高了室内地坪标高，可能增加填土方量或将底层地面架空。

(3) 将上述两种方法结合，如图5-6(c)所示，采取长、短跑梯段的同时，又适当降低中间平台下地坪标高，这种处理方式可以兼有前两种方式的优点，并弱化其缺点，较常采用。

(4) 底层用直行单跑楼梯，直达二楼，如图5-6(d)所示。这种处理方式使楼梯段较长，同时还应注意一段跑梯不要超过18级。

(5) 取消平台梁，即平台板和梯段组合成一块折形板。

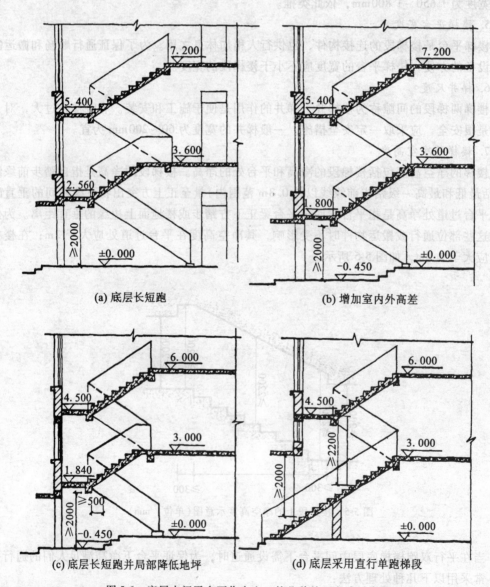

(a) 底层长短跑　　　　　　　　(b) 增加室内外高差

(c) 底层长短跑并局部降低地坪　　(d) 底层采用直行单跑梯段

图5-6　底层中间平台下作出入口的几种处理方式示意图

5.1.4 楼梯的设计

1. 楼梯设计的一般步骤

在对建筑物的楼梯进行设计时,先要决定楼梯所在的位置,然后可以按照以下步骤进行设计:

(1)根据建筑物的类别和楼梯在平面中的位置,确定楼梯的形式。

在建筑物的层高及平面布局一定的情况下,楼梯的形式由楼梯所在的位置及交通的流线决定。楼梯在建筑物层间的梯段数必须符合交通流线的需要,而且每个梯段所有的踏步数应在相关规范所规定的范围内。

如图 5-7 所示是平行双跑楼梯底层、中间层和顶层楼梯平面的表示方法。从中可以反映楼梯的基本布局以及转折的关系。

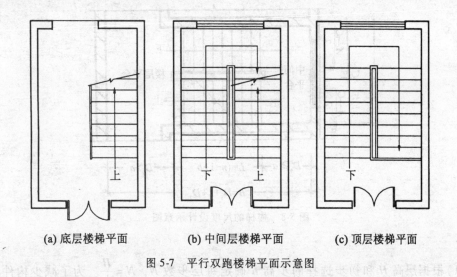

(a) 底层楼梯平面　　(b) 中间层楼梯平面　　(c) 顶层楼梯平面

图 5-7　平行双跑楼梯平面示意图

(2)根据楼梯的性质和用途,确定楼梯的适宜坡度,选择踏步高,踏步宽,确定踏步级数。用房屋的层高除以踏步高,得出踏步级数。踏步应为整数。结合楼梯的形式,确定每个楼梯段的级数。

(3)决定整个楼梯间的平面尺寸。

根据楼梯在紧急疏散时的防火要求,楼梯往往需要设置在符合防火规范规定的封闭楼梯间内。扣除墙厚以后,楼梯间的净宽度为梯段总宽度及中间的楼梯井宽度之和,楼梯间的长度为平台总宽度与最长的梯段长度之和。其计算基础是符合相关规范规定的梯段的设计宽度以及层间的楼梯踏步数。

此外,当楼梯平台通向多个出入口或有门向平台方向开启时,楼梯平台的深度应考虑适当加大以防止碰撞。如果梯段需要设两道及两道以上的扶手或扶手按照规定必须伸入平台较长距离时,也应考虑扶手设置对楼梯和平台净宽的影响。

(4)用剖面来检验楼梯的平面设计。

楼梯在设计时必须单独进行剖面设计来检验其通行的可能性,尤其是检验与主体结构交汇处有无构件安置方面的矛盾,以及其下面的净空高度是否符合相关规范的要求。如果发现问题,应及时修改。

2. 楼梯的尺度设计

如图 5-8 所示,以双跑楼梯为例,说明楼梯尺寸计算方法。

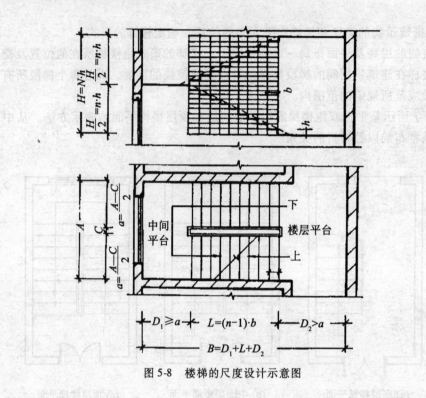

图 5-8 楼梯的尺度设计示意图

(1)根据层高 H 和初步选择的步高 h 确定每层步数 N,$N=\dfrac{H}{h}$。为了减少构件规格,一般尽量采用等跑梯段,因此 N 宜为偶数。若所求出的 N 为奇数或非整数,可以反过来调整步高 h。

(2)根据步数 N 和初步选择的步高 h 决定梯段的水平投影长度 L,即

$$L=\left(\dfrac{N}{2}-1\right)b \tag{5-1}$$

式中:b——踏面宽。

(3)确定梯井宽度。供儿童使用的楼梯梯井的宽度不应大于 120mm,以利于安全。

(4)根据楼梯间的净宽 A 和梯井宽 C,确定梯段宽度 a,即

$$a=\dfrac{1}{2}(A-C) \tag{5-2}$$

必须注意检验楼梯梯段的通行能力是否符合紧急疏散宽度的要求。

(5)根据中间平台宽度 $D_1(D_1\geqslant a)$ 和楼层平台宽度 $D_2(D_2\geqslant a)$,以及梯段水平投影长度 L 检验确定楼梯间的进深净长度 B,即

$$B=D_1+L+D_2 \tag{5-3}$$

若不能满足上述要求，则对 L 值进行调整(即调整 b 值)，此外，楼梯常见开间和进深轴尺寸还应考虑符合楼梯建筑模数规定。一般是100mm或300mm的倍数。

§5.2 预制装配式钢筋混凝土楼梯构造

钢筋混凝土楼梯具有结构坚固耐久、节约木材、防火性能好、可塑性强等优点，得到广泛应用。这类楼梯按其施工方式可以分为预制装配式和现浇整体式。现浇整体式钢筋混凝土楼梯整体刚度好，但现场施工量大。预制装配式钢筋混凝土楼梯有利于节约模板、提高施工速度。根据构件的划分情况，预制装配式的楼梯又可以分为大中型构件装配式钢筋混凝土楼梯以及小型构件装配式钢筋混凝土楼梯。

5.2.1 小型构件预制装配式钢筋混凝土楼梯

1. 基本形式

预制装配式钢筋混凝土楼梯按其构造方式可以分为墙承式、墙悬臂式和梁承式等类型。

(1)墙承式。

预制装配墙承式钢筋混凝土楼梯踏步板两端支撑在墙体。踏步板一般采用一字形、L形或倒L形断面。没有平台梁、梯斜梁和栏杆，需要时设置靠墙扶手。但由于踏步板直接安装入墙体，对墙体砌筑和施工速度影响较大。同时，踏步板入墙端形状、尺寸与墙体砌块模数不容易吻合，砌筑质量不易保证。这种楼梯由于梯段之间有墙，不易搬运家具，转弯处视线被挡，需要设置观察孔。对抗震不利，施工也较麻烦。现在只用于小型一般性建筑物中。

(2)墙悬臂式。

预制装配墙悬臂式钢筋混凝土楼梯踏步板一端嵌固在楼梯的侧墙上，另一端悬挑在空中。踏步板一般采用L形或倒L形断面。没有平台梁、梯斜梁，栏杆的安装在悬挑一端。由于对抗震不利，现在基本不采用了。

(3)梁承式。

预制装配梁承式钢筋混凝土楼梯是指平台梁支撑在墙体或框架梁上，梯段板架在平台梁上的楼梯构造方式。由于在楼梯平台与斜向梯段交汇处设置了平台梁，避免了构件转折处受力不合理和节点处理的困难，同时平台梁既可以支承于承重墙上，又可以支承于框架结构梁上，在一般大量民用性建筑物中较为常用。预制构件可以按梯段(板式梯段或梁板式梯段)、平台梁、平台板三部分进行划分，如图5-9所示。

本节以常用的平行双跑楼梯为例，阐述预制装配梁承式钢筋混凝土楼梯的一般构造。

2. 预制装配梁承式钢筋混凝土楼梯构件

(1)梯段。

①梁板式梯段。梁板式梯段由梯斜梁和踏步板组成。一般踏步板两端各设一根梯斜梁，踏步板支承在梯段斜梁上，斜梁支承在平台梁上，如图5-9(a)所示。踏步板一般采用一字形、三角形、L形或倒L形断面，如图5-10所示。梯段斜梁一般是锯齿形或矩形，如图5-11所示。

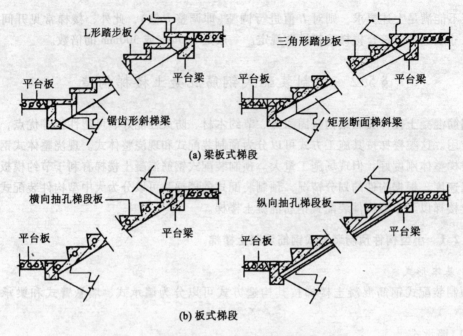

图 5-9 预制装配梁承式钢筋混凝土楼梯示意图

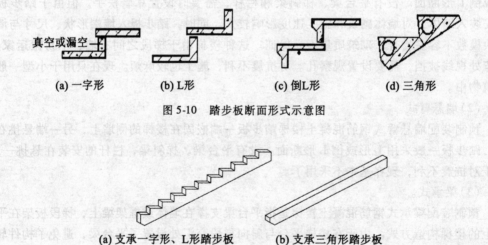

图 5-10 踏步板断面形式示意图

图 5-11 梯斜梁形式示意图

②板式梯段。板式梯段为整块或数块带踏步条板，其上、下端直接支承在平台梁上，如图 5-9(b)所示。由于没有梯斜梁，板段底面平整，结构厚度小，板厚为 $\frac{L}{30} \sim \frac{L}{20}$（$L$ 为梯段水平投影跨度）。

（2）平台梁。

为了便于支承梯斜梁或梯段板，平台梁一般是 L 形断面，如图 5-12 所示。断面高度按平台梁跨度 $\frac{L}{12}$ 估算（L 为平台梁跨度）。

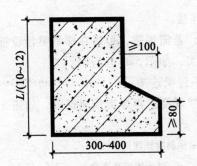

图 5-12 平台梁断面尺寸（单位：mm）

(3) 平台板。

平台板可以根据需要采用钢筋混凝土平板、槽板或空心板。有管道穿过平台时，一般不应用空心板。

3. 梯段与平台梁节点处理

梯段与平台梁的节点处理是构造设计的难点。就两梯段之间的关系而言，一般有梯段齐步和错步两种方式。就平台梁与梯段之间的关系而言，有埋步和不埋步两种方式，如图 5-13 所示。

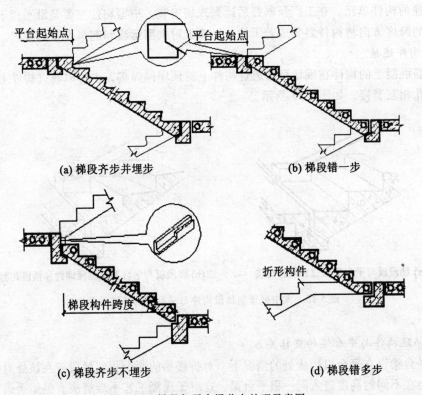

图 5-13 梯段与平台梁节点处理示意图

4. 构件连接

(1) 踏步板与梯段斜梁连接。

一般水泥砂浆座浆现浇。若需加强，可以在梯斜梁预设插铁，在踏步板支承端预留孔插接再用高强度等级砂浆填实，如图 5-14(a) 所示。

(2) 梯斜梁或梯段板与平台梁连接。

一般先采用水泥砂浆座浆现浇，再焊接预埋钢板，如图 5-14(b) 所示。

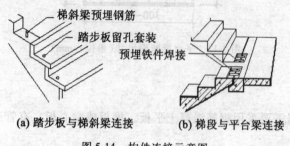

(a) 踏步板与梯斜梁连接　　(b) 梯段与平台梁连接

图 5-14　构件连接示意图

5.2.2　大中型构件预制装配式钢筋混凝土楼梯

大中型构件预制装配式钢筋混凝土楼梯其中的大型构件主要是以整个梯段以及整个平台为单独的构件单元，在工厂预制好后运到现场安装。中型构件主要是沿平行于梯段或平台构件的跨度方向将构件划分成若干块，以减少对大型运输和起吊设备的要求。

1. 构件连接

钢筋混凝土的构件在现场可以通过构件上的预埋件焊接，也可以通过构件上的预埋件和预埋孔相互套接，如图 5-15 所示。

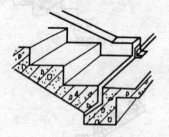　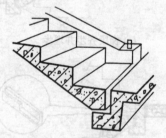

(a) 梯段板与平台梁通过预埋件焊接　　(b) 梯段板与平台梁通过预埋件和预留孔套接

图 5-15　大中型预制梯段构件与平台梁的连接示意图

2. 梯段构件与平台梁的交接关系

在平台梁设在平台口边缘处的情况下，对折楼梯的两个相邻梯段若在该处对齐，则梯段构件会在不同的高度进入同一根平台梁，这对于现浇工艺不难解决。但如果采用预制装配的工艺，因为两个相邻梯段需要在同一个搁置高度与平台梁相连，所以平台梁的位置只有移动，才能使上、下梯段仍然在平台口处对齐，但这有可能会影响到梁下的净高。或将上、下梯段在平台口处错开半步或一步，构件就容易在同一高度进入支座，但楼梯间的长度会因此而增加。如图5-16所示，是梯段构件与平台梁的交接的几种方式。

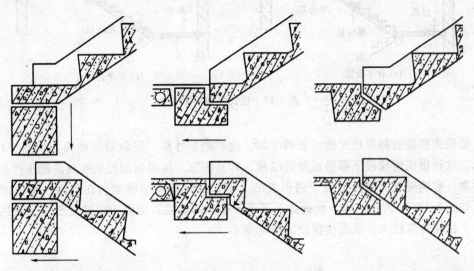

(a) 上下跑对齐时矩形平台梁下移、后移，梁下净空减小
(b) 上下跑对齐时L形平台梁后移、梁下净空不减小
(c) 上下跑错半步，方便平台梁与上下梯段在同一高度相连接

图5-16 装配式楼梯梯段构件与平台梁的交接关系示意图

§5.3 现浇整体式钢筋混凝土楼梯构造

现浇整体式钢筋混凝土楼梯在施工时通过支模、绑扎钢筋、浇筑混凝土，从而与建筑物主体部分浇筑成整体。其整体性好，刚度大，可以现场支模，又为许多非直线形的楼梯的制作提供了方便。一般大量应用在各种建筑物中，也便于与各种材料组合，楼梯形式多样。但其施工复杂，模板耗费多。

现浇整体式钢筋混凝土楼梯按结构形式不同，分为板式楼梯和梁板式楼梯两种。

5.3.1 板式楼梯

板式楼梯是由楼梯段承受梯段上全部荷载的楼梯。楼梯板分为有平台梁和无平台梁两种情况。有平台梁的板式楼梯，梯段相当于是一块斜放的现浇板，平台梁是支座，梯段内的受力钢筋沿梯段的长向布置，平台梁之间的距离为楼梯段的跨度，如图5-17(a)所示。

无平台梁的板式楼梯是将楼梯段和平台板组合成一块折板，取消平台梁，这时板的跨度为楼梯段的水平投影长度与平台宽度之和，如图5-17(b)所示。

5.3.2 梁板式楼梯

梁板式楼梯是由梯斜梁承受梯段上全部荷载的楼梯。楼梯段由踏步板和斜梁组成，斜梁两端支承在平台梁上，踏步板把荷载传递给梯斜梁，梯斜梁将荷载传递给平台梁。梁板式梯段的宽度相当于踏步板的跨度，平台梁的间距即为梯斜梁的跨度。

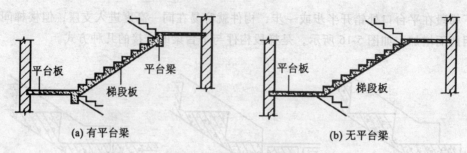

图 5-17　板式楼梯示意图

梁板式梯段的斜梁位于踏步板的下部，这时踏步外露，俗称明步楼梯，如图 5-18(a) 所示。这种做法使梯段下部形成梁的暗角，容易积灰，梯段侧面经常被清洗踏步产生的脏水污染，影响美观。梯斜梁位于踏步板的上部，这时踏步被斜梁包在里面，称为暗步楼梯，如图 5-18(b) 所示。暗步楼梯弥补了明步楼梯的缺陷，但由于斜梁宽度应满足结构的要求，往往宽度较大，从而使梯段的净宽变小。

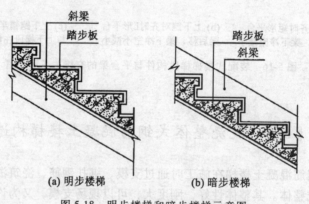

图 5-18　明步楼梯和暗步楼梯示意图

梁板式楼梯的斜梁一般设置在梯段的两侧，如图 5-19(b) 所示。但斜梁有时只设一根，通常有两种形式：一种是在踏步板的一侧设斜梁，将踏步板的另一侧搁置在楼梯间墙上，如图 5-19(a) 所示；另一种是将斜梁布置在踏步板的中间，踏步板向两侧悬挑，如图 5-19(c) 所示。

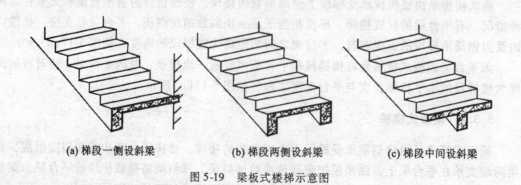

图 5-19　梁板式楼梯示意图

单梁式楼梯受力较复杂，但其外形轻巧、美观，多用于对建筑空间造型有较高要求之处。

§5.4 楼梯的细部构造

楼梯是建筑物中与人体接触频繁的构件，为了保证楼梯的使用安全，同时也为了楼梯的美观，应对楼梯的踏步面层、踏步细部、栏杆和扶手进行适当的构造处理。

5.4.1 踏步面层及防滑处理

1. 踏步面层

一般公共楼梯的人流量大，使用率高，应选用耐磨、防滑、美观、不起尘的材料。一般认为，凡是可以用来做室内地坪面层的材料，均可用来做踏步面层。常见的踏步面层有水泥砂浆面层、水磨石面层、地面砖面层、各种天然石材面层等。

2. 防滑处理

为防止楼梯上行人的滑跌，在踏步前缘应有防滑措施。踏步前缘也是踏步磨损最厉害的部位，采取防滑措施可以提高踏步前缘的耐磨程度，起到保护作用。常见的踏步防滑措施有：在距踏步面层前缘40mm处设2～3道防滑凹槽，如图5-20(a)所示；在距踏步面层前缘40～50mm处设防滑条，如图5-20(b)所示；设防滑包口，如图5-20(c)所示，等等。

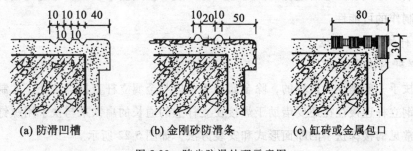

(a) 防滑凹槽　　　(b) 金刚砂防滑条　　　(c) 缸砖或金属包口

图5-20　踏步防滑处理示意图

5.4.2 栏杆(栏板)与扶手构造

1. 栏杆和栏板

栏杆一般采用方钢、圆钢、扁钢、钢管等制作成各种图案，既起安全防护作用，又有一定的装饰效果，如图5-21(a)所示。栏杆杆件形成的空花尺寸不宜过大，通常控制在120～150mm之间，以避免不安全感。在托幼及小学校等建筑物中，栏杆应采用不易攀登的垂直线饰，且垂直线之间的净距不大于110mm，以防止儿童从间隙中跌落的意外。

栏板是用实体材料制作的。常采用钢筋混凝土或配筋的砖砌体，木材、玻璃等。栏板的表面应平整光滑，便于清洗，如图5-21(b)所示。

组合栏杆是将栏杆和栏板组合在一起的一种栏杆形式。栏杆部分一般采用金属杆件，栏板部分可以采用预制混凝土板材、有机玻璃、钢化玻璃、塑料板等。

2. 扶手形式

室内楼梯的扶手多采用木制品，也有采用合金或不锈钢等金属材料以及工程塑料的。

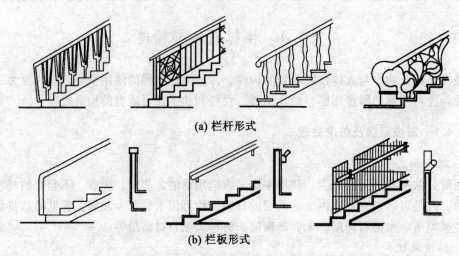

图 5-21 楼梯栏杆及栏板形式示意图

室外楼梯的扶手较少采用木料,以避免产生开裂及翘曲变形。金属和塑料是常用的室外楼梯扶手材料,此外,石料及混凝土预制件也并不少见。

扶手断面形式和尺寸的选择既要考虑人体尺度和使用要求,又要考虑与楼梯的尺度关系和加工制作的可能性。

3. 栏杆扶手连接构造

(1)栏杆与扶手连接。

楼梯扶手一般是连续设置的,除金属扶手可以与金属立杆直接焊接外,木制扶手和塑料扶手与钢立杆连接往往还要借助于焊接在立杆上的通长的扁铁来与扶手用螺钉连接或卡接。几种常见的楼梯扶手的断面形式和安装方法,如图 5-22 所示。

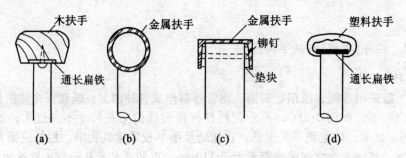

图 5-22 常见扶手的断面形式和安装方法示意图

(2)栏杆与梯段连接。

栏杆与梯段连接的方式有:栏杆与楼梯段上的预埋件焊接,如图 5-23(a)所示;栏杆插入楼梯段上的预留洞中,用细石混凝土、水泥砂浆或螺栓固定,如图 5-23(b)、(c)所示;在踏步侧面预留孔洞或预埋铁件进行连接,如图 5-23(d)、(e)所示。

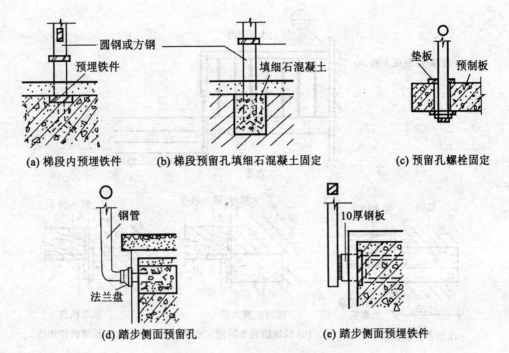

图 5-23 栏杆与梯段的连接示意图

(3) 扶手与墙面连接。

当直接在墙上装设扶手,一般在墙上留洞,将扶手连接杆伸入洞内,用细石混凝土嵌固,或预埋钢板或螺栓焊接,如图 5-24 所示。

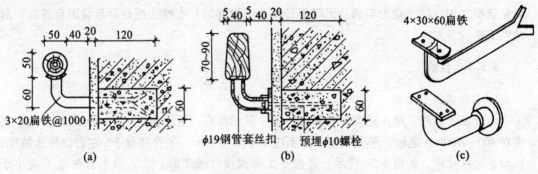

图 5-24 靠墙扶手与墙面连接示意图(单位:mm)

顶层平台上的水平扶手端部与墙体的连接一般是在墙上预留孔洞,用细石混凝土或水泥砂浆填实,如图 5-25(a)所示;也可以将扁钢用木螺丝固定在墙内预埋的防腐木砖上,如图 5-25(b)所示;当为钢筋混凝土墙或柱时,则可以预埋铁件焊接,如图 5-25(c)所示。

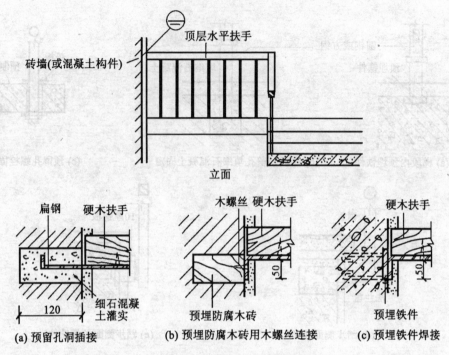

图 5-25 扶手端部与墙(柱)的连接示意图(单位：mm)

§5.5 室外台阶与坡道

室外台阶与坡道是建筑物出入口处室内外高差之间的交通联系部件。台阶是供人们进出建筑物之用，坡道是为车辆及无障碍行驶器而设置的，有时会把台阶与坡道合并在一起共同工作。

5.5.1 台阶

1. 台阶尺度

台阶处于室外，踏步宽度比楼梯大一些。其踏步高一般在 100～150mm 之间，踏步宽度在 300～400mm 之间。平台深度一般不应小于 1 000mm，平台需做3%左右的排水坡度，以利于雨水排除，如图 5-26 所示。考虑有无障碍设计坡道时，出入口平台深度不应小于 1 500mm。平台处铁箅子空格尺寸不大于 20mm。

2. 台阶的构造

室外台阶由平台和踏步组成。台阶应待建筑物主体工程完成后再进行施工，并与主体结构之间留出约 10mm 的沉降缝。

台阶的构造分实铺和架空两种，大多数台阶采用实铺。台阶由面层、垫层、基层等组成，面层应采用水泥砂浆、混凝土、水磨石、缸砖、天然石材等耐气候作用的材料。严寒地区的台阶还需考虑地基土冻胀因素，可以用汗水率低的砂石垫层换土至冻土线以下。图

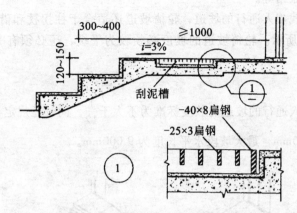

图 5-26 台阶尺度示意图（单位：mm）

5-27 为几种台阶做法示例。

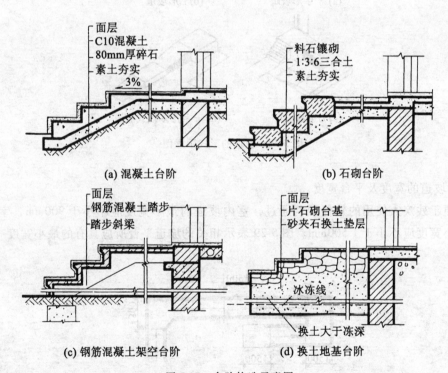

图 5-27 台阶构造示意图

5.5.2 坡道

1. 坡道的分类

坡道按照其用途的不同，可以分为行车坡道和轮椅坡道两类。

行车坡道分为普通行车坡道和回车坡道两种。普通行车坡道布置在有车辆进出的建筑物入口处，如车库、库房等。回车坡道与台阶踏步组合在一起，布置在某些大型公共建筑物入口处，如医院、旅馆等。

轮椅坡道是便于残疾人通行的坡道，轮椅坡道还适合于拄拐杖和借助导盲棍者通过，坡道的形式如图 5-28 所示。轮椅坡道的坡度必须较为平缓，还必须有一定的宽度。以下是有关的一些规定：

(1) 坡道的坡度。

我国对便于残疾人通行的坡道的坡度标准为不大于 $\dfrac{1}{12}$，同时还规定与之相匹配的每段坡道的最大高度为 750mm，最大坡段水平长度为 9 000mm。

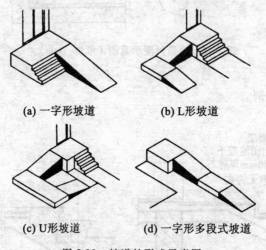

图 5-28　坡道的形式示意图

(2) 坡道的宽度及平台宽度。

为便于残疾人使用的轮椅顺利通过，室内坡道的最小宽度应不小于 900mm，室外坡道的最小宽度应不小于 1 500mm。图 5-29 表示相关的坡道平台所应具有的最小宽度。

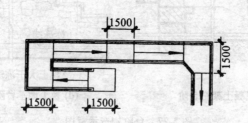

图 5-29　坡道休息平台的最小宽度（单位：mm）

(3) 坡道扶手。

坡道两侧宜在 900mm 高度处和 650mm 高度处设上、下层扶手，扶手应安装牢固，能承受身体重量，扶手的形状应易于抓握。两段坡道之间的扶手应保持连贯性。坡道的起点和终点处的扶手，应水平延伸 300mm 以上。坡道侧面凌空时，栏杆下端宜设高度不小于

50mm 的安全挡台，如图 5-30 所示。

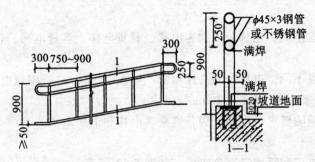

图 5-30 坡道扶手（单位：mm）

2. 坡道的构造

坡道地面应平整，面层宜选用防滑及不易松动的材料，其构造做法如图 5-31 所示。

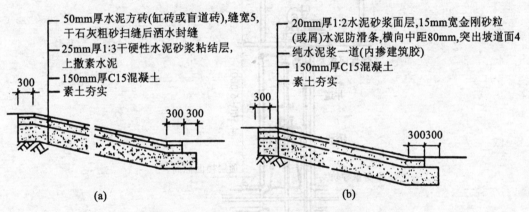

图 5-31 坡道地面构造做法示意图（单位：mm）

§5.6 电梯与自动扶梯

在多层建筑物和高层建筑物以及某些工厂、医院中，为了上下运行的方便、快速和实际需要，常设有电梯。电梯有乘客电梯、载货电梯两大类，部分高层建筑物及超高层建筑物为了满足疏散和救火的需要，还应设置消防电梯。

自动扶梯是人流集中的大型公共建筑物常用的建筑设备。在大型商场、展览馆、火车站、航空港等建筑物中设置自动扶梯，会对方便使用者、疏导人流起到很大的作用。

电梯和自动扶梯的安装及调试一般由生产厂家或专业公司负责。不同厂家提供的设备尺寸、运行速度及对土木建筑工程的要求都不同，在设计时应按厂家提供的产品尺度进行设计。

5.6.1 电梯

1. 电梯的类型

按照电梯的用途不同,电梯分为乘客电梯、载货电梯、客货电梯、病床电梯、观光电梯、杂物电梯等。

按照电梯的速度不同,电梯分为高速电梯(速度大于2m/s)、中速电梯(速度在1.5m/s~2m/s之间)和低速电梯(速度在1.5m/s以内)。

按照对电梯的消防要求,电梯分为普通乘客电梯和消防电梯。

2. 电梯的组成

电梯由井道、机房和轿厢三部分组成,如图5-32所示。

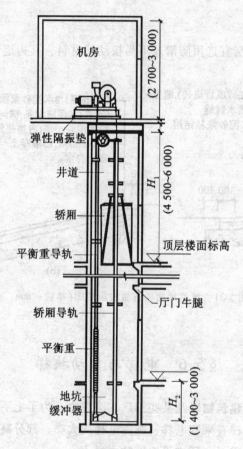

图5-32 电梯的组成示意图(单位:mm)

电梯井道是电梯轿厢运行的通道,一般采用现浇混凝土墙;当建筑物高度不大时,也可以采用砖墙;观光电梯可以采用玻璃幕墙。

电梯机房一般设在电梯井道的顶部,其平面尺寸及剖面尺寸均应满足设备的布置、方便操作和维修要求,并具有良好的采光和通风条件。

3. 电梯井道的构造设计

电梯井道的构造设计应满足如下要求:

(1)平面尺寸。

平面净尺寸应满足电梯生产厂家提出的安装要求。

(2)井道的防火。

井道和机房四周的围护结构必须具备足够的防火性能,其耐火极限不低于该建筑物的耐火等级的规定。当井道内超过两部电梯时,需用防火结构隔开。

(3)井道的隔振与隔声。

一般在机房的机座下设弹簧垫层隔振,并在机房下部设置1.5m左右的隔声层,如图5-33所示。

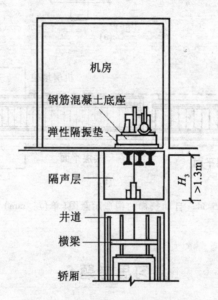

图 5-33 井道的隔振与隔声示意图

(4)井道的通风。

为便于电梯井道通风,在井道的顶层和中部适当位置(高层时)及坑底处设置不小于300mm×600mm或面积不小于井道面积3.5%的通风口,通风口总面积的$\frac{1}{3}$应经常开启。

5.6.2 自动扶梯

自动扶梯适用于有大量人流上下的公共场所,坡度一般采用30°,按运输能力分为单人自动扶梯、双人自动扶梯两种型号,其位置应设在大厅的突出明显位置。

自动扶梯由电动机械牵引,机房悬挂在楼板的下方,踏步与扶手同步,可以正向、逆向运行,在机械停止运转时,自动扶梯可以作为普通楼梯使用,如图5-34所示。

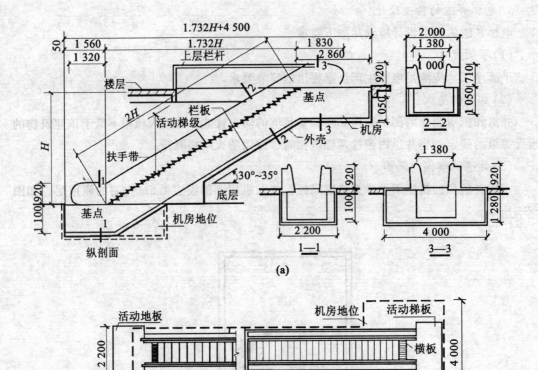

图 5-34 自动扶梯的构造示意图(单位:mm)

复习思考题 5

1. 楼梯由哪些部分所组成？各组成部分的作用及要求有哪些？
2. 楼梯如何分类？
3. 试简述确定楼梯梯段和平台宽度的依据。
4. 楼梯间的种类有哪几种？各自的特点是什么？
5. 楼梯的净空高度有哪些规定？如何调整首层通行平台下的净高？
6. 预制装配式钢筋混凝土楼梯按其构造方式有哪些类型？
7. 现浇整体式钢筋混凝土楼梯的特点有哪些？
8. 楼梯踏步的防滑措施有哪些？
9. 楼梯栏杆与梯段的连接方式有哪些？
10. 台阶的踢面、踏面和平台深度尺寸如何规定？
11. 轮椅坡道的坡度、长度、宽度如何规定？
12. 电梯如何分类？电梯由哪几部分组成？
13. 何为自动扶梯？

第6章 门 和 窗

◎**内容提要**：本章内容主要包括门和窗的作用和设计要求；窗的类型、尺度和构造做法；门的类型、尺度和构造做法。对特殊门和窗的构造和建筑遮阳等知识也作了适当的介绍。

门和窗在建筑物中起着十分重要的作用。门主要用做交通联系；窗的主要功能是采光、通风及眺望等。门和窗作为建筑物围护或分隔构件的重要组成部分，应能阻止风、雨、雪等自然因素的侵蚀，且必须满足隔声要求。此外，门和窗在建筑形象中，无论是对外观或室内装修，都起着很大的作用。

在设计门和窗时，应根据相关规范和房屋的使用要求以及整体美观要求来决定门和窗的数量、大小、尺度、位置、开启方式和方向等；在构造上应保证门和窗坚固耐用，开启方便灵活、关闭严密，便于维修和清洁。

门和窗在制作生产上，已基本实现了标准化、规格化和商品化；主要材料品种的门和窗，全国和地方均有标准图集，因此要求设计中选用门和窗时尺寸规格应统一，符合模数制要求，以适应工业化生产的需要。

§6.1 门和窗概述

6.1.1 门和窗的作用

1. 门的作用

(1) 水平交通与疏散。

建筑物给人们提供了各种使用功能的空间，这些空间之间既相对独立又相互联系，门能在室内各空间之间以及室内与室外之间起到水平交通联系的作用；同时，当有紧急情况和火灾发生时，门还起交通疏散的作用。

(2) 围护与分隔。

门是空间的围护构件之一，依据其所处环境起保温、隔热、隔声、防雨、密闭等作用，门还以多种形式按需要将空间分隔开。

(3) 采光与通风。

当门的材料以透光性材料（如玻璃）为主时能起到采光的作用，如阳台门等；当门采用通透的形式（如百叶门等）时，可以通风，常用于要求换气量大的空间。

(4) 装饰。

门是人们进入一个空间的必经之路，会给人留下深刻的印象。门的样式多种多样，和其他的装饰构件相配合,能起到重要的装饰作用。

2. 窗的作用

(1)采光。

窗是建筑物中主要的采光构件。开窗面积的大小以及窗的样式决定着建筑空间内是否具有满足使用功能的自然采光量。

(2)通风。

窗是空气进出建筑物的主要洞口之一,对空间中的自然通风起着重要作用。

(3)装饰。

窗在墙面上占有较大面积,无论是在室内还是室外,窗都具有重要的装饰作用。

6.1.2 门和窗的设计要求

1. 采光和通风方面的要求

按照建筑物的照度标准,建筑物的门和窗应选择适当的形式以及面积。窗洞口的大小应考虑房间的窗地比,窗地比是窗洞口与房间净面积之比。按照国家相关规范要求,一般居住建筑物的起居室、卧室的窗户面积不应小于地面面积的$\frac{1}{7}$;公共建筑物方面,学校为$\frac{1}{5}$,医院手术室为$\frac{1}{3}$~$\frac{1}{2}$,辅助房间为$\frac{1}{12}$。

在通风方面,自然通风是保证室内空气质量的最重要因素。这一环节主要是通过门、窗位置的设计和适当类型的选用来实现的。在进行建筑设计时,必须注意选择有利于通风的窗户形式和合理的门、窗位置,以获得空气对流。

2. 密闭性能和热工性能方面的要求

门和窗大多经常启闭,构件之间缝隙较多,再加上启闭时会受震动,或由于主体结构的变形,使得门和窗与建筑主体结构之间出现裂缝,这些缝有可能造成雨水、风沙及烟尘的渗漏,还可能对建筑物的隔热、隔声带来不良影响。因此与其他围护构件相比较,门和窗在密闭性能方面的问题更加突出。

此外,门和窗部分很难通过添加保温材料来提高其热工性能,因此选用合适的门和窗材料及改进门和窗的构造方式,对改善整个建筑物的热工性能、减少能耗,起着重要的作用。

3. 使用和交通安全方面的要求

门和窗的数量、大小、位置、开启方向等,均会涉及建筑物的使用安全。例如相关规范规定不同性质的建筑物以及不同高度的建筑物,其开窗的高度不同,这完全是出于安全防范方面的考虑。又如在公共建筑物中,相关规范规定位于疏散通道上的门应朝疏散的方向开启,而且通往楼梯间等处的防火门应有自动关闭的功能,也是为了保证在紧急状况下人群疏散顺畅,而且减少火灾发生区域的烟气向垂直逃生区域的扩散。

4. 在建筑视觉效果方面的要求

门和窗的数量、形状、组合、材质、色彩是建筑物立面造型中非常重要的组成部分。特别是在一些对视觉效果要求较高的建筑物中,门和窗更是立面设计的重点。

§6.2 窗的种类与构造

6.2.1 窗的分类

按窗的框料材质分为铝合金窗、塑钢窗、彩板窗、木窗、钢窗等。按窗的层数分为单层窗和双层窗。按窗扇的开启方式分为固定窗、平开窗、悬窗、立转窗、推拉窗、百叶窗等,如图 6-1 所示。

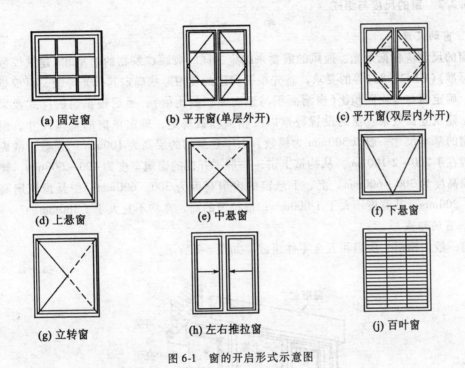

图 6-1 窗的开启形式示意图

1. 固定窗

固定窗是指将玻璃直接镶嵌在窗框上,不设可活动的窗扇。一般用于只要求有采光、眺望功能的窗,如走道的采光窗和一般窗的固定部分。

2. 平开窗

平开窗是指窗扇一侧用铰链与窗框相连接,窗扇可以向外或向内水平开启。平开窗构造简单,开关灵活,制作与维修方便,在一般建筑物中采用较多。

3. 悬窗

悬窗是指窗扇绕水平轴转动的窗。按照旋转轴的位置可以分为上悬窗、中悬窗和下悬窗,上悬窗和中悬窗的防雨、通风效果好,常用做门上的亮子和不方便手动开启的高侧窗。

4. 立转窗

立转窗是指窗扇绕垂直中轴转动的窗。这种窗通风效果好,但不严密,不宜用于寒冷地区和多风沙的地区。

5. 推拉窗

推拉窗是指窗扇沿着导轨或滑槽推拉开启的窗，有水平推拉窗和垂直推拉窗两种。推拉窗开启后不占室内空间，窗扇的受力状态好，适宜安装大玻璃，但通风面积受限制。

6. 百叶窗

百叶窗是指窗扇一般用塑料、金属或木材等制成小板材，与两侧框料相连接的窗，有固定式百叶窗和活动式百叶窗两种。百叶窗的采光效率低，主要用于遮阳、防雨及通风。

6.2.2 窗的尺度与组成

1. 窗的尺度

窗的尺度应根据采光、通风的需要来确定，同时兼顾建筑物的造型和《建筑模数协调统一标准》（GBJ2—86）等的要求。首先根据房屋的使用形状确定其采光等级，再根据采光等级，确定窗与地面面积比（窗洞面积与地面面积的比值），最后根据窗的样式及采光百分率、建筑立面效果、窗的设置数量以及相关模数规定，确定单窗的具体尺寸。根据模数，窗的基本尺寸一般以300mm为模数，由于建筑物的层高为100mm的模数，故窗的高度一般在1 200~2 100mm。从构造上讲，一般平开窗的窗扇宽度为400~600mm，腰头上的气窗高度为300~600mm。上、下悬窗的窗扇高度为300~600mm；中悬窗窗扇高度不大于1 200mm，其宽度不大于1 000mm；推拉窗的高、宽均不宜大于1 500mm。

2. 窗的组成

窗一般由窗框、窗扇和五金零件组成，如图6-2所示。

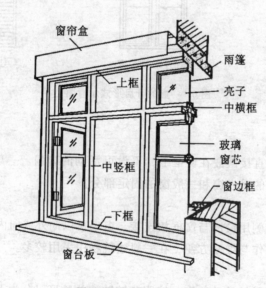

图6-2 窗的组成示意图

窗框是窗与墙体的连接部分，由上框、下框、边框、中横框和中竖框组成。

窗扇是窗的主体部分，分为活动窗扇和固定窗扇两种，一般由上冒头、下冒头、边梃和窗芯（又称为窗棂）组成骨架，中间固定玻璃、窗纱或百叶。

五金零件包括铰链、插销、风钩等。

6.2.3 平开木窗的构造

1. 窗在墙洞中的位置

窗在墙洞中的位置主要根据房间的使用要求和墙体的厚度来确定。一般有三种形式：窗框内平，窗框外平，窗框居中，如图6-3所示。

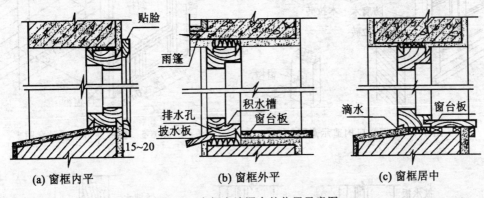

图6-3 窗框在墙洞中的位置示意图

2. 窗框的安装

平开木窗窗框的安装有立口和塞口两种方式。

(1) 立口。

立口也称为立樘子。施工时，先将窗框立好，再砌窗间墙。为加强窗框与墙体的联系，在窗框上、下档均留出120mm长的端头伸入墙内。在边框外侧，每隔500~700mm，设一木拉砖或铁脚砌入墙身。木拉砖一般是用鸽尾榫与窗框拉接，如图6-4所示。这种做法能使窗框与墙体连接紧密牢固，但安装窗框和砌墙两种工序相互交叉进行，会影响施工进度，并且容易对窗造成损坏。

(2) 塞口。

塞口又称为塞樘子。是在砌墙时先留窗洞，再安装窗框。在砌墙洞时，在洞口两侧，每隔500~700mm，砌入一块半砖大小的防腐木砖(每边不应少于两块)，安装窗框时，用长钉或螺钉将窗框钉在木砖上。这种做法不影响砌墙进度，但为了安装，窗框外围尺寸长度方向均缩小20mm左右，致使窗框四周缝隙较大，如图6-5所示，这种方法一般用于次要窗或成品窗的安装。

3. 窗框与窗扇的防水措施

平开木窗的窗框与窗扇之间，除要求开启方便、关闭紧密外，特别应注意防雨水渗透问题。常在内开窗下部和外开窗中横框处设置披水板、滴水槽和裁口，以防雨水内渗，并在窗台处做排水孔和积水槽，排除渗入的雨水，如图6-6所示。

4. 窗扇

(1) 窗扇的组成及断面尺寸。

窗扇由上、下冒头，左、右边梃和窗芯组成，如图6-7所示。这些构件的厚度均应一

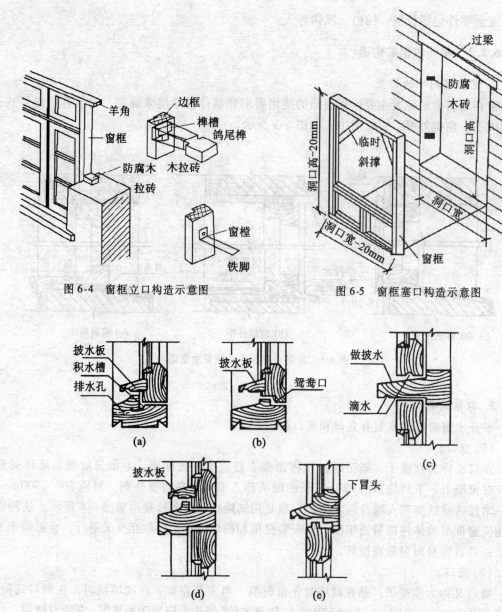

图6-4 窗框立口构造示意图　　图6-5 窗框塞口构造示意图

图6-6 平开木窗的防水构造示意图

致，一般为35~42mm，下冒头和边梃宽度一般为50~60mm，冒头加做披水板时，可以较上冒头加宽10~25mm，窗芯宽度为27~35mm。为满足镶嵌玻璃的要求，在冒头、边梃和窗芯上，做8~12mm宽的铲口，铲口深度一般为12~15mm，且不应超过窗扇的$\frac{1}{3}$。铲口的内侧可以做装饰性线脚，既美观又可以减少挡光，如图6-8所示。

两扇窗接缝处为防止透风雨，一般做高低缝的盖口，为了加强密闭性，可以在一面或两面加钉盖缝条。

（2）玻璃的选择。

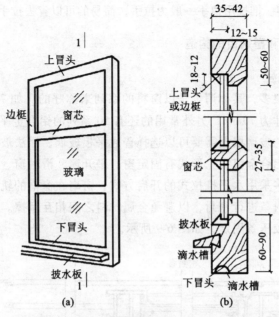

图 6-7 窗扇的组成和断面尺寸(单位：mm)

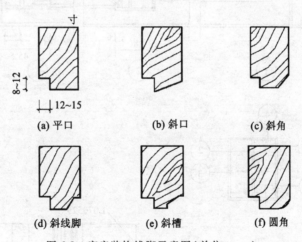

图 6-8 窗扇装饰线脚示意图(单位：mm)

建筑用玻璃按其性能有：普通平板玻璃、磨砂玻璃(压花玻璃)、装饰玻璃、吸热玻璃、反射玻璃、中空玻璃、钢化玻璃、夹层玻璃等。平板玻璃制作工艺简单，价格最便宜，在大量民用建筑工程中广泛应用。为了遮挡视线的需要，也选用磨砂玻璃或压花玻璃。对其他几种玻璃，则多用于有特殊要求的建筑工程中。玻璃的厚薄与窗扇分格大小有关，普通窗均用无色透明的 3mm 厚的平板玻璃。当窗框面积较大时，可以采用较厚的玻璃。

(3)五金零件。

平开窗上装设的五金零件，主要是为窗扇活动服务的，一般可以分为启闭时转动、启闭时定位及推拉执手三类。平开窗转动五金为铰链，为窗的拆卸方便可以采用抽心铰链或铁摇梗；为开启后能贴平墙身以及便于擦窗，常采用开启后可以离开樘子有一段距离的方铰链、长脚铰链或平移式铰链。推拉用执手一般为拉手,简易的可以省去拉手而以插销代替。

6.2.4 铝合金窗和塑钢窗的构造

1. 铝合金窗的构造

铝合金窗的种类很多,其称谓也是以窗料的系列来称呼的。如70系列铝合金推拉窗是指窗框厚度构造尺寸为70mm,另外常用的还有50系列的铝合金平开窗。

铝合金窗所采用的玻璃根据需要可以选择普通平板玻璃、浮法玻璃、夹层玻璃、钢化玻璃及中空玻璃等。铝合金窗常见形式有固定窗、平开窗、滑轴窗、推拉窗、立轴窗和悬窗等,一般铝合金窗多采用水平推拉式的开启方式,窗扇在窗框的轨道上滑动开启。窗扇与窗框之间用尼龙密封条进行密封,以避免金属材料之间相互摩擦。玻璃卡在铝合金窗框料的凹槽内,并用橡胶压条固定,如图6-9所示。

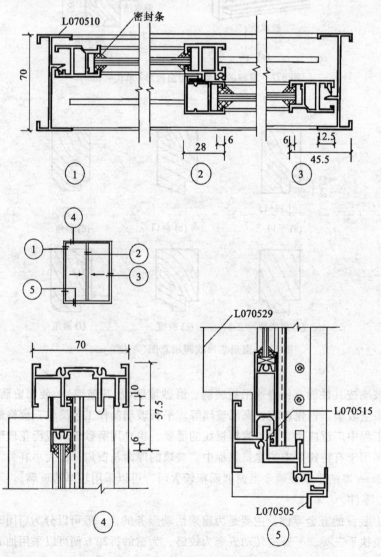

图6-9 铝合金窗构造示意图(单位:mm)

铝合金窗一般采用塞口的方法安装,在结束土木建筑工程、粉刷墙面前进行。窗框的固定方式是将镀锌锚固板的一端固定在门框外侧,另一端与墙体中的预埋铁件焊接或锚固在一起,再填以矿棉毡、泡沫塑料条、聚氨酯发泡剂等软质保温材料,填实处用水泥砂浆抹好,留6mm深的弧形槽,槽内用密封胶封实。玻璃是嵌固在铝合金窗料的凹槽内,并加密封条。其连接方法有:采用射钉固定;采用墙上预埋铁件连接;采用金属膨胀螺栓连接;墙上预留孔洞埋入燕尾铁角连接,如图6-10所示。铝合金窗安装节点处缝隙处理构造如图6-11所示。

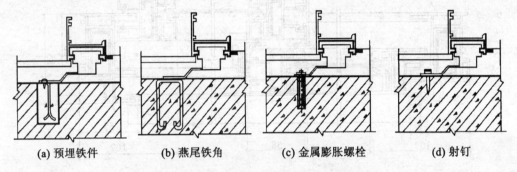

图6-10 铝合金窗框与墙体的固定方式示意图

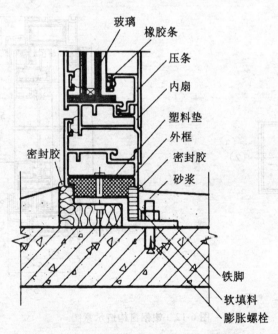

图6-11 铝合金窗安装节点处缝隙处理示意图

2. 塑钢窗的构造

钢窗是以PVC(聚氯乙烯)为主要原料制成空腹多腔异型材,中间设置薄壁加强型钢,经加热焊接而成窗框料。塑钢窗线条清晰、挺拔、造型美观,表面光洁细腻,不但具有良好的装饰性，而且具有良好的抗风压强度、阻燃、耐候性、密闭性，且抗腐蚀、使用寿命长、防潮、隔热、耐低温、色泽优美、自重轻和造价适宜等优点，故得到了广泛的应用。

塑钢窗的开启方式及安装构造与铝合金窗基本相同。塑钢窗按其开启方式分为平开窗、推拉窗、上提窗、悬窗等多种形式；按其构造层次分为单层玻璃窗、双层玻璃窗、纱窗等。塑钢推拉窗的构造如图6-12所示。

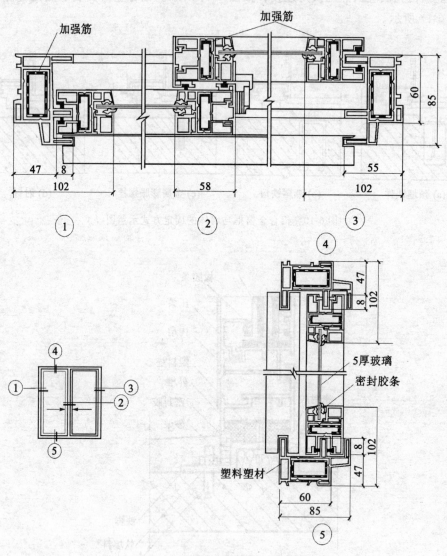

图 6-12 塑钢窗构造示意图

塑钢窗的安装用塞口法。窗框与墙体的连接固定方法一般有以下两种。

(1)连接铁件固定法。窗框通过固定铁件与墙体连接，将固定铁件的一端用自攻螺钉安装在窗框上，固定铁件的另一端用射钉或塑料膨胀螺钉固定在墙体上，如图6-13所示。

为了确保塑钢窗正常使用的稳定性，需给窗框热胀冷缩留有余地，为此要求塑钢窗与墙体之间的连接必须是弹性连接，因此在窗框和墙体之间的缝隙处分层填入毛毡卷或泡沫塑料等，再用 1∶2 水泥砂浆嵌入抹平，用嵌缝膏进行密封处理。

(2) 直接固定法。用木螺钉直接穿过窗框型材与墙体内预埋木砖相连接，如图 6-14 所示，或者用塑料膨胀螺钉直接穿过窗框将其固定在墙体上。

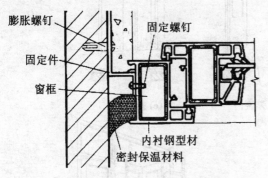 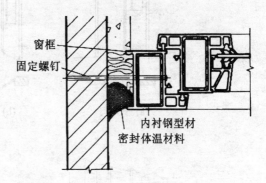

图 6-13　塑钢窗框与墙体连接—连接件法　　图 6-14　塑钢窗框与墙体连接—直接连接法

§6.3　门

6.3.1　门的分类

按门在建筑物中所处的位置分为内门和外门。按门的使用功能分为一般门和特殊门。按门的框料材质分为木门、铝合金门、塑钢门、彩板门、玻璃钢门、钢门等。按门扇的开启方式分为平开门、弹簧门、推拉门、折叠门、转门、卷帘门、升降门等，如图 6-15 所示。

1. 平开门

平开门是指门扇与门框用铰链连接，门扇水平开启的门，有单扇、双扇及向内开、向外开之分。平开门构造简单，开启灵活，安装维修方便。

2. 弹簧门

弹簧门是指门扇与门框用弹簧铰链连接，门扇水平开启的门，分为单向弹簧门和双向弹簧门，其最大优点是门扇能够自动关闭。

3. 推拉门

推拉门是指门扇沿着轨道左右滑行来启闭的门，有单扇和双扇之分，开启后，门扇可以隐藏在墙体的夹层中或贴在墙面上。推拉门开启时不占空间，受力合理，不易变形，但其构造较复杂。

4. 折叠门

折叠门是指门扇由一组宽度约为 600mm 的窄门扇组成的门，窄门扇之间采用铰链连接。开启时，窄门窗相互折叠推移到侧边，占空间少，但其构造复杂。

5. 转门

转门是指门扇由三扇或四扇通过中间的竖轴组合起来，在两侧的弧形门套内水平旋转来实现启闭的门。转门有利于室内阻隔视线、保温、隔热和防风沙，并且对建筑物立面有较强的装饰性。

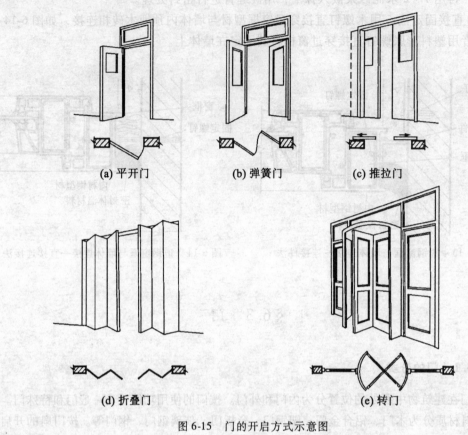

图6-15 门的开启方式示意图

6. 卷帘门

卷帘门是指门扇由金属页片相互连接而成,在门洞的上方设转轴,通过转轴的转动来控制页片的启闭的门。其特点是开启时不占使用空间,但其加工制作复杂,造价较高。

6.3.2 门的尺度与组成

1. 门的尺度

门的尺度是指门洞的高宽尺寸,应满足人流疏散、搬运家具、设备的要求,并应符合《建筑模数协调统一标准》(GBJ2—86)中的相关规定。

一般情况下,门保证通行的高度不小于2 000mm,当上方设亮子时,应加高300~600mm。门的宽度应满足一个人通行,并考虑必要的空隙,一般为700~1 000mm,通常设置为单扇门。对于人流量较大的公共建筑物的门,其宽度应满足疏散要求,可以设置两扇以上的门。

2. 门的组成

门一般由门框、门扇、五金零件及附件组成,如图6-16所示。

门框是门与墙体的连接部分,由上框、边框、中横框和中竖框组成。门扇一般由上、中、下冒头和边梃组成骨架,中间固定门芯板。五金零件包括铰链、插销、门锁、拉手

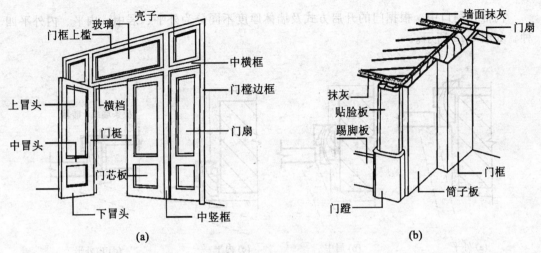

图 6-16 门的组成示意图

等。附件有贴脸板、筒子板等。

6.3.3 门的构造

1. 平开木门的构造

(1) 门框。

门框的断面形状与尺寸取决于门扇的开启方式和门扇的层数,由于门框要承受各种撞击荷载和门扇的重量作用,应有足够的强度和刚度,故其断面尺寸较大,如图 6-17 所示。

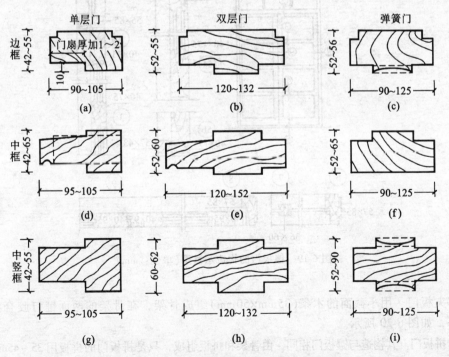

图 6-17 平开木门门框的断面形状和尺寸(单位:mm)

门框在洞口中,根据门的开启方式及墙体厚度不同分为外平、居中、内平、内外平四种,如图 6-18 所示。

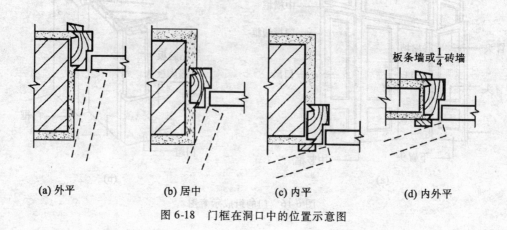

图 6-18　门框在洞口中的位置示意图

(2)门扇。

平开木门的门扇有多种做法,常见的有镶板门、夹板门、拼板门等。

①镶板门。由上、中、下冒头和边梃组成骨架,中间镶嵌门芯板,门芯板可以采用 15mm 厚的木板拼接而成,也可以采用胶合板、硬质纤维板或玻璃等,如图 6-19 所示。

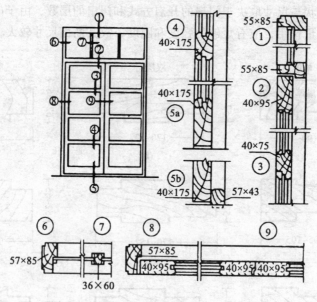

图 6-19　镶板门的构造示意图(单位:mm)

②夹板门。用小截面的木条(35mm×50mm)组成骨架,在骨架的两面铺钉胶合板或纤维板等,如图 6-20 所示。

③拼板门。其构造与镶板门相同,由骨架和拼板组成,只是拼板门的拼板用 35~45mm 厚的木板拼接而成,因而其自重较大,但坚固耐久,多用于库房、车间的外门,如图 6-21 所示。

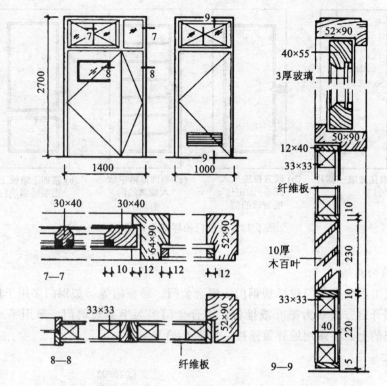

图 6-20 夹板门的构造示意图（单位：mm）

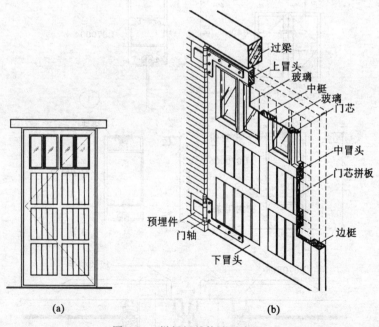

图 6-21 拼板门的构造示意图

④玻璃门。门扇构造与镶板门基本相同，只是门芯板用玻璃代替，用在要求采光与透明的出入口处，如图 6-22 所示。

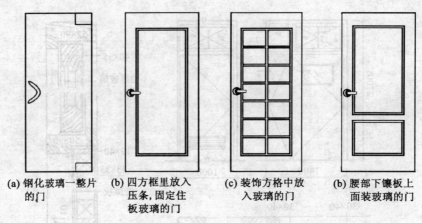

图 6-22 玻璃门的样式示意图

(a) 钢化玻璃一整片的门
(b) 四方框里放入压条,固定住板玻璃的门
(c) 装饰方格中放入玻璃的门
(b) 腰部下镶板上面装玻璃的门

2. 金属门的构造

目前建筑工程中金属门包括塑钢门、铝合金门、彩板门等。塑钢门多用于住宅的阳台门或外门,其开启方式多为平开或推拉。铝合金门多为半截玻璃门,采用平开的开启方式,门扇边梃的上、下端用地弹簧连接,如图 6-23 所示。

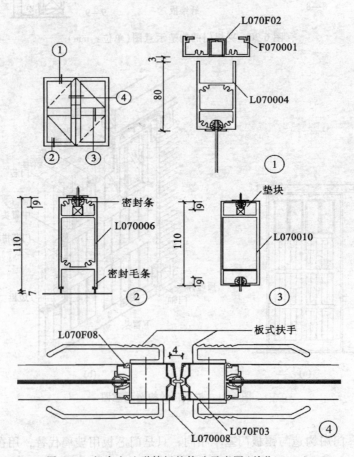

图 6-23 铝合金地弹簧门的构造示意图(单位:mm)

§6.4 特殊门、窗构造

特殊门、窗包括防火、隔声、防射线等类别的门、窗。

6.4.1 隔声门、窗构造

室内噪声允许级较低的房间,如播音室、录音室、办公室、会议室等以及某些需要防止声响干扰的娱乐场所,如影剧院、音乐厅等,应安装隔声门、窗。门、窗的隔声能力与材料的密度、构造形式及声波的频率有关。一般门扇越重隔声效果越好,但门扇过重则开关不便,五金零件容易损坏,所以隔声门常采用多层复合结构,即在两层面板之间填充吸声材料(玻璃棉、玻璃纤维板等)。

隔声门、窗缝隙处的密闭情况也很重要,可以采用与保温门、窗相似的方法,也可以用干燥的毛毡或厚绒布作为缝隙间的密封条,如图6-24所示。

6.4.2 防火门、窗构造

在建筑设计中出于安全方面的考虑,并按照防火规范的要求,必须将建筑物内部空间按每一定面积划分为若干个防火分区。但是建筑物的使用功能决定了这种划分一般不可能完全由墙体完成,否则内部空间就无法形成交通联系。因此需要设置既能保证通行又可以分隔不同防火分区的建筑构件,这就是防火门。防火门主要控制的环节是材料的耐火性能及节点的密闭性能。防火门分为甲、乙、丙三级,耐火极限分别应大于1.2h、0.9h、0.6h。

常见的防火门有木质门和钢质门两种。木质防火门选用优质杉木制做门框及门扇骨架,材料均经过难燃浸渍处理,门扇内腔填充高级硅酸铝耐火纤维,双面衬硅钙防火板。门扇及门框外表面可以根据用户要求镶贴各种高级木料饰面板。门扇可以单面造型或双面造型,制成凹凸线条门、平板线条门、铣形门、拼花实木门等系列产品。钢质防火门门框及门扇面板可以采用优质冷轧薄钢板,内填耐火隔热材料,门扇也可以采用无机耐火材料。此外,在地下室或某些特殊场所还可以用钢筋混凝土的密闭防火门。在大面积的建筑物中则经常使用防火卷帘门,这样平时可以不影响交通,而在发生火灾的情况下,可以有效地隔离各防火分区。

防火窗必须采用钢窗,镶嵌铅丝玻璃以免破裂后掉下,并防止火焰窜入室内或窜出窗外。

6.4.3 防射线门、窗构造

放射线对人体有一定程度损害,因此对放射室要做防护处理。放射室的内墙均须装置X光线防护门,主要镶钉铅板。铅板既可以包钉于门板外也可以夹钉于门板内。

医院的X光治疗室和摄片室的观察窗,均需镶嵌铅玻璃,呈黄色或紫红色。铅玻璃系固定装置,但亦需注意铅板防护,四周均须交叉叠过。

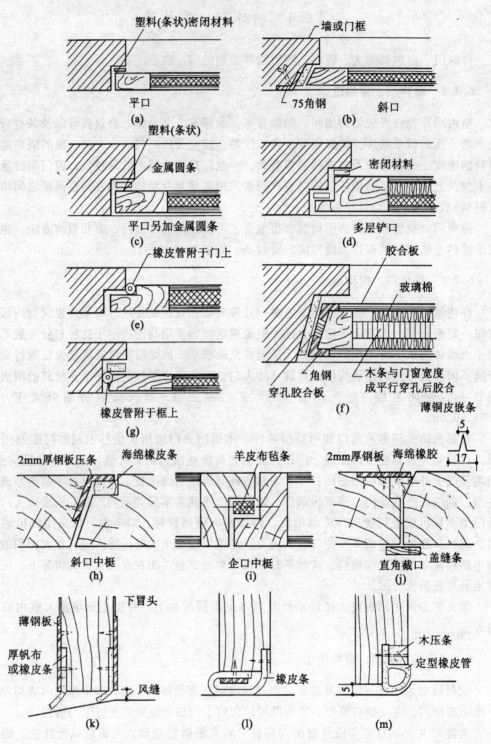

图 6-24 隔声门、窗构造及密闭方式示意图

§6.5 遮 阳

6.5.1 遮阳的作用

遮阳是为了防止阳光直接射入室内，避免夏季室内温度过高和产生眩光而采取的构造措施。建筑遮阳方法很多，如绿化遮阳，室内窗帘等均是有效方法，但对于太阳辐射强烈的地区，特别是朝向不利的墙面上建筑物的门、窗等洞口，应采取专用遮阳措施。遮阳设施有活动遮阳和固定遮阳板两种类型。近年来在国内外大量运用的各种轻型遮阳，常用不锈钢、铝合金及塑料等材料制作，如图6-25所示。

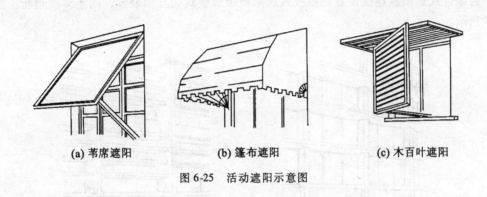

(a) 苇席遮阳　　　　(b) 篷布遮阳　　　　(c) 木百叶遮阳

图6-25 活动遮阳示意图

6.5.2 固定遮阳板的形式

固定遮阳板的基本形式有水平式、垂直式、综合式和挡板式，如图6-26所示。

1. 水平式遮阳板

水平式遮阳板主要遮挡太阳高度角较大时从窗口上方照射下来的阳光。主要适用于朝南的窗洞口。

2. 垂直式遮阳板

垂直式遮阳板主要遮挡太阳高度角较小时从窗口侧面射来的阳光。主要适用于南偏东、南偏西及其附近朝向的窗洞口。

3. 综合式遮阳板

综合式遮阳板是水平式遮阳板和垂直式遮阳板的综合遮阳板，能遮挡从窗口两侧及前上方射来的阳光。其遮阳效果比较均匀，主要适用于南、东南、西南及其附近朝向的窗洞口。

4. 挡板式遮阳板

挡板式遮阳板主要遮挡太阳高度角较小时从窗口正面射来的阳光。主要适用于东、西及其附近朝向的窗洞口。

在实际工程中，遮阳可以由基本形式演变出造型丰富的其他形式。如为避免单层水平式遮阳板的出挑尺寸过大，可以将水平式遮阳板重复设置成双层或多层；当窗间墙较窄

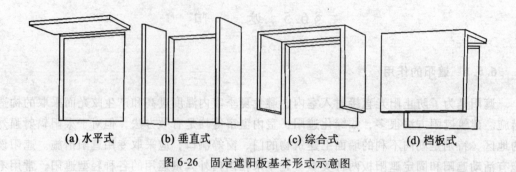

图 6-26 固定遮阳板基本形式示意图

时,将综合式遮阳板连续设置;挡板式遮阳板结合建筑物立面处理,或连续或间断,如图 6-27 所示。

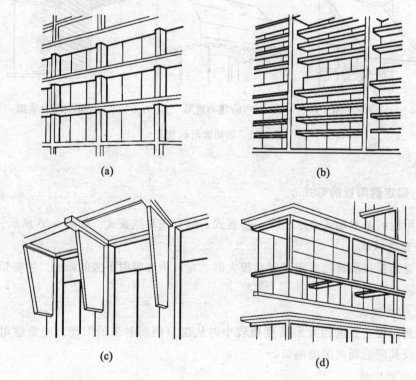

图 6-27 遮阳板的其他形式示意图

6.5.3 遮阳设计新趋势

由于建筑物室内对阳光的需求是随时间、季节变化的,而太阳的高度、角度也是随气候、时间的不同而有所不同,因而可以调节角度的遮阳对于建筑物节能和满足使用要求均较好。以生态技术为手段的新一代建筑师正在积极探索新的、更加高效的遮阳方式。充分体现新材料、高新技术的利用,充分挖掘多功能、可调控的遮阳构件。

1. 新型建筑遮阳材料和工艺

可以用做遮阳构件的材料相当丰富，不同的材料具有各自的物理特性，包括力学特性和热工性能。传统的木材和混凝土今日仍然在使用，只是加工工艺更为精细和现代化。在法国巴黎国家图书馆，整个玻璃幕墙后面排列了厚重的木遮阳板，通过翻转来改变采光和遮阳效果。织物由于其柔性特征，可以加工成小巧而造型别致的遮阳构件，瑞士著名建筑大师赫尔佐格和德穆龙设计的德国幕尼黑安联体育场利用导轨来对布帘遮阳进行控制和定型，法国巴黎德方斯巨门下则采用了柔性张拉膜。

今天最为流行的遮阳构件材料当数金属，钢格网遮阳具有很高的结构强度，可以满足人员走动和上下通风的需要，广泛应用于可以通风的双层玻璃幕墙中。轻质的铝材可以加工成室外遮阳隔栅、遮阳卷帘以及室内百叶窗。在生产工艺方面，今天广泛使用的金属遮阳构件的生产无需像过去那样依靠人工打制，电脑控制生产的准确性使每一个构件看起来都精美绝伦，同时批量生产使大规模的应用成为可能。先进技术控制的施工又使得丝丝入扣的榫铆交接成为可能，于是高新技术确保了金属遮阳构件的精确和精密。采用高性能的隔热玻璃和热反射玻璃制成的玻璃遮阳板，以及结合光电和光热转换的遮阳板，则使得遮阳材料和遮阳技术更上一层楼，德国弗莱堡沃邦生态村的屋顶和弗莱堡太阳能电池厂中庭侧面，都布满了太阳能板，既接受太阳光转换成电力，又能够遮阳。弗莱堡的旋转别墅还将光电与光热转换综合起来加以运用。

2. 自动控制的遮阳构件

对于遮阳构件来说，简单的手工调节在今天仍然有效，但对于一些大面积的幕墙和高层建筑物来说，则需要依赖自动调节设施，特别是高层建筑物的遮阳构件无论在尺寸还是在调节操控方面，都提出了更高的要求，因此对于遮阳调节的自动化程度提高了。建筑师努力将现代自动控制技术用于建筑遮阳设计，在满足功能需要的同时，更是营造出一种美妙的光影效果和气氛，德国法兰克福商业银行的遮阳百叶自动控制系统，德国国会大厦穹顶中可以自动追踪太阳运行轨迹并做相应运动的遮阳"扇"都集中了自动控制技术与工艺的精华。自动控制遮阳构件中最让人难以置信的例子，莫过于阿拉伯世界研究中心像光圈一样调节的采光遮阳窗，该遮阳窗使用了最前卫的技术和构造技巧，其主立面用框架和滤光器的手法处理采光，并覆盖隔栅，可以根据阳光作出精确调节，达到采光和遮阳的目的。在每一个单元格上，控制调节的电子线路板清晰可见，其遮阳板充分体现出艺术与技术的完美结合。该遮阳窗应用易变控光装置的现代形式反映了阿拉伯建筑的传统几何原型。极富现代感的金属材质，纤细、精巧的金属节点，一种使用反射、折射和逆光效果的敏锐装置创造采光和遮阳的奇迹，成为阿拉伯世界研究中心最富感染力的标志。

复习思考题 6

1. 门和窗的作用分别是什么？
2. 屋顶有哪些类型？
3. 门和窗的设计要求有哪些？
4. 窗有哪些类型？窗由哪几部分组成？
5. 门有哪些类型？门由哪几部分组成？

6. 铝合金窗与墙的固定方式有哪几种？试用图形表示。
7. 平开木门的构造如何？
8. 隔声门、窗的构造如何？
9. 遮阳设计有哪些新趋势？

第7章 屋 顶

◎**内容提要**：本章内容主要包括屋顶的类型、组成和设计要求；平屋顶的排水组织方法和防水构造做法；坡屋顶的类型、组成和坡屋顶的细部构造。对屋顶的保温和隔热等知识也作了适当的介绍。

§7.1 屋顶概述

屋顶也称为屋盖，是覆盖于房屋最上层的外围护结构，可以起到抵抗自然界的风吹、雨淋、日晒等各种寒暑变化的影响，并承受作用在其上的包括自重、风雪、施工等各种荷载。另外，其变化多样的形式，对建筑物的造型也有很大的影响，是体现建筑风格的重要手段。因此，建筑设计中还应注意屋顶的美观问题。

屋顶构造必须满足坚固、稳定、防水、排水、保温、隔热和能够抵御各种不良影响的要求，保证建筑物内外有一个良好的使用环境。同时还应做到自重轻、构造简单、施工方便、造价经济、便于就地取材，与建筑物整体协调配合。

7.1.1 屋顶的组成与类型

1. 屋顶的组成

屋顶是房屋上面的构造部分。各种形式的屋顶基本上都是由屋面、屋顶承重结构、保温隔热层和顶棚组成，如图7-1所示。

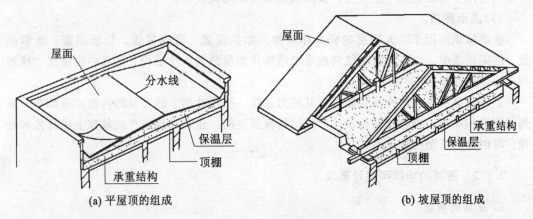

图7-1 屋顶的组成示意图

（1）屋面。

屋面是屋顶的顶层，屋面直接承受大自然的长期侵袭，并应承受施工和检修过程中加在屋面上的荷载，因此屋面材料应具有一定的强度和很好的防水性能。

(2)屋顶承重结构。

不同的屋面材料要有相应的承重结构。承重结构的种类很多，按其材料可以分为木结构、钢筋混凝土结构、钢结构等。

(3)保温层、隔热层。

组成屋顶前两部分的材料，即屋面材料和承重结构材料，保温和隔热性能都很差，在寒冷的北方地区必须加设保温层，在炎热的南方地区则必须加设隔热层。

(4)顶棚。

对于每个房间来说，顶棚就是房间的顶面，对于平方或楼房的顶层房间来说，顶棚也就是屋顶的底面，当屋顶结构的底面不符合使用要求时，就需要另做顶棚。顶棚结构一般吊挂在屋顶承重结构上，称为吊顶。

坡屋顶顶棚上的空间称为闷顶，若利用这个空间作为使用房间，则称为阁楼，在南方地区可以利用阁楼通风降温。

2. 屋顶的类型

由于不同的屋面材料和不同的承重结构形式，形成了多种屋顶类型，一般可以归纳为常见的三大类：平屋顶、坡屋顶、曲面屋顶，另外还有多波式折板屋顶等，如图7-2所示。

(1)平屋顶。

承重结构为现浇或预制的钢筋混凝土板，屋面上做防水、保温或隔热处理。平屋顶的坡度很小，一般采用5%以下，上人屋顶坡度在2%左右。平屋顶既是承重构件又是维护结构。为满足多方面的功能要求，屋顶构造具有多种材料叠合、多层次做法的特点。

(2)坡屋顶。

坡度在10%以上的屋顶称为坡屋顶。坡屋顶一般由斜屋面组成，坡屋顶包括单坡、双坡、四坡、歇山式、折板式等多种形式。坡屋顶的坡度由屋架找出或把顶层墙体、大梁等结构构件上表面做成一定坡度，屋面板依势铺设形成坡度。

(3)曲面屋顶。

曲面屋顶多用于较大跨度的公共建筑物，如拱屋盖、薄壳屋盖、折板屋盖、悬索屋盖、网架屋盖等。由各种薄壳结构或悬索结构作为屋顶的承重结构，如双曲拱屋顶、球形网壳屋顶等，如图7-3所示。

上述这些屋顶的结构形式独特，其传力系统、材料性能、施工及结构技术等都有一系列的理论和规范，再通过结构设计形成结构覆盖空间。建筑设计应在此基础上进行艺术处理，以创造出新型的建筑形式。

7.1.2 屋顶的功能和设计要求

1. 屋顶的功能

屋顶是建筑物顶部的覆盖构件，屋顶的作用主要有两点：一是作为外围护构件，抵御自然界的风霜雪雨、太阳辐射、气候变化和其他外界的不利因素，使屋顶覆盖下的空间有一个良好的使用环境。二是作为承重构件，承受建筑物顶部的荷载并将这些荷载传递给下

第7章 屋　顶

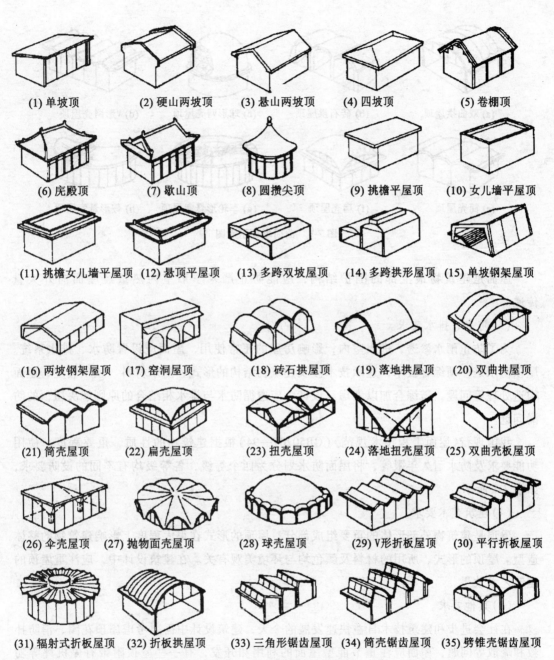

图 7-2　各种类型屋顶示意图

部的承重构件，同时还起着对房屋上部的水平支撑作用。

2. 屋顶的设计要求

(1) 承重要求。

屋顶除要承受自重外，还应承受风、雨、雪的压力，施工、维修时的荷载。

(2) 保温隔热要求。

图 7-3 曲面屋顶示意图

屋面是建筑物最上部的围护结构，应能防止严寒季节室内热量经屋面向外大量传递。

（3）防水、排水要求。

为了防止雨水渗透，进入室内，影响房屋的正常使用，屋面应设置防水、排水系统。屋顶防水是一项综合技术，这项技术涉及建筑物结构的形式、防水材料、屋顶坡度、屋面构造处理等问题，需综合加以考虑。设计中应遵循防水与排水相结合的原则解决屋顶的防漏问题。

我国现行《屋面工程技术规范》（GB50207—94）根据建筑物的性质、重要程度、使用功能要求及防水耐久年限等，将屋面防水划分为四个等级，各等级均有不同的设防要求，如表 7-1 所示。

（4）建筑艺术要求。

屋顶是建筑物外部形体的重要组成部分，屋顶的形式在很大程度上影响建筑物的整体造型。屋顶的形式、所用的材料及颜色均与环境美观有关。在建筑设计中，应注重屋顶的建筑艺术效果。

（5）其他要求。

在社会进步和建筑技术日益快速发展的今天，建筑设计中需要考虑屋顶花园、消防扑救和疏散等问题，屋面应注重节能型屋面的利用和开发，有一些屋顶附带有停机坪等功能，这些要求设计者在设计中应协调好屋顶要求之间的关系，以期最大限度地发挥屋顶的综合效益。

在上述要求中，屋顶的防水和排水是非常重要的内容。屋顶的防水和排水性能是否良好，取决于屋面材料和构造处理。屋顶防水是指屋面材料应具有一定的抗渗能力，或采用不透水材料做到不漏水；屋顶排水则是使屋面雨水能迅速排除而不积存，以减少渗漏的可能性。

表 7-1　　　　　　　　　　　　　屋面防水等级和设防要求

项目	屋面防水等级			
	Ⅰ	Ⅱ	Ⅲ	Ⅳ
建筑物类别	特别重要的民用建筑物和对防水有特殊要求的工业建筑物。	重要的工业与民用建筑物、高层建筑物。	一般的工业与民用建筑物。	非永久性的建筑物。
防水层耐用年限	25年	15年	10年	5年
防水层选用材料	宜选用合成高分子防水卷材、高聚物改性沥青防水卷材、合成高分子防水涂料、细石防水混凝土等材料。	宜选用高聚物,改性沥青防水卷材,合成高分子防水卷材,合成高分子防水涂料、细石防水混凝土、平瓦等材料。	宜选用高聚物改性沥青防水卷材,高聚物改性沥青防水涂料,沥青基防水涂料、刚性防水层,平瓦,油毡瓦等。	宜选用二毡三油沥青防水卷材、高聚物改性沥青防水涂料、波形瓦等材料。
设防要求	三道或三道以上防水设防,其中应有一道合成高分子防水卷材,且只能有一道厚度不小于2mm的合成高分子防水涂膜。	二道防水设防,其中应有一道卷材。也可以采用压型钢板进行一道设防。	一道防水设防,或两种防水料复合使用。	一道防水设防。

§7.2　屋顶排水设计

7.2.1　屋顶排水坡度

为了排水,屋面应有坡度,而坡度的大小又取决于屋面材料的防水性能。各种屋面的坡度与屋面材料、地理气候条件、屋顶结构形式、施工方法、构造组合方式、建筑造型要求以及经济等方面的影响都有一定的关系。其中屋面覆盖材料的形体尺寸对屋面坡度形成的关系比较大。一般情况下,屋面覆盖材料的面积越小,厚度越厚,屋面排水坡度亦越大。反之,屋面覆盖材料的面积越大,厚度越薄,则屋面排水坡度就可以较为平坦一些。不同的屋面防水材料有各自的排水坡度范围,如图7-4所示。

1. 屋面坡度的表示方法

(1)角度法。

角度法是指以倾斜屋面与水平面所成的夹角表示。如 $\alpha=26°$、$30°$等,在实际工程中不常用,如图7-5(a)所示。

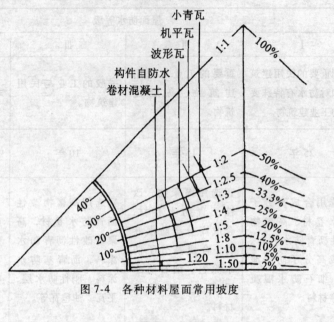

图 7-4　各种材料屋面常用坡度

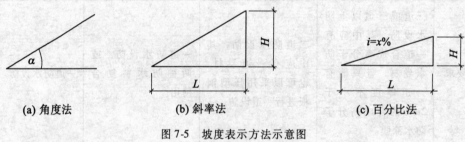

图 7-5　坡度表示方法示意图

(2) 斜率法。

斜率法是指以屋顶高度和剖面的水平投影长度的比来表示屋面的排水坡度。如 $H:L=1:2$、$1:20$、$1:50$ 等，用于平屋顶及坡屋顶，如图 7-5(b) 所示。

(3) 百分比法。

百分比法是指以屋顶高度与其水平投影长度的百分比来表示排水坡度。如 $i=1\%$、2%、3% 等，主要用于平屋顶，适合于较小的坡度，如图 7-5(c) 所示。

2. 影响屋面排水坡度大小的因素

影响屋面排水坡度大小的主要因素有屋面防水材料的大小和当地降雨量两方面的因素。

(1) 屋面防水材料与排水坡度的关系。

防水材料如果尺寸较小，接缝必然就较多，容易产生缝隙渗漏，因而屋面应有较大的排水坡度，以便将屋面积水迅速排除。如果屋面的防水材料覆盖面积大，接缝少而且严密，屋面的排水坡度就可以小一些。

(2) 降雨量大小与坡度的关系。

降雨量大的地区，屋面渗漏的可能性较大，屋顶的排水坡度应适当加大，反之，屋顶排水坡度则宜小一些。我国南方地区年降雨量较大，北方地区年降雨量较小，因而在屋面的防水材料相同时，一般南方地区的屋面坡度比北方地区的屋面坡度大。

(3) 其他因素的影响。

如屋面排水路线的长短，上人或不上人，屋面蓄水等。

3. 屋面排水坡度的形成

关于屋面排水坡度的形成应考虑以下因素：建筑构造做法合理，满足房屋室内外空间的视觉要求，不过多增加屋面荷载，结构经济合理，施工方便等。

(1) 材料找坡。

材料找坡亦称为填坡，屋顶结构层可以像楼板一样水平搁置，采用价廉、质轻的材料，如炉渣加水泥或石灰来垫置屋面排水坡度，上面再做防水层，如图7-6(a)所示。必须设保温层的地区，也可以用保温材料来形成坡度。材料找坡适用于跨度不大的平屋盖。

(2) 结构找坡。

结构找坡亦称为撑坡，屋顶的结构层根据屋面排水坡度搁置成倾斜，再铺设防水层等，如图7-6(b)所示。这种做法不需另加找坡层，其荷载轻、施工简便，造价低，但不另设吊顶棚时，顶面稍有倾斜。房屋平面凹凸变化时应另加局部垫坡。结构找坡一般适用于屋面进深较大的建筑物。

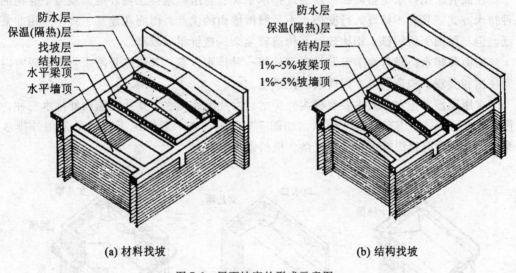

(a) 材料找坡　　　　　　　　　　　(b) 结构找坡

图7-6　屋面坡度的形成示意图

7.2.2　屋面排水方式

屋面排水方式可以分为无组织排水和有组织排水两大类。

1. 屋面无组织排水

屋面无组织排水又称为自由落水，是指屋面雨水直接从檐口落至室外地面的一种排水方式，如图7-7所示。具有构造简单，造价低廉的优点。但屋面雨水自由落下会溅湿墙面，外墙墙脚常被飞溅的雨水侵蚀，影响到外墙的坚固耐久性，并可能影响人行道的交通。无组织排水方式主要适用于少雨地区或一般低层建筑物，不宜用于临街建筑物和高度较高的建筑物。

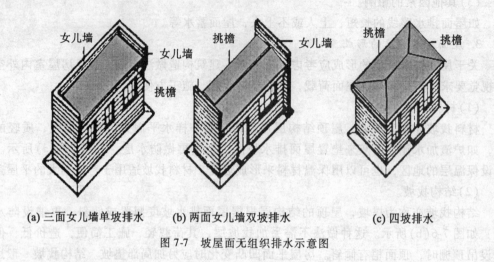

图 7-7　坡屋面无组织排水示意图

2. 屋面有组织排水

屋面有组织排水是指屋面雨水通过排水系统，有组织地排至室外地面或地下管沟的一种排水方式。具有不妨碍人行交通，不易溅湿墙面的优点，因而在建筑工程中应用非常广泛。但与屋面无组织排水相比较，其构造较复杂，造价相对较高。

屋面外排水：是指雨水管装设在室外的一种排水方案，其优点是雨水管不妨碍室内空间使用和美观，构造简单，因而被广泛采用。

常用屋面外排水方式主要有檐沟外排水、女儿墙外排水、女儿墙檐沟外排水三种，如图 7-8 所示，另外还有暗管外排水，如图 7-9 所示。在一般情况下应尽量采用外排水方案，因为屋面有组织排水构造较复杂，极易造成渗漏。

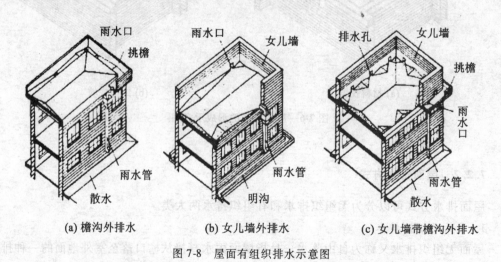

图 7-8　屋面有组织排水示意图

屋面内排水：是指水落管位于外墙内侧，如图7-9(e)所示。多跨房屋的中间跨为简化构造，以及考虑高层建筑的外立面美观和寒冷地区防止水落管冰冻堵塞等情况时，可以采用屋面内排水方式。

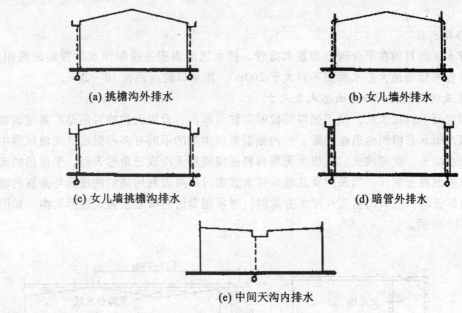

图 7-9 屋面有组织内排水、外排水示意图

采用屋面有组织排水时，应使屋面流水线路短捷，檐沟或天沟流水通畅，雨水口的负荷适当且布置均匀。对排水系统有如下要求：

(1)层面流水线路不宜过长，因而层面宽度较小时可以做成单坡排水；若层面宽度较大，例如12m以上时宜采用双坡排水。

(2)水落口负荷按每个水落口排除150～200m² 层面集水面积的雨水量计算。当屋面有高差时，若高处屋面的集水面积小于100m²，可以将高处屋面的雨水直接排在低屋面上，但出水口处应采取防护措施；若高处屋面的集水面积大于100m²，高屋面则应自成排水系统。

为了简化计算，常用水落口的间距来控制负荷。一般建筑物水落口间距宜为18～24m。

(3)檐沟或天沟应有纵向坡度使沟内雨水顺坡排出。纵坡一般为1%，用石灰、炉渣等轻质材料垫置起坡。

(4)檐沟净宽不小于200mm，分水线处最小深度大于120mm。

(5)水落管的管径有75mm、100mm、125mm等，常用100mm。

7.2.3 屋面排水组织设计

屋面排水组织设计的主要任务是将屋面划分成若干排水区，分别将雨水引向雨水管，做到排水线路短捷、雨水口负荷均匀、排水顺畅、避免屋面积水而引起渗漏。一般按下列

步骤进行:
1. 确定排水坡面的数目(分坡)

一般情况下,临街建筑物平屋顶屋面宽度小于12m时,可以采用单坡排水;其宽度大于12m时,宜采用双坡排水。坡屋顶应结合建筑造型要求选择单坡排水、双坡排水或四坡排水。

2. 划分排水区

划分排水区的目的在于合理地布置水落管。排水区的面积是指屋面水平投影的面积,每一根水落管的屋面最大汇水面积不宜大于200m²。雨水口的间距在18~24m。

3. 确定天沟所用材料和断面形式及尺寸

天沟即屋面上的排水沟,位于檐口部位时又称为檐沟。设置天沟的目的是汇集屋面雨水,并将屋面雨水有组织地迅速排除。天沟根据屋顶类型的不同有多种做法。如坡屋顶中可以用钢筋混凝土、镀锌铁皮、石棉水泥等材料做成槽形天沟或三角形天沟。平屋顶的天沟一般用钢筋混凝土制作,当采用女儿墙外排水方案时,可以利用倾斜的屋面与垂直的墙面构成三角形天沟;当采用檐沟外排水方案时,通常用专用的槽形板做成矩形天沟,如图7-10、图7-11所示。

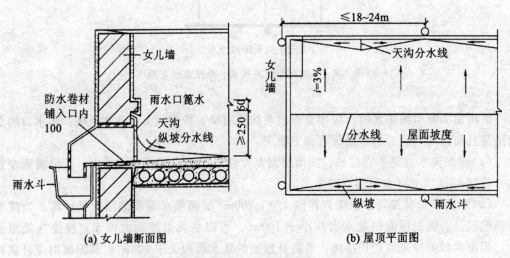

图7-10 平屋顶女儿墙外排水三角形天沟示意图

7.2.4 确定水落管规格及间距

水落管按材料的不同有铸铁、镀锌铁皮、塑料、石棉水泥和陶土等,目前多采用铸铁管和塑料水落管,其直径有50mm、75mm、100mm、125mm、150mm、200mm等若干种规格,一般民用建筑物最常用的水落管直径为100mm,面积较小的露台或阳台可以采用直径为50mm或75mm的水落管。水落管的位置应在实墙面处,其间距一般在18m以内,最大间距不宜超过24m,因为间距过大,则沟底纵坡面越长,会使沟内的垫坡材料增厚,减少了天沟的容水量,造成雨水溢向屋面引起渗漏或从檐沟外侧涌出。

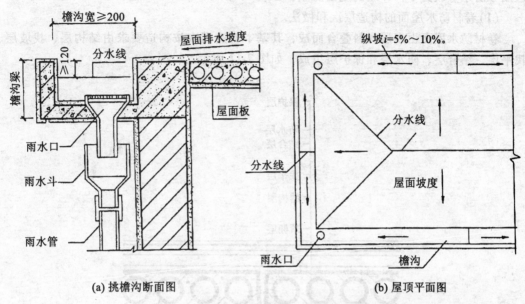

图7-11 平屋顶檐沟外排水矩形天沟示意图

§7.3 平屋顶设计

7.3.1 平屋顶的排水坡度

平屋顶一般为现浇或预制钢筋混凝土结构，为保证平屋顶的防水质量，现已大多采用现浇屋面板形式。屋面坡度的形式有两种，其一是直接将屋面板根据屋面排水坡度铺设成倾斜，称为结构找坡；其二是在平铺的屋面板上用轻质材料垫出屋面所需的排水坡度，称为材料找坡。

平屋顶屋面的最小排水坡度：结构找坡宜为3%；材料找坡宜为2%。当屋面跨度大于18m时，应采用结构找坡，以满足排水坡度的要求，同时节约用料。平屋顶的天沟、檐沟纵向坡度不应小于1%，沟底水落差不得超过200mm，且不得流经变形缝和防火墙。

7.3.2 平屋顶的防水构造

平屋顶的防水构造涉及屋面防水材料，不同的屋面防水材料有着不同的构造要求与做法。目前国内常用的平屋顶防水材料主要有卷材防水、涂膜防水和刚性防水材料等若干种。

1. 卷材防水屋面

卷材防水屋面，是指以防水卷材和粘结剂分层粘贴而构成防水层的屋面。卷材防水屋面所用卷材有沥青类卷材、高分子类卷材、高聚物改性沥青类卷材等。卷材防水屋面较能适应温度、振动、不均匀沉陷因素的变化作用，能承受一定的水压，其整体性好，不易渗漏。严格遵守施工操作规程能保证屋面防水质量，但施工操作较为复杂，技术要求较高。

适用于防水等级为Ⅰ～Ⅳ级的屋面防水,如表7-1所示。

(1)卷材防水屋面的构造层次和做法。

卷材防水屋面由多层材料叠合而成,其基本构造层次按构造要求由结构层、找坡层、找平层、结合层、防水层和保护层组成,如图7-12所示。

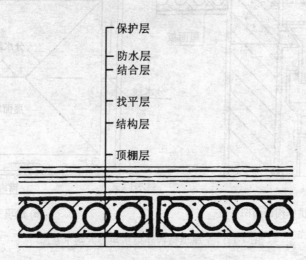

图7-12 卷材防水屋面构造示意图

①结构层。结构层通常为预制或现浇钢筋混凝土屋面板,要求具有足够的强度和刚度。

②找平层。柔性防水层要求铺贴在坚固而平整的基层上,因此必须在结构层或找坡层上设置找平层。以防止卷材凹陷或断裂,因而在松软材料上应设找平层;找平层的厚度取决于基层的平整度,一般采用20mm厚1:3水泥砂浆,也可以采用1:8沥青砂浆等。找平层宜留分隔缝,缝宽一般为5～20mm,纵、横间距一般不宜大于6m。若屋面板为预制,分隔缝应设在预制板的端缝处。分隔缝上应附加200～300mm宽卷材,和胶粘剂单边点贴覆盖。

③结合层。结合层的作用是使卷材防水层与基层粘结牢固。结合层所用材料应根据卷材防水层材料的不同来选择,如油毡卷材、聚氯乙烯卷材及自粘型彩色三元乙丙复合卷材等,用冷底子油在水泥砂浆找平层上喷涂一至二道;三元乙丙橡胶卷材则采用聚氨酯底胶;氯化聚乙烯橡胶卷材需用氯丁胶乳等。冷底子油用沥青加入汽油或煤油等溶剂稀释而成,喷涂时不用加热,在常温下进行,故称为冷底子油。

④防水层。防水层是由胶结材料与卷材粘合而成,卷材连续搭接,形成屋面防水的主要部分。当屋面坡度较小时,卷材一般平行于屋脊铺设,从檐口到屋脊层层向上粘贴,上下搭接不小于70mm,左右搭接不小于100mm。

油毡屋面在我国已有数十年的使用历史,具有较好的防水性能,对屋面基层变形有一定的适应能力,但这种屋面施工麻烦、劳动强度大,且容易出现油毡鼓泡、沥青流淌、油毡老化等方面的问题,使油毡屋面的寿命大大缩短,平均10年左右就要进行大修。

目前所用的新型防水卷材,主要有三元乙丙橡胶防水卷材、自粘型彩色三元乙丙复合防水卷材、聚氯乙烯防水卷材、氯化聚乙烯防水卷材、氯丁橡胶防水卷材及改性沥青油毡防水卷材等，这些防水材料一般为单层卷材防水构造，若防水要求较高，可以采用双层卷材防水构造。这些防水材料的共同优点是自重轻，适用温度范围广，耐气候性好，使用寿命长，抗拉强度高，延伸率大，冷作业施工，操作简便，可以大大改善劳动条件，减少环境污染。

⑤保护层。不上人屋面的保护层构造做法：当采用油毡防水层时为粒径3～6mm的小石子，称为绿豆砂保护层。绿豆砂保护层要求耐风化、颗粒均匀、色浅；三元乙丙橡胶卷材采用银色着色剂，直接涂刷在防水层上表面；彩色三元乙丙复合卷材防水层直接用CX—404胶粘结，不需另加保护层。

上人屋面的保护层构造做法：通常可以采用水泥砂浆或沥青砂浆铺贴缸砖、大阶砖、混凝土板等；也可以现浇40mm厚C20细石混凝土。

(2) 卷材防水屋面细部构造。

屋顶细部是指屋面上的泛水、天沟、雨水口、檐口、变形缝等部位。

①泛水构造。泛水是指屋顶上沿所有垂直面所设的防水构造，突出于屋面之上的女儿墙、烟囱、楼梯间、变形缝、检修孔、立管等的壁面与屋顶的交接处，是最容易漏水的地方。必须将屋面防水层延伸到这些垂直面上，形成立铺的防水层，称为泛水，如图7-13所示。

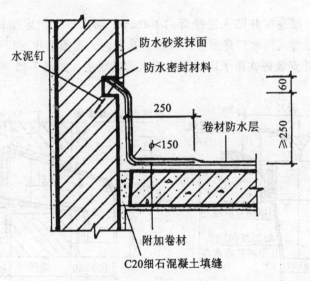

图7-13 卷材防水屋面泛水构造示意图(单位：mm)

②檐口构造。柔性防水屋面的檐口构造有无组织排水挑檐和有组织排水挑檐沟及女儿墙檐口等，挑檐和挑檐沟构造都应注意处理好卷材的收头固定、檐口饰面，且做好滴水。女儿墙檐口构造的关键是泛水的构造处理，其顶部通常做混凝土压顶，并设有坡度坡向屋面，如图7-14所示。

③雨水口构造。雨水口的类型有用于檐沟排水的直管式雨水口和女儿墙外排水的弯管式雨水口两种。雨水口在构造上要求排水通畅、防止渗漏水堵塞。直管式雨水口为防止其

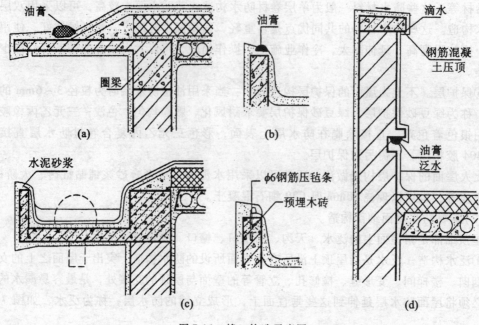

图 7-14 檐口构造示意图

周边漏水,应加铺一层卷材并贴入连接管内 100mm,雨水口上用定型铸铁罩或铅丝球盖住,用油膏嵌缝。弯管式雨水口穿过女儿墙预留孔洞内,屋面防水层应铺入雨水口内壁四周不小于 100mm,并安装铸铁箅子以防杂物流入造成堵塞,如图 7-15 所示。

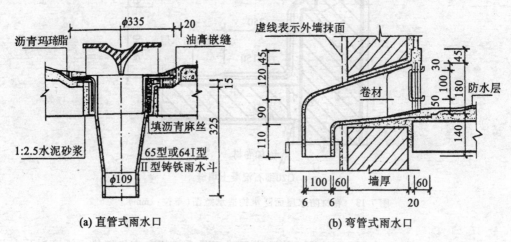

图 7-15 雨水口构造示意图(单位:mm)

④屋面变形缝构造。屋面变形缝的构造处理原则:既不能影响屋面的变形,又要防止雨水从变形缝渗入室内。屋面变形缝按建筑设计可以设于同层等高屋面上,也可以设在高低屋面的交接处,如图 7-16、图 7-17 所示。

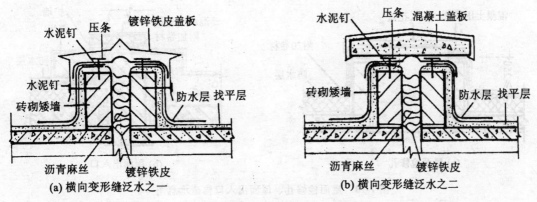

图 7-16 等高屋面变形缝构造示意图

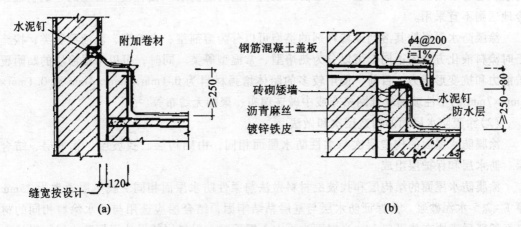

图 7-17 高低屋面变形缝示意图（单位：mm）

⑤屋面检修孔、屋面出入口构造。

检修孔：用于不上人屋面，检修孔四周的孔壁可以用砖立砌，也可以在现浇屋面板时将混凝土上翻制成，其高度一般为 300mm。壁外的防水层应做成泛水，将卷材用镀锌薄钢板盖缝并压钉好，如图 7-18(a)所示。

屋面出入口：一般设于出屋面的楼梯间，最好在设计中让楼梯间的室内地坪与屋面之间留有足够的高差，以利于防水，否则需在出入口处设门槛挡水。屋面出入口处的构造与泛水构造类同，如图 7-18(b)所示。

2. 涂膜防水屋面

(1)涂膜防水屋面的适用范围。

涂膜防水屋面又称为涂料防水屋面，是指用可塑性和粘结力较强的高分子防水涂料，直接涂刷在屋面基层上形成一层不透水的薄膜层以达到防水目的的一种屋面做法。防水涂料有塑料、橡胶和改性沥青三大类，常用的有塑料油膏、氯丁胶乳沥青涂料和焦油聚氨酯防水涂膜等。这些材料多数具有防水性好、粘结力强、延伸性大、耐腐蚀、不易老化、施工方便、容易维修等优点，近年来应用较为广泛，主要适用于防水等级为Ⅲ、Ⅳ级的屋面

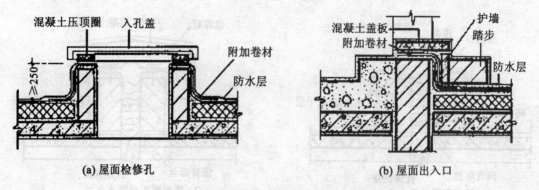

图 7-18 屋面检修孔、屋面出入口构造示意图

防水,也可以用做Ⅰ、Ⅱ级屋面多道防水设防中的一道防水。在有较大震动的建筑物或寒冷地区则不宜采用。

涂膜防水材料按其溶剂或稀释剂的类型可以分为溶剂型、水溶型、乳液型等类;按施工时涂料液化方法的不同则可以分为热熔型、常温型等类。同时,可以增强涂层的贴附覆盖能力和抗变形能力。目前,使用较多的胎体增强材料为 0.1mm×6mm×4mm 或 0.1mm×7mm×7mm 的中性玻璃纤维网格布或中碱玻璃布、聚酯无纺布等。

(2)涂膜防水屋面的构造层次和做法。

涂膜防水屋面的构造层次与柔性防水屋面相同,由结构层、找坡层、找平层、结合层、防水层和保护层组成。

涂膜防水屋面的结构层和找坡层材料做法与柔性防水屋面相同。找平层通常为 25mm 厚 1:2.5 水泥砂浆。为保证防水层与基层粘结牢固,结合层应选用与防水涂料相同的材料经稀释后满刷在找平层上。当屋面为不上人屋面时,保护层的做法根据防水层材料的不同,可以用蛭石或细砂撒面、银粉涂料涂刷等做法;当屋面为上人屋面时,保护层做法与柔性防水上人屋面做法相同。

具体做法如下:

1)氯丁胶乳沥青防水涂料屋面。

以氯丁胶乳和石油沥青为主要原料,选用阳离子乳化剂和其他助剂,经软化和乳化而成,是一种水乳型涂料,如图 7-19 所示。

①找平层:先在屋面板上用 1:2.5 或 1:3 的水泥砂浆做 15~20mm 厚的找平层并设分格缝,分格缝宽 20mm,其间距不大于 6m,缝内嵌填密封材料。找平层应平整、坚实、洁净、干燥,方可作为涂料施工的基层。

②底涂层:将稀释涂料均匀涂布于找平层上作为底涂,干后再刷 2~3 层涂料。

③中涂层:中涂层为加胎体增强材料的涂层,要铺贴玻璃纤维网格布,有干铺和湿铺两种施工方法:

干铺法:在已干的底涂层上干铺玻璃纤维网格布,展开后加以点粘固定,当铺过两个纵向搭接缝以后依次涂刷防水涂料 2~3 层,待涂层干后按上述做法铺第二层玻璃纤维网格布,然后再涂刷 1~2 层涂料。干后在其表面刮涂增厚涂料(按质量,防水涂料:细砂=

1:1～1:1.2)。

湿铺法：在已干的底涂层上边涂防水涂料边铺贴玻璃纤维网格布，干后再刷涂料。一布二涂的厚度通常大于2mm，二布三涂的厚度大于3mm。

④面层：根据需要可以做细砂保护层或涂覆着色层。细砂保护层是在未干的中涂层上抛撒20目浅色细砂并辊压，使砂牢固地粘结于涂层上；着色层可以使用防水涂料或耐老化的高分子乳液作胶粘剂，加上各种矿物颜料配制成成品着色剂，涂布于中涂层表面。

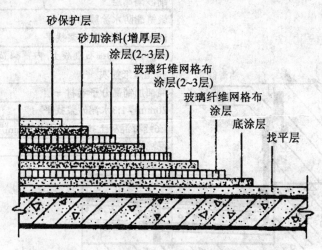

图7-19 氯丁胶乳沥青防水涂料屋面示意图

2）焦油聚氨酯防水涂料屋面。

焦油聚氨酯防水涂料又称为851涂膜防水胶，是以异氰酸酯为主剂和以煤焦油为填料的固化剂构成的双组分高分子涂膜防水材料，其甲、乙两溶液混合后经化学反应能在常温下形成一种耐久的橡胶弹性体，从而起到防水的作用。

做法：将找平以后的基层面吹扫干净并待其干燥后，用配制好的涂液（甲、乙两溶液的重量比为1:2)均匀涂刷在基层上。不上人屋面可以待涂层干后在其表面刷银灰色保护涂料；上人屋面在最后一遍涂料未干时撒上绿豆砂，三天后在其上做水泥砂浆或浇混凝土贴地砖的保护层。

3）塑料油膏防水屋面。

塑料油膏以废旧聚氯乙烯塑料、煤焦油、增塑剂、稀释剂、防老化剂及填充材料等配制而成。

具体做法：先用预制油膏条冷嵌于找平层的分格缝中，在油膏条与基层的接触部位和油膏条相互搭接处刷冷粘剂1~2道，然后按产品要求的温度将油膏热熔液化，按基层表面涂油膏、铺贴玻璃纤维网格布、压实、表面再刷油膏、刮板收齐边沿的顺序进行。根据设计要求可以做成一布二油或二布三油。

（3）涂膜防水屋面细部构造。

涂膜防水屋面的细部构造要求及做法类同于卷材防水屋面。

①分格缝构造。涂膜防水只能提高表面的防水能力，由于温度变形和结构变形会导致

基层开裂而使得屋面渗漏，因此对屋面面积较大和结构变形敏感的部位，需设置分格缝。

②泛水构造。涂膜防水屋面泛水构造的要点与柔性防水屋面基本相同，即泛水高度不小于250mm；屋面与立墙交接处应做成弧形；泛水上端应有挡雨措施，以防渗漏，如图7-20所示。

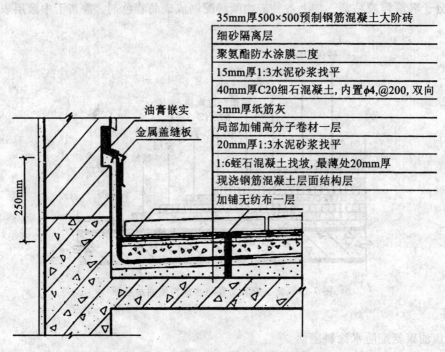

图7-20 涂膜防水屋面泛水构造示意图

3. 刚性防水屋面

刚性防水屋面是指以刚性材料作为防水层的屋面，如防水砂浆、细石混凝土、配筋细石混凝土防水屋面等。这种屋面具有构造简单、施工方便、造价低廉的优点。其缺点是对温度变化和结构变形较为敏感，施工技术要求较高，较易产生裂缝而渗漏水，所以刚性防水多用于日温差较小的我国南方地区防水等级为Ⅲ级的屋面防水，也可以用做防水等级为Ⅰ、Ⅱ级的屋面多道设防中的一道防水层。

(1) 刚性防水屋面的构造层次及做法。

刚性防水屋面一般由结构层、找平层、隔离层和防水层组成。

①结构层。刚性防水屋面的结构层要求具有足够的强度和刚度，一般应采用现浇或预制装配的钢筋混凝土屋面板，并在结构层现浇或铺板时形成屋面的排水坡度。

②找平层。为保证防水层厚薄均匀，通常应在结构层上用20mm厚1:3水泥砂浆找平。若采用现浇钢筋混凝土屋面板或设有纸筋灰等材料时，也可以不设找平层。

③隔离层。为减少结构层变形及温度变化对防水层的不利影响，宜在防水层下设置隔离层。隔离层可以采用纸筋灰、低强度等级砂浆或薄砂层上干铺一层油毡等。当防水层中加有膨胀剂类材料时，其抗裂性有所改善，也可以不做隔离层。

④防水层。常用配筋细石混凝土防水屋面的混凝土强度等级应不低于C20，其厚度宜不小于40mm，双向配置φ4~φ6.5钢筋，间距为100~200mm的双向钢筋网片。为提高防水层的抗渗性能，可以在细石混凝土内掺入适量外加剂(如膨胀剂、减水剂、防水剂等)以提高其密实性能。

(2)刚性防水屋面防止开裂的措施。

①增加防水剂。防水剂通常为憎水性物质、无机盐或不溶解的肥皂，如硅酸钠(水玻璃)类、氯化物或金属皂类制成的防水粉或防水浆。掺入砂浆或混凝土后，能与之生成不溶性物质，填塞毛细孔道，形成憎水性壁膜，以提高其密实性。

②采用微膨胀。在普通水泥中掺入少量的矾土水泥和二水石粉等所配置的细石混凝土，在结硬时产生微膨胀效应，抵消混凝土的原有收缩性，以提高抗裂性。

③提高密实性。控制水灰比，加强浇筑时的振捣，均可提高砂浆和混凝土的密实性。细石混凝土屋面在初凝前表面用铁滚辗压，使余水压出，初凝后加少量干水泥，待收水后用铁板压平，表面打毛，然后盖席浇水养护，从而提高面层的密实性和避免表面的龟裂。

(3)刚性防水屋面细部构造。

刚性防水屋面的细部构造包括屋面防水层的分格缝、泛水、檐口、雨水口等部位的构造处理。

1)屋面分格缝。屋面分格缝实质上是在屋面防水层上设置的变形缝，如图7-21所示。其目的在于：

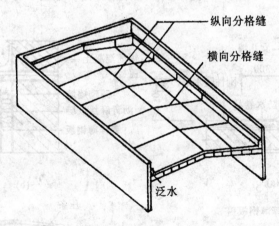

图7-21 屋面分格缝示意图

①防止温度变形引起防水层开裂；

②防止结构变形将防水层拉坏。因此屋面分格缝的位置应设置在温度变形允许的范围以内和结构变形敏感的部位。一般情况下分格缝间距不宜大于6m。结构变形敏感的部位主要是指装配式屋面板的支承端、屋面转折处、现浇屋面板与预制屋面板的交接处、泛水与立墙交接处等部位，如图7-22所示。

分格缝的构造要点：

①防水层内的钢筋在分格缝处应断开；
②屋面板缝用浸过沥青的木丝板等密封材料嵌填，缝口用油膏等嵌填；
③缝口表面用防水卷材铺贴盖缝，卷材的宽度为 200~300mm。

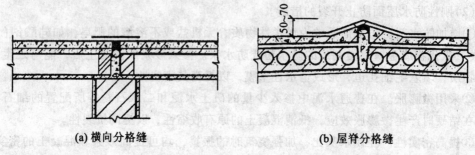

(a) 横向分格缝　　　　　　　　(b) 屋脊分格缝

图 7-22　分格缝构造示意图（单位：mm）

2）泛水构造。刚性防水屋面的泛水构造要点与卷材屋面基本相同。不同的地方是：刚性防水层与屋面突出物（女儿墙、烟囱等）之间必须留分格缝，另铺贴附加卷材盖缝形成泛水。

女儿墙与刚性防水层之间留分格缝，使混凝土防水层在收缩和温度变形时不受女儿墙的影响，可以有效地防止其开裂。分格缝内用油膏嵌缝，分格缝外用附加卷材铺贴至泛水所需高度并做好压缝收头处理，以免雨水渗进分格缝内，如图 7-23 所示。

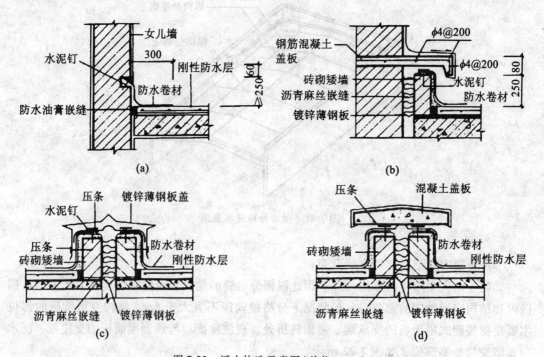

图 7-23　泛水构造示意图（单位：mm）

3)檐口构造。刚性防水屋面檐口的形式一般有自由落水挑檐口、挑檐沟外排水檐口和女儿墙外排水檐口、坡檐口等。

①自由落水挑檐口。根据挑檐挑出的长度，有直接利用混凝土防水层悬挑和在增设的现浇或预制钢筋混凝土挑檐板上做防水层等做法。无论采用哪种做法，都应注意做好滴水，如图7-24所示。

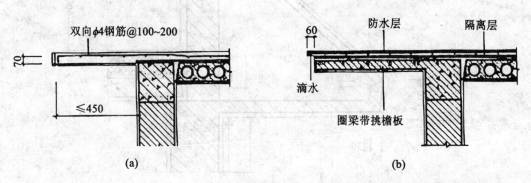

图7-24 自由落水挑檐示意图（单位：mm）

②挑檐沟外排水檐口。檐沟构件一般采用现浇或预制的钢筋混凝土槽形天沟板，在沟底用低强度等级的混凝土或水泥炉渣等材料垫置成纵向排水坡度，铺好隔离层后再浇筑防水层，防水层应挑出屋面并做好滴水，如图7-25所示。

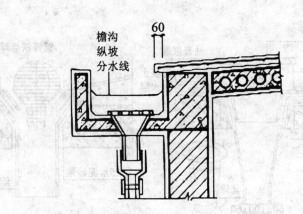

图7-25 挑檐沟外排水檐口示意图（单位：mm）

③坡檐口。建筑设计中出于造型方面的考虑，常采用一种平顶坡檐即"平改坡"的处理形式，使较为呆板的平顶建筑物具有某种传统的韵味，以丰富城市景观，如图7-26所示。

4)雨水口构造。刚性防水屋面的雨水口有直管式和弯管式两种做法，直管式雨水口一般用于挑檐沟外排水的雨水口，弯管式雨水口用于女儿墙外排水的雨水口。

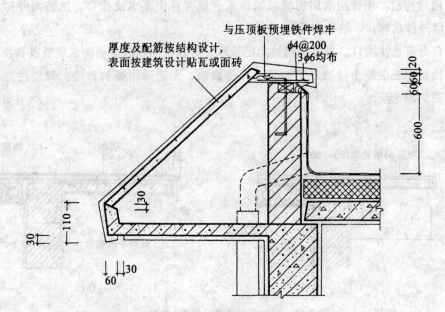

图 7-26　平屋顶坡檐构造示意图（单位：mm）

①直管式雨水口。直管式雨水口为防止雨水从雨水口套管与沟底接缝处渗漏，应在雨水口周边加铺柔性防水层并铺至套管内壁，檐口处浇筑的混凝土防水层应覆盖于附加的柔性防水层之上，并于防水层与雨水口之间用油膏嵌实，如图7-27所示。

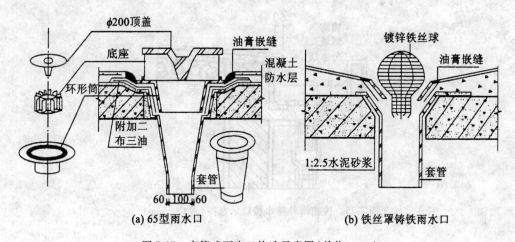

图 7-27　直管式雨水口构造示意图（单位：mm）

②弯管式雨水口。弯管式雨水口一般用铸铁做成弯头。雨水口安装时，在雨水口处的屋面应加铺附加卷材与弯头搭接，其搭接长度不小于100mm，然后浇筑混凝土防水层，防水层与弯头交接处需用油膏嵌缝，如图7-28所示。

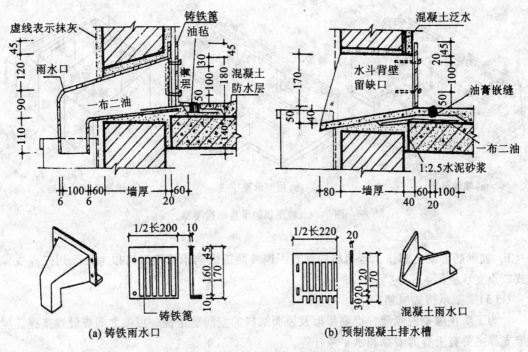

图 7-28 弯管式雨水口构造示意图(单位:mm)

§7.4 坡屋顶设计

所谓坡屋顶是指屋面坡度在 10% 以上的屋顶。与平屋顶相比较,坡屋顶的屋面坡度大,因而其屋面构造及屋面防水方式均与平屋顶不同。

7.4.1 坡屋顶的承重结构

1. 承重类型

坡屋顶中常用的承重结构有横墙承重、屋架承重和梁架承重,如图 7-29 所示。

(1)横墙承重(硬山搁檩)。

横墙间距较小的坡屋面房屋,可以把横墙上部砌成三角形,直接把檩条支承在三角形横墙上,称为横墙承重,也称为硬山搁檩。

檩条可以用木材、预应力钢筋混凝土、轻钢桁架、型钢等材料。檩条的斜距不得超过 1.2m。木质檩条常选用 Ⅰ 级杉圆木,木檩条与墙体交接段应进行防腐处理,常用方法是在山墙上垫上一层油毡,并在檩条端部涂刷沥青。

(2)屋架承重。

当坡屋面房屋内部需要较大空间时,可以把部分横向山墙取消,用屋架作为承重构件。坡屋面的屋架多为三角形(分豪式和芬克式两种)。屋架可以选用木材(Ⅰ级杉圆木)、型钢(角钢或槽钢)制作,也可以用钢木混合制作(屋架中受压杆件为木材,受拉杆件为钢

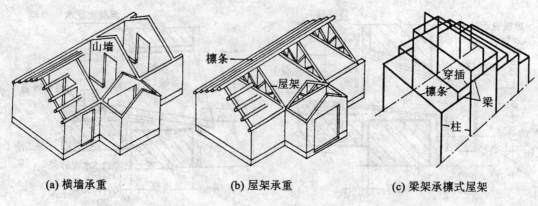

图 7-29 坡屋顶的承重结构类型

材），或钢筋混凝土制作。若房屋内部有一道或两道纵向承重墙，可以考虑选用三点支承或四点支承屋架。

(3) 梁架承檩式屋架。

为了防止屋架的倾覆，提高屋架及屋面结构的空间稳定性，屋架之间应设置支撑。屋架支撑主要有垂直剪刀撑和水平系杆等。

房屋的平面有凸出部分时，屋面承重结构有两种做法。当凸出部分的跨度比主体跨度小时，可以把凸出部分的檩条搁置在主体部分屋面檩条上，也可以在屋面斜天沟处设置斜梁，把凸出部分檩条搭接在斜梁上。当凸出部分跨度比主体部分跨度大时，可以采用半屋架。半屋架的一端支承在外墙上，另一端支承在内墙上；当无内墙时，支承在中间屋架上。对于四坡形屋顶，当跨度较小时，在四坡屋顶的斜屋脊下设斜梁，用于搭接屋面檩条；当跨度较大时，可以选用半屋架或梯形屋架，以增加斜梁的支承点。

2. 承重结构构件

(1) 屋架。

屋架形式常为三角形，由上弦、下弦及腹杆组成，所用材料有木材、钢材及钢筋混凝土等。木屋架一般用于跨度不超过12m的建筑物。将木屋架中受拉力的下弦及直腹杆件用钢筋或型钢代替，这种屋架称为钢木屋架，钢木组合屋架一般用于跨度不超过18m的建筑物。当跨度更大时需采用预应力钢筋混凝土屋架或钢屋架。

(2) 檩条。

檩条所用材料可以为木材、钢材及钢筋混凝土，檩条材料的选用一般与屋架所用材料相同，使两者的耐久性接近。

3. 承重结构布置

坡屋顶承重结构布置主要是指屋架和檩条的布置，其布置方式视屋顶形式而定，如图7-30所示。

7.4.2 坡屋顶屋面

1. 平瓦屋面

坡屋顶屋面一般是利用各种瓦材，如平瓦、波形瓦、小青瓦等作为屋面防水材料。近

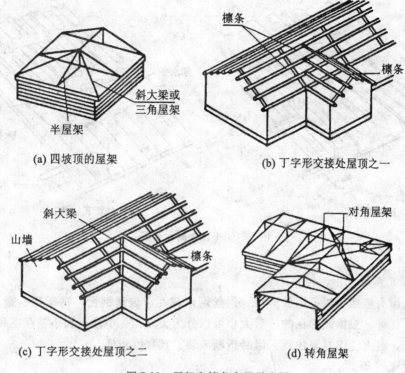

图 7-30 屋架和檩条布置示意图

些年来还有不少采用金属瓦屋面、彩色压型钢板屋面等。平瓦屋面根据基层的不同有冷摊瓦屋面、木望板平瓦屋面和钢筋混凝土板瓦屋面三种做法。

平瓦屋面的主要优点是瓦本身具有防水性,不需特别设置屋面防水层,瓦块之间搭接构造简单,施工方便。其缺点是屋面接缝多,若不设屋面板,雨、雪易从瓦缝中飘进屋内,造成漏水。为保证有效排水,瓦屋面坡度不得小于 1∶2(26°34′)。在屋脊处需盖上鞍形脊瓦,在屋面天沟下需放上镀锌铁皮,以防漏水。平瓦屋面的构造方式有下列几种:

(1)椽条、屋面板平瓦屋面。在屋面檩条上放置椽条,椽条上稀铺或满铺厚度为 8~12mm 的木板(稀铺时在板面沙锅内还可以铺芦席等),板面(或芦席)上方平行于屋脊方向铺干油毡一层,钉顺水条和挂瓦条,安装机制平瓦。采用这种构造方案,屋面板受力较小,因而其厚度较薄。

(2)冷摊瓦屋面。这是一种构造简单的瓦屋面,在檩条上钉断面为 35mm×60mm,中距为 500mm 的椽条,在椽条上钉挂瓦条(注意挂瓦条间距符合瓦的标志长度),在挂瓦条上直接铺瓦。由于构造简单,冷摊瓦屋面只用于简易建筑物或临时建筑物,如图 7-31(a)所示。

(3)木望板瓦屋面。在檩条上钉厚度为 15~25mm 的屋面板(板缝不超过 20mm)平行于屋脊方向铺油毡一层,钉顺水条和挂瓦条,安装机制平瓦。这种方案将屋面板与檩条垂直布置为受力构件,因而厚度较大,如图 7-31(b)所示。

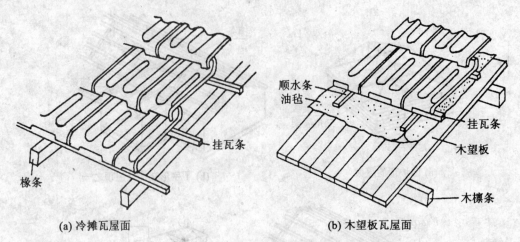

图 7-31 平瓦屋面示意图

2. 波形瓦屋面

波形瓦屋面包括水泥石棉波形瓦、钢丝网水泥瓦、玻璃钢瓦、钙塑瓦、金属钢板瓦、石棉菱苦土瓦等。根据波形瓦的波形大小可以分为大波瓦、中波瓦和小波瓦三种。波形瓦具有重量轻，耐火性能好等优点，但易折断破裂，其强度较低。

3. 小青瓦屋面

小青瓦屋面在我国传统房屋中采用较多，目前有些地方仍然采用。小青瓦断面呈弧形，尺寸及规格不统一。铺设时分别将小青瓦仰、俯铺排，覆盖成垅。仰铺瓦成沟，俯铺瓦盖于仰铺瓦纵向交接处，与仰铺瓦之间搭接瓦长 $\frac{1}{3}$ 左右。上、下瓦之间的搭接长在少雨地区为搭六露四，在多雨地区为搭七露三。小青瓦可以直接铺设于椽条上，也可以铺于望板（屋面板）上。

4. 钢筋混凝土坡屋顶

由于建筑技术的进步，传统坡屋顶已很少在城市建筑中采用。但因坡屋顶具有其特有的造型特征，因此近年来民用建筑中多采用钢筋混凝土坡屋顶。

瓦屋面由于保温、防火或造型等的需要，可以将钢筋混凝土板作为瓦屋面的基层盖瓦。盖瓦的方式有两种：一种是在找平层上铺油毡一层，用压毡条钉在嵌在板缝内的木楔上，再钉挂瓦条挂瓦；另一种是在屋面板上直接粉刷防水水泥砂浆并贴瓦，或贴陶瓷面砖，或贴平瓦。在仿古建筑中也常常采用钢筋混凝土板瓦屋面，如图 7-32 所示。

7.4.3 坡屋面的细部构造

1. 檐口

（1）纵墙檐口。

纵墙檐口根据造型要求做成挑檐或封檐，如图 7-33 所示。

①砖挑檐。砖挑檐一般不超过墙体厚度的 $\frac{1}{2}$，且大于 240mm。每层砖挑长为 60mm，

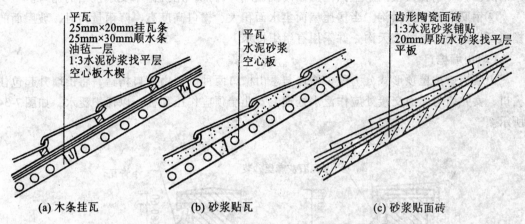

图 7-32 钢筋混凝土板瓦屋面构造示意图

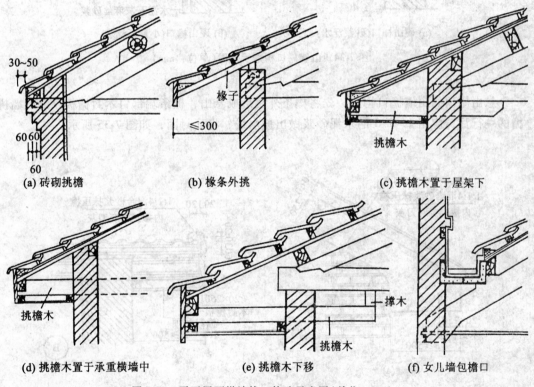

图 7-33 平瓦屋面纵墙檐口构造示意图（单位：mm）

砖可以平挑出，也可以把砖斜放，用砖角挑出，挑檐砖上方瓦伸出 50mm。

②椽木挑檐。当屋面有椽木时，可以用椽木出挑，以支承挑出部分的屋面。挑出部分的椽条，外侧可以钉封檐板，底部可以钉木条并油漆。

③屋架端部附木挑檐或挑檐木挑檐。若需要较大挑长的挑檐，可以沿屋架下弦伸出附木，支承挑出的檐口木，并在附木外侧面钉封檐板，在附木底部做檐口吊顶。对于不设屋

架的房屋,可以在其横向承重墙内压砌砖挑檐木并外挑,用挑檐木支承挑出的檐口。

④钢筋混凝土挑天沟。当房屋屋面集水面积大、檐口高度高、降雨量大时,坡屋面的檐口可以设钢筋混凝土天沟,并采用有组织排水。

(2)山墙檐口。

山墙檐口按屋顶形式分为硬山檐口与悬山檐口两种。硬山檐口构造,将山墙升起包住檐口,女儿墙与屋面交接处应作泛水处理。女儿墙顶应作压顶板,以保护泛水,如图7-34所示。

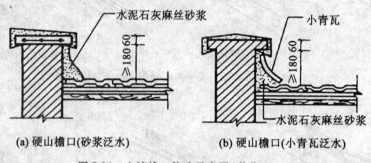

图 7-34 山墙檐口构造示意图(单位:mm)

悬山屋顶的山墙檐口构造,先将檩条外挑形成悬山,檩条端部钉木封檐板,沿山墙挑檐的一行瓦,应用1:2.5的水泥砂浆做出拨水线,将瓦封固,如图7-35所示。

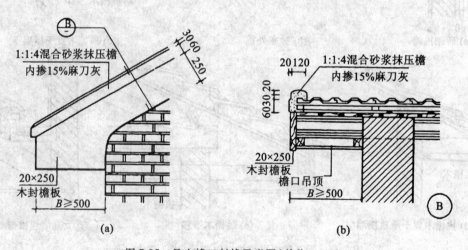

图 7-35 悬山檐口封檐示意图(单位:mm)

2. 山墙

双坡屋面的山墙有硬山山墙和悬山山墙两种。硬山山墙是指山墙与屋面等高或高于屋面成女儿墙。悬山山墙是把屋面挑出山墙之外。

3. 天沟和斜沟构造

在等高跨或高低跨相交处,常常出现天沟,而两个相互垂直的屋面相交处则形成斜沟。沟应有足够的断面面积，上口宽度不宜小于 300～500mm，一般用镀锌铁皮铺于木基层上，镀锌铁皮伸入瓦片下面至少 150mm。高低跨和包檐天沟若采用镀锌铁皮防水层，应从天沟内延伸至立墙(女儿墙)上形成泛水。

坡屋面的房屋平面形状有凸出部分，屋面上会出现斜天沟。构造上常采用镀锌铁皮折成槽状，依势固定在斜天沟下的屋面板上，以作防水层，如图 7-36 所示。

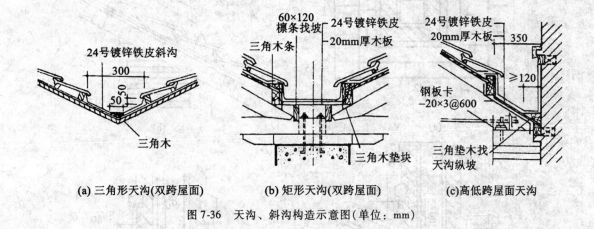

图 7-36 天沟、斜沟构造示意图(单位：mm)

4. 烟囱出屋面构造

烟囱出屋面应注意防水和防火。因屋面木基与烟囱接触，容易引起火灾，故相关建筑防火规范要求木基层距烟囱保持一定的距离，一般不小于 370mm。烟囱四周应做泛水，以防止雨水的渗漏。一种做法是镀锌铁皮泛水，将镀锌铁皮固定在烟囱四周的预埋件上，向下排水。在靠近屋脊的一侧，铁皮伸入瓦下，在靠近檐口的一侧，铁皮盖在瓦面上。另一种做法是用水泥砂浆或水泥石灰麻刀砂浆做抹灰泛水，如图 7-37 所示。

7.4.4 其他屋面构成

1. 金属瓦屋面

金属瓦屋面是用镀锌铁皮或铝合金瓦做防水层的一种屋面，金属瓦屋面自重轻、防水性能好、使用年限长，主要用于大跨度建筑物的屋面。

金属瓦的厚度很薄(厚度在 1mm 以内)，铺设这样薄的瓦材必须用钉子固定在木望板上，木望板则支撑在檩条上，为防止雨水渗漏，瓦材下应干铺一层油毡。所有的金属瓦必须相互连通导电，并与避雷针或避雷带连接。

2. 彩色压型钢板屋面

彩色压型钢板屋面简称为彩板屋面，是近十多年来在大跨度建筑物中广泛采用的高效能屋面，彩色压型钢板屋面不仅自重轻强度高且施工安装方便。彩板的连接主要采用螺栓连接，不受季节气候影响。彩板色彩绚丽，质感好，大大增强了建筑物的艺术效果。彩板除用于平直坡面的屋顶外，还可以根据造型与结构的形式需要，在曲面屋顶上使用。

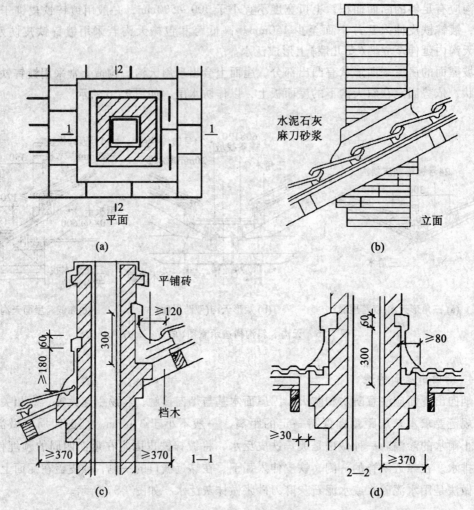

图7-37 烟囱出屋面构造示意图(单位:mm)

§7.5 屋顶的保温与隔热

7.5.1 屋顶的保温

1. 保温材料的类型

保温材料多为轻质多孔材料,容重轻、导热系数小的材料,一般分为散料、板块料和现场浇筑的混合料三大类。

(1)散料类:常用炉渣、矿渣、膨胀蛭石、膨胀珍珠岩等。

(2)板块料类:是指利用骨料和胶结材料由工厂制作而成的板块状材料,如加气混凝土、泡沫混凝土、膨胀蛭石、膨胀珍珠岩、泡沫塑料等块材或板材等。

(3)混合料类:是指以散料作骨料,掺入一定量的胶结材料,现场浇筑而成。如水泥炉渣、水泥膨胀蛭石、水泥膨胀珍珠岩、沥青膨胀蛭石和沥青膨胀珍珠岩等。

保温材料的选择应根据建筑物的使用性质、构造方案、材料来源、经济指标等因素综合考虑确定。

2. 平屋顶的保温构造

平屋顶因屋面坡度平缓，适合将保温层放在屋面结构层上（刚性防水屋面不适宜设保温层）。

（1）正置式保温：将保温层设在结构层之上、防水层之下而形成封闭式保温层。也称为内置式保温，如图7-38（a）所示。

（2）倒置式保温：将保温层设置在防水层之上，形成敞露式保温层。也称为外置式保温，如图7-38（b）所示。

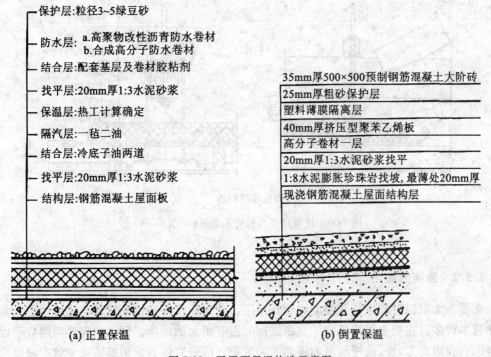

图7-38 平屋顶保温构造示意图

保温卷材防水屋面与非保温卷材防水屋面的区别是增设了保温层，其构造相应增加了找平层、结合层和隔汽层。设置隔汽层的目的是防止室内水蒸汽渗入保温层，使保温层受潮而降低保温效果。隔汽层的一般做法是在20mm厚1∶3水泥砂浆找平层上刷冷底子油两道作为结合层，结合层上做一布二油或两道热沥青隔汽层。

3. 坡屋顶保温构造

坡屋顶保温材料可以根据工程具体要求选用松散材料、块体材料或板状材料。

采用屋面层保温时：保温层设置在瓦材下面或檩条之间。

采用顶棚层保温时：通常需在吊顶龙骨上铺板，板上设保温层，可以收到保温和隔热的双重效果，如图7-39所示。

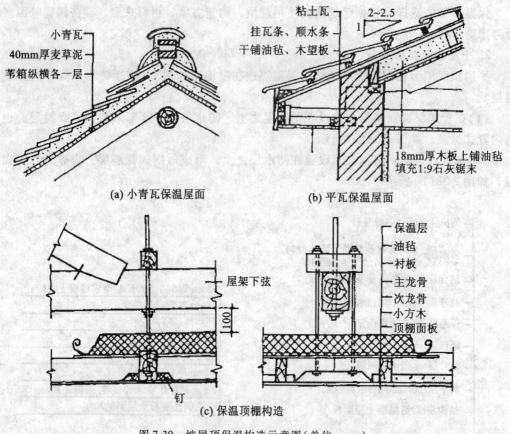

图 7-39 坡屋顶保温构造示意图(单位：mm)

7.5.2 屋顶的隔热

在夏季太阳辐射和室外气温的综合作用下，从屋顶传入室内的热量要比墙体传入室内的热量多得多。在低多层建筑物中，顶层房间占有很大的比例，屋顶的隔热问题应予以认真考虑。我国南方地区的建筑屋面隔热尤为重要，应采取适当的构造措施来解决屋顶的降温和隔热的问题。

屋顶隔热降温的基本原理是：减少直接作用于屋面的太阳辐射热量。所采用的主要构造做法是：屋顶间层通风隔热、屋顶蓄水隔热、屋顶植被隔热、屋顶反射阳光隔热等。

1. 通风隔热屋面

通风隔热屋面是指在屋顶中设置通风间层，使上层表面起着遮挡阳光的作用，利用风压作用和热压作用把间层中的热空气不断带走，以减少传到室内的热量，从而达到隔热降温的目的。通风隔热屋面一般有架空通风隔热屋面和顶棚通风隔热屋面两种做法。

(1) 架空通风隔热屋面。通风层设在防水层之上，其做法很多，为架空通风隔热屋面构造，其中以架空预制板或大阶砖最为常见，如图 7-40 所示。架空通风隔热层设计应满足以下要求：架空层应有适当的净高，一般以 180~240mm 为宜；距女儿墙 500mm 范围内不铺架空板;隔热板的支点可以做成砖垄墙或砖墩,其间距视隔热板的尺寸而定,如图 7-41 所示。

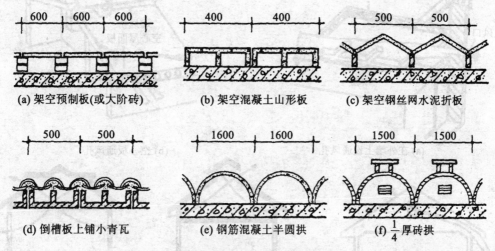

图 7-40 架空通风隔热构造示意图(单位：mm)

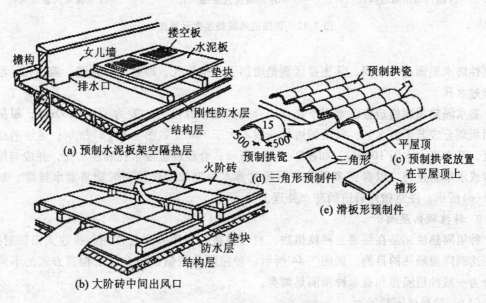

图 7-41 架风桥与通风孔示意图

(2)顶棚通风隔热屋面。利用顶棚与屋顶之间的空间作隔热层,顶棚通风隔热层设计应满足以下要求:顶棚通风层应有足够的净空高度,一般为 500mm 左右;需设置一定数量的通风孔,以利于空气对流;通风孔应考虑防飘雨措施,如图 7-42 所示。

2. 蓄水隔热屋面

蓄水屋面是指在屋顶蓄积一层水,利用水蒸发时需要大量的汽化热,从而大量消耗晒到屋面的太阳辐射热,以减少屋顶吸收的热能,从而达到降温隔热的目的。蓄水屋面构造

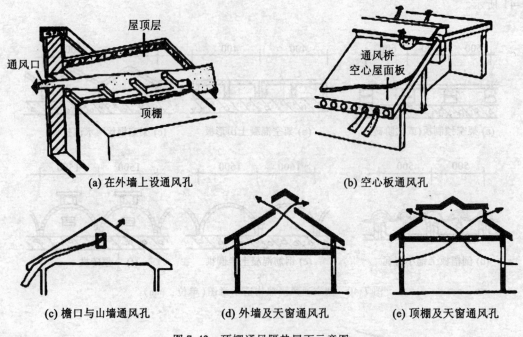

图 7-42 顶棚通风隔热屋面示意图

与刚性防水屋面基本相同,其主要区别是增加了一壁三孔,即蓄水分仓壁、溢水孔、泄水孔和过水孔。

蓄水隔热屋面构造应注意以下几点:合适的蓄水深度,一般为 150~200mm,根据屋面面积划分成若干蓄水区,每区的边长一般不大于 10m,如图 7-43(a)所示;足够的泛水高度,至少高出水面 100mm,如图 7-43(b)所示;合理设置溢水孔和泄水孔,并应与排水檐沟或水落管连通,以保证多雨季节不超过蓄水深度和检修屋面时能将蓄水排除,如图 7-43(c)所示;注意做好管道的防水处理。

3. 种植隔热屋面

种植隔热屋面是在屋顶上种植植物,利用植被的蒸腾和光合作用,吸收太阳辐射热,从而达到降温隔热的目的,如图 7-44 所示。种植隔热根据栽培介质层构造方式的不同可以分为一般种植隔热和蓄水种植隔热两类。

(1)一般种植隔热屋面。

一般种植隔热屋面是在屋面防水层上直接铺填种植介质,栽培植物。其构造要点为:

①选择适宜的种植介质。宜尽量选用轻质材料作栽培介质,常用的有谷壳、蛭石、陶粒、泥碳等,即所谓的无土栽培介质。栽培介质的厚度应满足屋顶所栽种的植物正常生长的需要,可以参考表 7-2 选用,但一般不宜超过 300mm。

②种植床的做法。种植床又称为苗床,可以用砖或加气混凝土来砌筑床埂,如图 12-45所示。

③种植屋面的排水和给水。一般种植屋面应有一定的排水坡度(1%~3%)。通常在靠屋面低侧的种植床与女儿墙之间留出 300~400mm 的距离,利用所形成的天沟有组织排

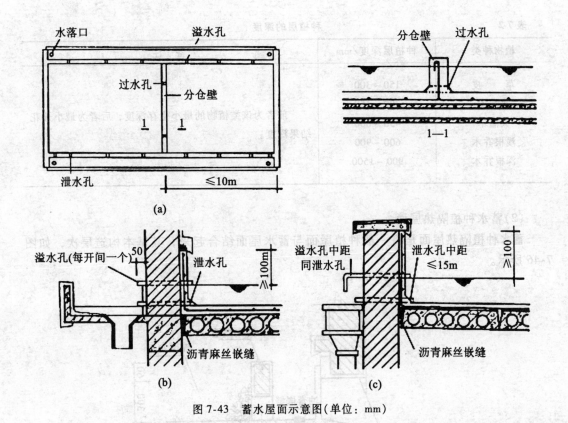

图 7-43 蓄水屋面示意图（单位：mm）

水，并在出水口处设挡水坎，以沉积泥沙，如图 7-44 所示。

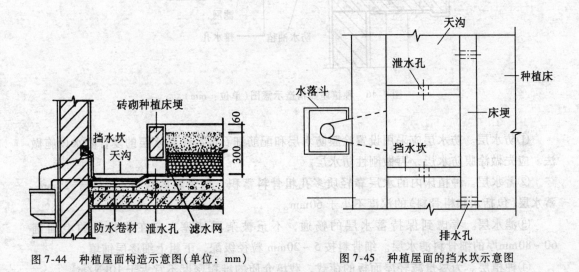

图 7-44 种植屋面构造示意图（单位：mm）　　图 7-45 种植屋面的挡水坎示意图

④种植屋面的防水层。种植屋面可以采用一道或多道（复合）防水设防，但最上面一道应为刚性防水层。

⑤注意安全防护问题。种植屋面是一种上人屋面，护栏的净保护高度不宜小于 1.1m。

表7-2　　　　　　　　　　　　　　种植层的深度

植物种类	种植层深度/mm	备注
草　皮	150～300	前者为该类植物的最小生存深度，后者为最小开花结果深度。
小灌木	300～450	
大灌木	450～600	
浅根乔木	600～900	
深根乔木	900～1500	

（2）蓄水种植隔热屋面。

蓄水种植隔热屋面是将一般种植屋面与蓄水屋面结合起来，其基本构造层次，如图7-46所示。

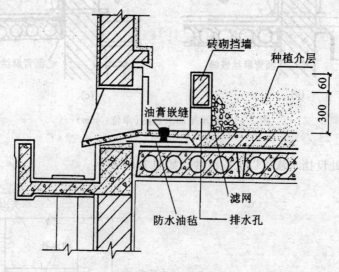

图7-46　种植屋面构造示意图（单位：mm）

①防水层。防水层应采用设置涂膜防水层和配筋细石混凝土防水层的复合防水设施做法。应先做涂膜防水层，再做刚性防水层。

②蓄水层。种植床内的水层靠轻质多孔粗骨料蓄积，粗骨料的粒径不应小于25mm，蓄水层（包括水和粗骨料）的深度不小于60mm。

③滤水层。考虑到保持蓄水层的畅通，不至被杂质堵塞，应在粗骨料的上面铺60～80mm厚的细骨料滤水层。细骨料按5～20mm粒径级配，下粗上细逐层铺填。

④种植层。为尽量减轻屋面板的荷载，载培介质的堆积密度不宜大于10kN/m³。

⑤种植床埂。蓄水种植屋面应根据屋顶绿化设计用床埂进行分区，每区面积不宜大于100m²。床埂宜高于种植层60mm左右，床埂底部每隔1 200～1 500mm设一个溢水孔，溢水孔处应铺设粗骨料或安装滤网以防止细骨料流失。

⑥人行架空通道板。架空通道板设在蓄水层上、种植床之间，通常可以支承在两边的床埂上。

4. 反射降温屋面

利用材料的颜色和光滑度对热辐射的反射作用，将一部分热量反射回去从而达到降温的目的。例如采用浅色的砾石、混凝土做面层，或在屋面上涂刷白色涂料，对隔热降温都有一定的效果。如果在吊顶棚通风隔热的顶棚基层中加铺一层铝箔纸板，利用第二次反射作用，其隔热效果将会进一步提高。

复习思考题 7

1. 屋顶由哪些部分所组成？
2. 屋顶有哪些类型？
3. 屋顶的功能是什么？其设计要求有哪些？
4. 影响屋面排水坡度大小的因素有哪些？
5. 屋面有组织排水的方式有哪些？
6. 什么是卷材防水？其构造层次如何？
7. 什么是刚性防水？其优、缺点是什么？
8. 如何进行刚性防水和卷材防水屋面的檐口构造和山墙泛水处理？
9. 坡屋顶常用的承重方式有哪些？
10. 平屋顶的保温构造主要有哪两种类型？各构造层次如何？
11. 屋顶的隔热有哪些做法？各做法分别有些什么要求？

第8章 变 形 缝

◎**内容提要**：本章内容主要包括变形缝的概念及类型；伸缩缝、沉降缝、防震缝三种变形缝的作用、设置要求；对变形缝处建筑物的结构布置和盖缝构造也作了适当介绍。

建筑物由于受温度变化、地基不均匀沉降以及地震的影响，结构内将产生附加的变形和应力，如果不采取措施或措施不当，会使建筑物产生裂缝，甚至倒塌，影响使用与安全。为了避免这种情况的发生，可以采取"阻"或"让"两种不同措施。前者是加强建筑物的整体性，使其具有足够的承载力和刚度来抵抗破坏应力。后者是在建筑物变形敏感的部位，沿建筑物竖向预先设置适当宽度的缝隙，令其断开后建筑物的各部分成为独立的单元。后一种措施比较经济，常被采用。建筑物中这种预留缝隙称为变形缝。变形缝按其功能分为三种类型，即伸缩缝、沉降缝、防震缝。

§8.1 伸 缩 缝

8.1.1 伸缩缝的概念

当建筑物长度超过一定限度时，建筑平面变化较多或结构类型变化较大时，建筑物会因热胀冷缩变形较大而产生开裂。为预防这种情况的发生，常常沿建筑物长度方向每隔一定距离或结构变化较大处预留缝隙，将建筑物断开。

因为建筑物受昼夜温差引起的温度应力影响最大的部分是建筑物的屋面，越向地面影响越小，而建筑物的基础部分埋在土里，温度比较稳定，不容易受到昼夜温差的影响，所以在设置伸缩缝时，建筑物的基础不必要断开，而除此之外伸缩缝要求把建筑物的墙体、楼板层、屋顶等基础以上的部分全部断开。

8.1.2 伸缩缝的设置要求

伸缩缝的间距主要与结构类型、材料和当地温度变化情况有关，根据屋盖刚度以及屋面是否设保温层或隔热层来考虑。其中，建筑物长度主要关系到温度应力累积的大小；结构类型和屋顶刚度主要关系到温度应力是否容易传递并对结构的其他部分造成影响；是否设置保温层或隔热层，则关系到结构直接受温度应力影响的程度。

伸缩缝的位置和间距与建筑物的结构类型、材料、施工条件及当地温度变化情况有关。设计时应根据相关规范的规定设置，如表8-1、表8-2所示。

第8章 变形缝

表8-1　　　　　　　　　砌体建筑伸缩缝的最大间距　　　　　　　　（单位：m）

砌体类型	屋顶或楼层结构类别		间距
各种砌体	整体式或装配整体式钢筋混凝土结构	有保温层或隔热层的屋顶、楼层	50
		无保温层或隔热层的屋顶	40
	装配式无檩体系钢筋混凝土结构	有保温层或隔热层的屋顶、楼层	60
		无保温层或隔热层的屋顶	50
	装配式有檩体系钢筋混凝土结构	有保温层或隔热层的屋顶、楼层	75
		无保温层或隔热层的屋顶	60
粘土砖、空心砖砌体	粘土瓦或石棉瓦屋顶		100
石砌体	木屋顶或楼层		80
硅酸盐块砌体和混凝土块砌体	砖石屋顶或楼层		75

注：1. 层高大于51m的混合结构单层房屋，其伸缩缝间距可以按表中数值乘以1.3采用，但当墙体采用硅酸盐砖、硅酸盐砌块和混凝土砌块砌筑时，不得大于75m。

2. 温差较大且温度变化频繁地区和严寒地区不采暖的房屋及构筑物墙体的伸缩缝最大间距，应按表中数值予以适当减少后使用。

表8-2　　　　　　　　钢筋混凝土结构伸缩缝的最大间距　　　　　　　（单位：m）

结构类型		室内或土中	露天
排架结构	装配式	100	70
框架结构	装配式	75	50
	现浇式	55	35
剪力墙结构	装配式	65	40
	现浇式	45	30
挡土墙、地下室墙等类结构	装配式	40	30
	现浇式	30	20

注：1. 若有充分依据或可靠措施，表中数值可以增减。

2. 当屋面板上部无保温措施或隔热措施时，框架、剪力墙结构的伸缩缝间距，可以按表中露天栏的数值选用，排架结构可以按适当低于室内栏的数值选用。

3. 排架结构的柱顶面（从基础顶面算起）低于8m时，宜适当减少伸缩缝间距。

4. 外墙装配、内墙现浇的剪力墙结构，其伸缩缝最大间距按现浇式一栏数值选用。滑模施工的剪力墙结构，宜适当减小伸缩缝间距。现浇墙体在施工中应采取措施减小混凝土收缩应力。

8.1.3 伸缩缝的构造

伸缩缝的宽度一般为 20~40mm,以保证缝两侧的建筑构件能在水平方向自由伸缩。

1. 墙体伸缩缝构造

墙体伸缩缝的构造处理既要保证伸缩缝两侧的墙体自由伸缩,又要密封较严,以满足防风、防雨、保温、隔热和外形美观的要求。因此,在构造上对伸缩缝必须给予覆盖和装修。

墙体伸缩缝视墙体厚度、材料及施工条件的不同,可以做成平缝、错口缝、企口缝等截面形式,如图 8-1 所示。

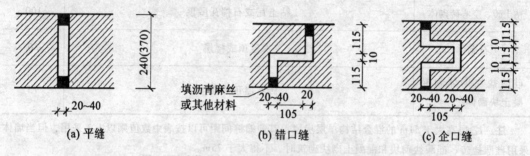

图 8-1 墙体伸缩缝截面形式示意图(单位:mm)

为了防止外界条件对墙体及室内环境的侵袭,伸缩缝外墙一侧,缝口处应填充防水、防腐的弹性材料,如沥青麻丝、木丝板、橡胶条、苯板、塑料条和油膏等。若缝隙较宽,缝口可以用镀锌薄钢板、彩色薄钢板、铝皮等金属调节片作盖缝处理。

内墙常用具有一定装饰效果的金属调节盖板或木盖缝条单边固定覆盖,所有填缝及盖缝材料的安装构造均应保证结构在水平方向伸缩自由。如图 8-2 所示。

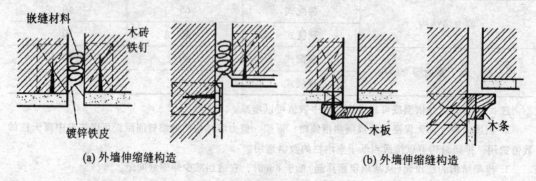

图 8-2 墙体伸缩缝构造示意图

2. 楼地板层伸缩缝构造

楼地板层伸缩缝的位置和缝宽应与墙体屋顶变形缝一致，缝内也要用弹性材料作封缝处理，上面再铺活动盖板或橡胶、塑料地板等地面材料，以满足地面平整、防水和防尘等功能。顶棚的盖缝条也只能单边固定，以保证构件两端能够自由伸缩变形，如图 8-3 所示。

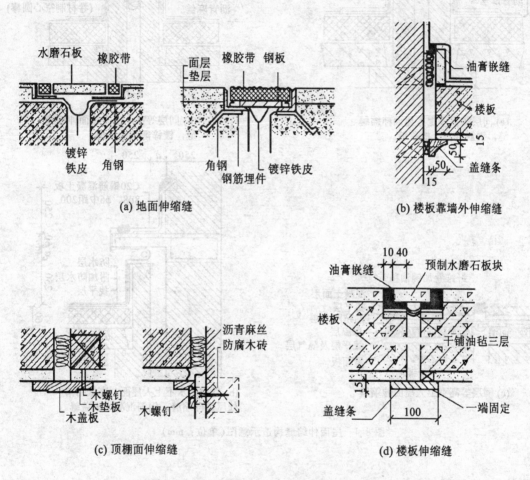

图 8-3　楼地板层伸缩缝构造示意图（单位：mm）

3. 屋面伸缩缝构造

屋面伸缩缝的位置、缝宽与墙体、楼地面的伸缩缝一致，一般设在同一高程屋顶或建筑物的高低错落处。屋面伸缩缝应注意做好防水和泛水处理，其基本要求同屋顶泛水构造相似，不同之处在于盖缝处应能允许自由伸缩而不造成渗漏。常见平屋顶伸缩缝构造，如图 8-4 所示。

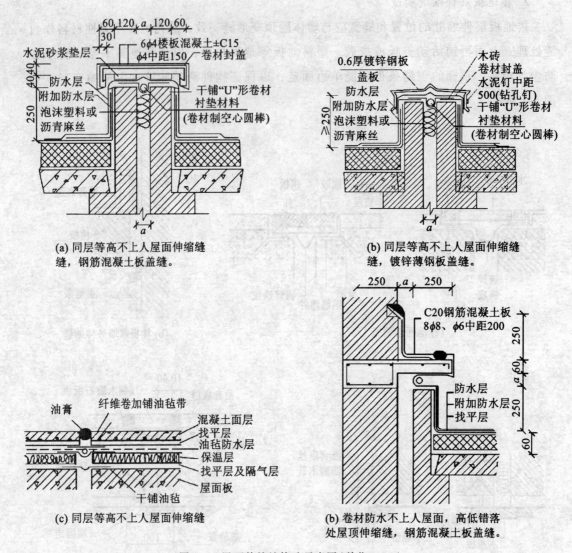

图 8-4 屋面伸缩缝构造示意图(单位：mm)

§8.2 沉 降 缝

8.2.1 沉降缝的概念

沿建筑物高度设置垂直缝隙，将建筑物划分成若干个可以自由沉降的单元，这种垂直缝称为沉降缝。

沉降缝是针对有可能造成建筑物不均匀沉降的因素而专门设置的变形缝，如地基土质不均匀、建筑物本身相邻部分高差悬殊或荷载悬殊、建筑物结构形式变化大、新老建筑物相邻或扩建项目等。在结构变形的敏感部位，沿结构全高(包括基础)全部断开，这样可以使得结构的各个独立部分能够不至于因为沉降量不同,又互相牵制而造成破坏。

8.2.2 沉降缝的设置要求

符合下列条件之一者应设置沉降缝:
1. 建筑物相邻两部分有较大高差,或相邻两部分荷载相差较大。
2. 建筑物体型复杂,连接部位较为薄弱。
3. 同一建筑物相邻部位的结构形式不同。
4. 基础埋置深度相差悬殊,地基土的地耐力相差较大。
5. 原有建筑物和新建、扩建的建筑物之间。
6. 建筑物体形比较复杂,连接部位又比较薄弱。

沉降缝的宽度与地基的性质和建筑物的高度有关,地基越软弱,建筑物的高度越大,沉降缝的宽度也越大,如表8-3所示。

不过,除了设置沉降缝以外,不属于扩建的工程还可以用加强建筑物的整体性等方法来避免建筑物的不均匀沉降;或者在施工时采用所谓的后浇板带法,即先将建筑物分段施工,中间留出2m左右的后浇板带位置及连接钢筋,待各分段结构封顶并达到基本沉降量后再浇筑中间的后浇板带部分,以此来避免不均匀沉降有可能造成的影响。但是,这样做必须对沉降量把握准确,或者在建筑物的某些部位会因特殊处理而需要较大的投资,因此大量的建筑物必要时目前还是选择设置沉降缝的方法来将建筑物断开。

表 8-3　　　　　　　　　　　　　沉降缝的宽度

地基情况	建筑物高度	沉降缝的宽度/(mm)
一般地基	<5m	30
	5~10m	50
	10~15m	70
软弱地基	2~3层	50~80
	4~5层	80~120
	6层以上	>120
湿陷性黄土地基		≥30~70

8.2.3 沉降缝的构造

由于沉降缝应同时满足伸缩缝的要求,其构造与伸缩缝构造基本相同,只是调节片或盖缝板在构造上应保证两侧墙体在水平方向和垂直方向均能自由变形,所以墙体的沉降缝盖缝条应满足水平伸缩和垂直沉降变形的要求,采用金属调节盖缝板调整,如图8-5所示。

屋顶沉降缝处的金属调节盖缝皮或其他构件应考虑沉降变形与维修的余地,如图8-6所示。

基础沉降缝处的主要构造形式有双墙式、交叉式和悬挑式,如图8-7所示。

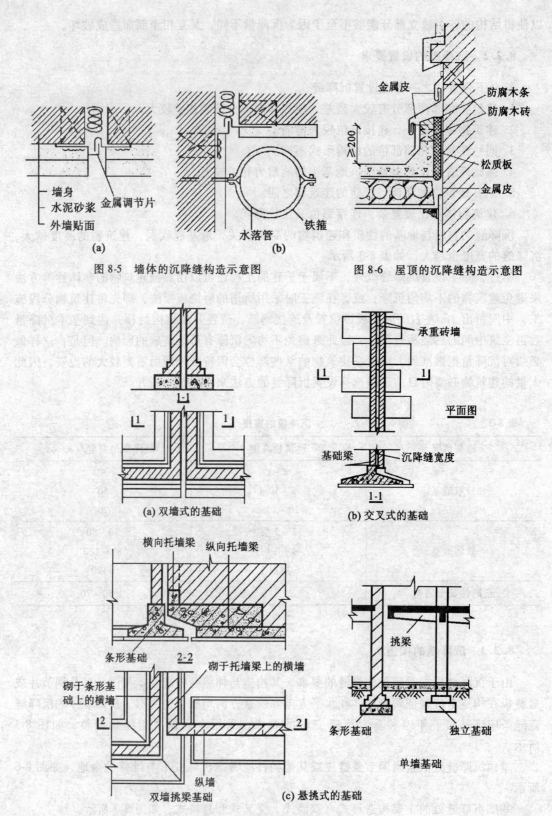

图 8-5　墙体的沉降缝构造示意图

图 8-6　屋顶的沉降缝构造示意图

图 8-7　沉降缝处基础的构造

§8.3 防 震 缝

8.3.1 防震缝的概念

在建筑物变形敏感部位设缝，将建筑物分为若干个体型规整、结构单一的单元，防止在地震波的作用下互相挤压、拉伸，造成变形破坏，这种缝隙称为防震缝。

8.3.2 防震缝的设置要求

抗震设防烈度为6度以下的地区，可以不进行抗震设防。设防烈度为10度的地区，建筑抗震设计应按相关专门规定执行。

对设防烈度为7~9度的地区，除了设计应尽量使建筑物平面和体型符合抗震要求外，在建筑物有可能因地震作用而引起建筑物结构断裂的部位，应按一般规定设防震缝，将房屋划分成若干形体简单，质量、刚度均匀的独立单元，以防震害。

地震设防烈度为7~9度地区的建筑物，有下列情况之一时应设防震缝：

1. 建筑物立面高差在6m以上；
2. 建筑物有错层，且楼板错层高差较大；
3. 建筑物各部分结构刚度、质量截然不同。

防震缝的宽度，在多层砖混结构中按设防烈度的不同取50~100mm；在多层钢筋混凝土框架结构建筑物中，建筑物的高度不超过15m时为70mm，当建筑物高度超过15m时，缝宽如表8-4所示。

表8-4　　　　　　　　　　　防震缝的宽度

设防烈度	建筑物高度	缝　宽
7度	每增加4m	在70mm基础上增加20mm
8度	每增加3m	在70mm基础上增加20mm
9度	每增加2m	在70mm基础上增加20mm

§8.4 设变形缝处建筑物的结构布置

在建筑物设变形缝的部位，应使两边的结构满足断开的要求，又自成系统，其布置方法主要有以下几种：

1. 按照建筑物承重系统的类型，在变形缝的两侧设双墙或双柱。这种做法较为简单，但容易使缝两边的结构基础产生偏心。用于伸缩缝时则因为基础可以不断开，所以可以无此问题。图8-8是双墙承重方案基础部分的示意图。

2. 变形缝两侧的垂直承重构件分别退开变形缝一定距离，或单边退开，再像做阳台那样用水平构件悬臂向变形缝的方向挑出。这种方法基础部分容易脱开距离，设缝较方便,特别适用于沉降缝。此外建筑物的扩建部分也常常采用单边悬臂的方法,以避免影响原有建筑物的基础。如图 8-9、图 8-10 所示,分别是这种结构处理方法的示意图。

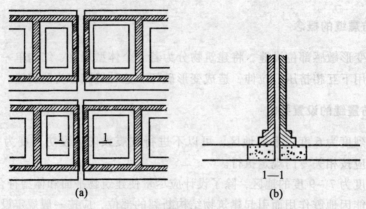

图 8-8 双墙承重方案基础部分示意图

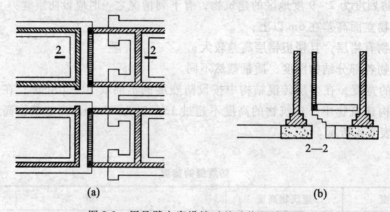

图 8-9 用悬臂方案设缝时基础状况示意图

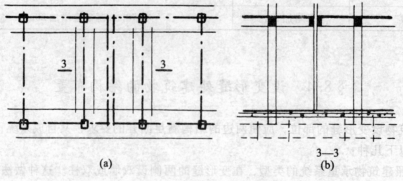

图 8-10 框架悬臂方案示意图

3. 用一段简支的水平构件做过渡处理,即在两个独立单元相对的两侧各伸出悬臂构件来支承中间一段水平构件。这种方法多用于连接两幢建筑物的架空走道等,但在抗震设防地区需谨慎使用。这种结构处理方法如图 8-11 所示。

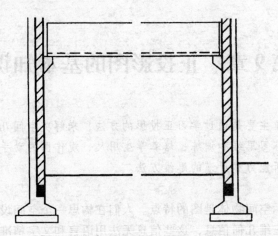

图 8-11　用简支水平构件来设变形缝的方法示意图

复习思考题 8

1. 什么称为建筑物变形缝？变形缝的类型有哪些？
2. 什么称为伸缩缝？伸缩缝的间距是如何规定的？
3. 什么称为沉降缝？建筑物中哪些情况应设置沉降缝？
4. 什么称为防震缝？建筑物中哪些情况应设置防震缝？
5. 设变形缝处建筑物的结构布置方法主要有哪几种？
6. 试用图形表示各种变形缝的盖缝构造。

第9章 正投影图的基本知识

◎**内容提要**：本章主要是通过学习正投影的方法，来解决空间几何元素和形体的图示问题。通过正投影图练习思维和训练，培养学生用尺、规作图的动手能力，培养学生的空间想像能力、空间分析能力和严谨的思维方法。

在二维平面上表示空间物体是图的特点。人们在构思一个空间设计或建筑设计时，在思维中运用了大量的三维几何信息，这些信息无法用语言和文字精准地表达出来，必须将三维信息在图纸上转化成二维几何信息，从而使人们借助图纸把所设计的建筑物搭建出来。18世纪末法国学者蒙日系统地总结了运用一定法则所绘制的平面图形与空间物体之间相互关系的规律，从而建立了科学的画法几何，即正投影图的方法。这一思想为正确地用平面图形表达空间物体提供了理论依据和方法。

§9.1 投影图的概念与分类

9.1.1 投影图的概念

把空间形体表示在平面上，是以投影法为基础的。在日常生活中，光线照射物体，在地面或墙面上就会出现影子，这就是自然界的投影现象。投影法就是源自日常生活中光照物体投射成影这一物理现象。

用投影法作出的图形称为投影图。投影图的形成包含三个要素，即光线、物体、投影面。假设当室内一盏吊灯照射桌面，在地面会形成投影，但投影并不能反映桌面的实际大小；而如果灯的位置在桌面的正中上方，灯与桌面的距离越远，则影子越接近桌面的实际大小。设想把灯移到无限远的高度，即光线相互平行，且垂直地面投射，这时影子的大小就和桌面大小相一致了。

由此，投射光线可以分为两类。一类是平行光线，如太阳光，由于太阳距离地球很遥远，所以日光可以近似地看成平行光线。另一类是放射光线，如灯光。这种光线由一个中心点向各个方向投射，呈放射状。投影面是投影所在的平面。用投影法画出的物体图形称为投影图。

9.1.2 投影图的分类

物体的投影随着三要素的变化而不同。建筑工程制图中所采用的投影图可以分为两大类，即中心投影和平行投影。

1. 中心投影

由一点发出的光线照射物体，在投影面所形成的投影，称为中心投影。这种投影的方法称为中心投影法，如图 9-1 所示。

2. 平行投影

由一组相互平行的光线照射物体，在投影面所形成的投影，称为平行投影。这种投影的方法称为平行投影法。平行投影又分为正投影和斜投影两种。

（1）正投影。

当投射光线相互平行且垂直于投影面时形成的投影，称为正投影。在正投影的条件下，使物体的某个面平行于投影面，则该面的正投影反映物体的实际形状和大小，一般工程图样都选用正投影原理绘制，如图 9-2(a) 所示。

（2）斜投影。

当投射光线相互平行且倾斜于投影面时，形成的投影，称为斜投影。如图 9-2(b) 所示。

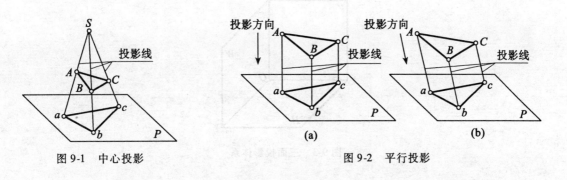

图 9-1　中心投影　　　　图 9-2　平行投影

§9.2　正投影的基本性质

9.2.1　正投影图的特性

投射光线垂直于投影面的平行投影法称为正投影法。根据正投影法绘制得出的图形，称为正投影图。正投影图的基本特征如下：

1. 平行性

空间平行的两直线，其在同一投影面上的投影必相互平行。

2. 实形性

直线和平面平行于投影面时，则在该投影面上的投影反映直线的实长或平面的实形。

3. 从属性

点在直线（或平面）上，则该点的投影一定在直线（或平面）的同面投影上。

4. 积聚性

直线、平面垂直于投影面时，则在该投影面上的直线的投影积聚成一点；而平面的投影积聚成一条直线。

5. 定比性

点分线段之比，投影后该比例保持不变；空间平行的两线段长度之比，投影后该比例不变。

6. 类似性

平面倾斜于投影面时，则在该投影面上平面的投影面积变小了，但投影的形状仍与原形状类似。

9.2.2 三投影面体系

设想空间中有三个相互垂直的投影面，即正投影面 V，水平投影面 H，侧投影面 W。三个投影面的交线为三根相互垂直的轴，分别用 OX 轴、OY 轴、OZ 轴表示，三个投影轴的交点 O 称为原点，如图 9-3 所示。

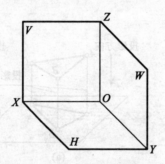

图 9-3　三面投影体系

若有一个物体在由 V 面、H 面、W 面围合的空间内，由三组透视光线照射物体，则在 V、H、W 投影面上分别形成三个投影图。光线从前向后投射在 V 面，称为正面投影图；光线从上向下投射在 H 面，称为水平面投影图；光线从左向右投射在 W 面，称为侧面投影图。投影图的画法规定：物体的可见面投影用实线表示；不可见面上如有被遮挡的部分，被遮挡的部分用虚线表示。

由于三个投影图是分别投影在三个相互垂直的投影面上，如图 9-4(a) 所示，在投影体系中，利用正投影原理将物体分别向这三个投影面上进行投影，就会在 H、V、W 面上得到物体的三面投影，分别称为水平投影、正面投影和侧面投影。实际制图时，是要把三个投影图画在一个平面内，需将三个互相垂直的投影平面展开摊平为一个平面，即 V 面不动，H 面以 OX 轴向下旋转 90°，W 面以 OZ 轴向右旋转 90°，使它们与 V 面在同一个平面上，如图 9-4(b) 所示。这样，就得到了位于同一个平面上的三个正投影图，也就是物体的三面投影图，如图 9-4(c) 所示，这时 OY 轴分为两条，在 H 面上的记为 YH，在 W 面上的记为 YW。

在投影体系中，物体的 OX 轴方向的尺寸称为长度，OY 轴方向的尺寸称为宽度，OZ 轴方向的尺寸称为高度。如图 9-4 所示，由三面投影图的形成可知，物体的水平投影反映物体的长和宽，正面投影反映物体的长和高，侧面投影反映物体的宽和高。由此可知，物

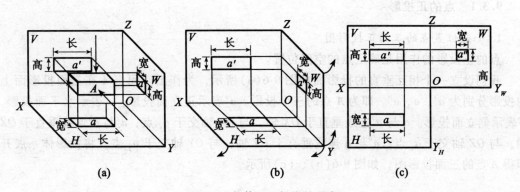

图 9-4 物体三面投影的形成

体的三面投影之间存在下列的对应关系。

(1) 水平投影和正面投影的长度必相等，且相互对正，即"长对正"。

(2) 正面投影和侧面投影的高度必相等，且相互平齐，即"高平齐"。

(3) 水平投影和侧面投影的宽度必相等，即"宽相等"。

在三面投影图中，"长对正、高平齐、宽相等"是绘制投影图必须遵循的对应关系，也是检查投影图是否正确的重要原则。

在绘制正投影图时，为简便起见，可以不画出投影面的边框，而只用投影面的交线即投影轴表示，如图 9-5 所示。

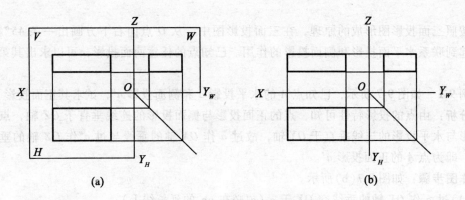

图 9-5 三个正投影图的相互关系

§9.3 点、直线、平面的正投影

任何复杂的形体都可以看成是由点、线和面所组成的。因此，研究点、线和面的投影特性对正确绘制和阅读物体的投影图十分重要。

9.3.1 点的正投影

1. 一般位置点的三面正投影图

点的正投影的作用是确定点的空间位置。

我们设立一个相互垂直的投影面如图9-6(a)所示，为作出空间点 A 在三面投影面上的投影分别为 a'、a、a''，即为 A 点的三个投影。a' 表示正立面投影，a 表示水平面投影，a'' 表示侧立面投影。a 与 a' 连线垂直于 OX 轴，与 OX 轴交于 a_x 点；a' 与 a'' 连线垂直于 OZ 轴，与 OZ 轴交于 a_z 点；a'' 与 a 连线垂直于 OY 轴，与 OY 轴交于 a_y 点。将投影体系展开即得 A 点的三面投影图，如图9-6(b)、(c)所示。

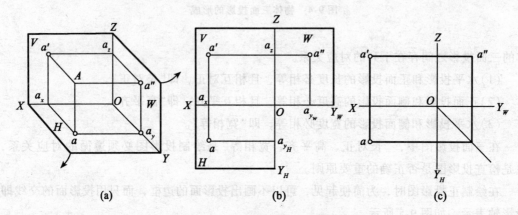

图 9-6　点三面正投影的形成

按照三面投影图形成的原理，在三面投影图中，从 O 点向右下方画出一条45°斜线，可以起到联系水平面投影和侧面投影的作用。已知点的任意两面投影，可以求出其第三面投影。

例 9-1　如图 9-7 所示，已知点 A 的水平投影 a 和侧面投影 a''，试求其正面投影 a'。

分析：由点的投影特性可知，点的正面投影与侧面投影的连线垂直于 OZ 轴，点的正面投影与水平投影的连线垂直于 OX 轴，故过 a 作 OX 轴的垂线与过 a'' 作 OZ 轴的垂线的交点，即为点 A 的正面投影 a'。

作图步骤：如图 9-7(b)所示。

(1)过 a 作 OX 轴的垂线交 OX 于 a_x（a' 必在 aa_x 的延长线上）；

(2)过 a'' 作 OZ 轴的垂线交 OZ 于 a_z（a' 必在 aa_z 的延长线上），延长 $a''a_z$ 与 aa_x 的延长线相交，即得点 A 的正面投影 a'。

2. 点的正投影图与直角坐标系

点的三面投影表明了点与各投影面的距离，从而也确定了点的空间位置。如果把三个投影面视为三个坐标面，那么 OX、OY、OZ 即为三个坐标轴，这样点到投影面的距离就可以用三个坐标值 x、y、z 来表示。反过来，若已知点在空间中的三个坐标值 x、y、z，也一样可以求出该点的三面投影图，如图9-8所示。

A 点到 W 面的距离(A a'')＝ A 点的 x 坐标(Oa_x)；

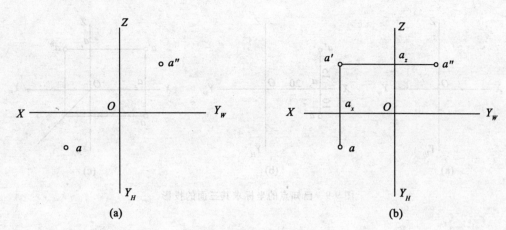

图 9-7 求点的正面投影

A 点到 V 面的距离 $(A\ a') = A$ 点的 x 坐标 (Oa_y);
A 点到 H 面的距离 $(A\ a) = A$ 点的 x 坐标 (Oa_z)。

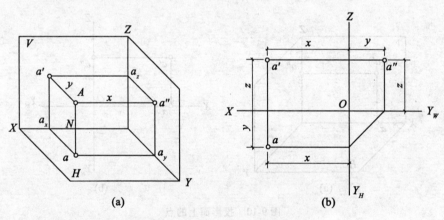

图 9-8 点的投影与直角坐标的关系

例 9-2 如图 9-9 所示,已知点 A 的坐标为 $(20,10,15)$,试求 A 点的三面投影。

分析:从 A 点的三个坐标可知,点 A 到 W 面的距离为 20,点 A 到 V 面的距离为 10,点 A 到 H 面的距离为 15。根据点的投影规律和点的投影与直角坐标的关系,即可求得点 A 的三个投影。

作图步骤:如图 9-9 所示。

(1)作出投影轴,并标出相应符合名称;

(2)自原点 O 沿 OX 轴向左量取 $x = 20$,得出 a_x;

(3)过 a_x 作 OX 轴的垂线,沿该垂线在 OY 轴方向上量取 10,得出点 A 的水平投影 a,由 a_x 向 OZ 轴方向量取 15,即得 A 点的正面投影 a'。

(4)过 a' 作 OZ 轴的垂线交 OZ 轴于 a_z,根据点的三面投影规律,得出点 A 的 W 面投影 a''。

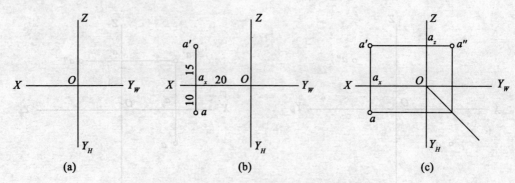

图 9-9 已知点的坐标求其三面的投影

3. 特殊位置点的三面正投影图

(1) 点在投影面上。

点在投影面上时，点的一个投影就在原处，另外两个投影必在轴上。如图 9-10 所示，A 点在 V 面上，a' 在 A 点原处，a 和 a'' 则分别在 OX 轴、OZ 轴上。

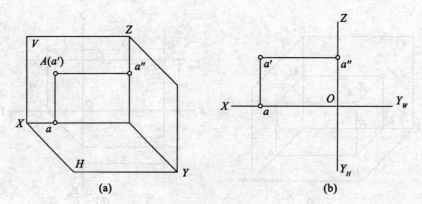

图 9-10 投影面上的点

(2) 点在投影轴上。

轴上的点必有两个投影在同一轴上，另一个投影在 O 点。如图 9-11 所示，B 点在 OY 轴上，b 和 b'' 都在 OY 轴上，b' 在 O 点。若有一个点在 O 点，则该点的三个投影将都在 O 点。

4. 点的相对位置

空间点的相对位置，可以在三面投影中直接反映出来。如图 9-12 所示，三棱柱的 A、B 两点在 V 面上反映两点的上下、左右关系，H 面上反映两点的左右、前后关系，W 面上反映两点的上下、前后关系。

5. 重影点

如果两点的某两个坐标相同，那么这两点就位于某一投影面的同一投射线上。这两点在该投影面上的投影就重合为一点，这两点称为该投影面的重影点。如图 9-12 所示，A、

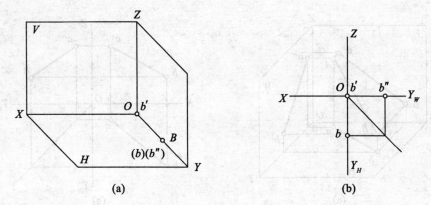

图 9-11 投影轴上的点

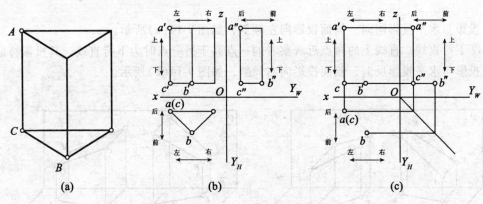

图 9-12 两点相对位置及重影点

C 两点为 H 面的重影点,即水平重影点。被遮挡的投影点用括号表示。如 A、C 的水平重影点用 $a(c)$ 表示。

9.3.2 直线的投影

1. 直线的投影特征

由初等几何可知,两点确定一条直线。所以要确定直线 AB 的空间位置,只要确定出 A、B 两点的空间位置,连接起来即可确定该直线的空间位置,如图 9-13 所示。因此,在作直线 AB 的投影时,只要分别作出 A、B 两点的三面投影 a、a'、a'' 和 b、b'、b'',再分别把两点在同一投影面上的投影连接起来,即得直线 AB 的三面投影 ab、$a'b'$、$a''b''$。

由此可见,直线的投影在一般情况下仍为直线,在特殊情况下可以积聚成一点。

2. 各种位置直线投影

(1) 一般位置直线。

对各投影面均处于倾斜位置的直线称为一般位置直线。这类直线根据其上任意两点的相互位置关系可以分为两种:

① 上行直线。直线上的两点近观察者的一点低于另一点时为上行直线。其投影特征是

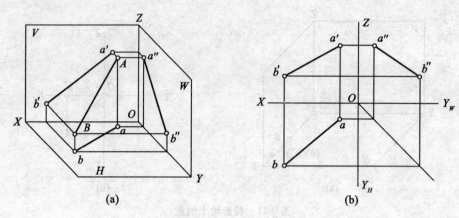

图 9-13 直线的正投影

正面投影与水平投影同向,侧面投影向左倾斜,如图 9-14(a)所示。

②下行直线。直线上的两点近观察者的一点高于另一点时为下行直线。其投影特征是正面投影与水平投影反向,侧面投影向右倾斜,如图 9-14(b)所示。

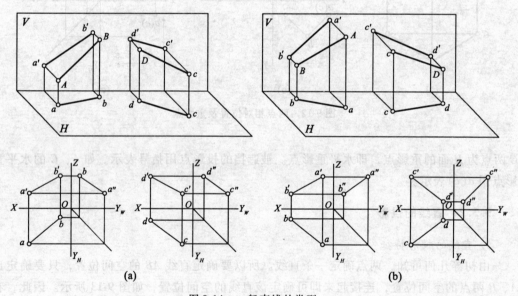

图 9-14 一般直线的类型

由图可知,由于直线与各投影面都处于倾斜位置,与各投影面都有倾角,因此,线段的投影长度均短于实长。直线 AB 的各个投影与投影轴的夹角不能反映直线对各投影面的倾角。由此可见,一般位置直线具有下列投影特性。

1)直线的三个投影都为直线且均小于实长。

2)直线的三个投影均倾斜于投影轴,任何投影与投影轴的夹角都不能反映空间直线与投影面的倾角。

③一般位置直线求实长。

一般位置线段的正投影均短于线段的实长。如图9-15(a)所示,以线段在某一投影面上的投影为一直角边,以线段两端点到该投影面的距离差(即坐标差)为另一直角边,所构成直角三角形的斜边即为空间线段的实长。在正投影图求作中,就是利用线段的投影、及线段端点的坐标差,共同构筑直角三角形的方法来求作。

例 9-3 如图9-15所示,已知AB线段的正面投影$a'b'$与水平投影ab,试求AB线段的实长。

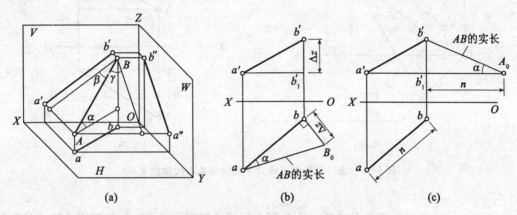

图 9-15 由直线投影求线段的实长及其对投影面的倾角

分析:在投影图中,AB的水平投影ab已知,A、B两点到H面的距离差可以由其正面投影求得,由此即可构筑出直角$\triangle abA_0$,直角三角形的直角边bA_0就是线段AB的实长。

作图方法一:

(1) 求A、B两点到H面距离之差:过点a'作OX轴的平行线与直线bb'交于点b'_1,则直线$b'b'_1$的长等于A、B两点到H面的距离差;

(2) 以ab为直角边,截取$b'b'_1$为另一直角边,作直角三角形:过点b作ab的垂线,在该垂线上截取$bB_0=b'b'_1$,连接aB_0,则$aB_0=AB$的实长。

作图方法二:

(1) 过点a'作OX轴的平行线与直线bb'交于点b'_1,直线$b'b'_1$的长为A、B两点到H面的距离差;

(2) 在$a'b'_1$的延长线上截取$b'_1A_0=ab=n$,则直角三角形的两条直角边已完成,最后连接$b'A_0$,则$b'A_0=AB$的实长。

④一般位置直线对投影面的倾角。

当用构筑直角三角形的方法求线段的实长时,可以同时得到线段对投影面的倾角。需要注意的是,求对某个投影面的倾角时,需要以在该投影面上的投影作为直角三角形的一直角边,该直角边与斜边之间的夹角就是直线对该投影面的倾角。

直线与水平投影面的夹角,称为水平倾角,用字母α表示;

直线与正投影面的夹角,称为正面倾角,用字母β表示;

直线与侧投影面的夹角,称为侧面倾角,用字母 γ 表示。

例 9-4 如图 9-16 所示,已知 AB 线段的正面投影 $a'b'$ 与水平投影 ab,试求直线对 V 面的倾角 β 及 AB 线段的实长。

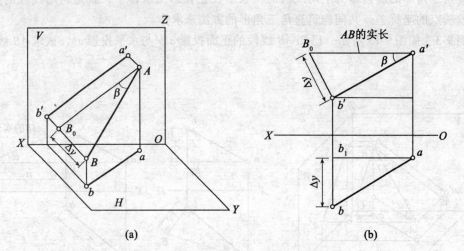

图 9-16 求一般位置直线对 V 面的倾角和线段的实长

分析:因为题目中要求直线对 V 面的倾角,因此要以直线 AB 在 V 面的投影 $a'b'$ 作为直角三角形的一直角边;在投影图中,AB 的正面投影 $a'b'$ 已知,B、A 两点到 V 面的距离差可以通过其水平投影得出,则直角三角形可以构筑完成;那么 $a'b'$ 与直角三角形斜边的夹角就是所求倾角 β,直角三角形斜边即为线段 AB 的实长。

作图步骤:

(1)求 B、A 两点到 V 面的距离差:过点 a 作 OX 轴的平行线交直线 bb' 于点 b_1,则直线 bb_1 的长等于 A、B 两点到 V 面的距离差;

(2)以 $a'b'$ 为一直角边,另一直角边截取线段等于 bb_1,构筑出直角三角形 $B_0b'a'$,则 $a'b'$ 与三角形斜边 B_0a' 的夹角,即为直线 AB 对 V 面的倾角 β,直线 $a'B_0$ 的长度为直线 AB 的实长。

⑤直线上的点的投影特性。

根据正投影的从属特性可知,一个点如果在直线上,则点的三面投影必定分别在该直线的同面投影上,并符合点的投影规律。如图 9-17 所示,直线 AB 上的点 C,其投影 c、c'、c'' 分别位于直线 ab、$a'b'$ 和 $a''b''$ 上,且直线 cc' 和 $c'c''$ 分别垂直于相应的投影轴。

由正投影的定比性可知,点分线段之比,投影后该比例保持不变。直线 AB 上的一点 C 把直线分为两段 AC、CB,则这两段线段之比等于其投影之比。因此,这两段投影之比也相等,即 $ac:cb = a'c':c'b' = a''c'':c''b'' = AC:CB$。

例 9-5 如图 9-18 所示,在直线 AB 上找一点 K,使 $AK:KB = 3:2$。

分析:由上述投影特性可知,若 $AK:KB = 3:2$,则 $ak:kb = a'k':k'b' = 3:2$。因此只要用平面几何作图的方法,把 AB 的投影 ab 或 $a'b'$ 分为 $3:2$,即可求得 K 点的投影。

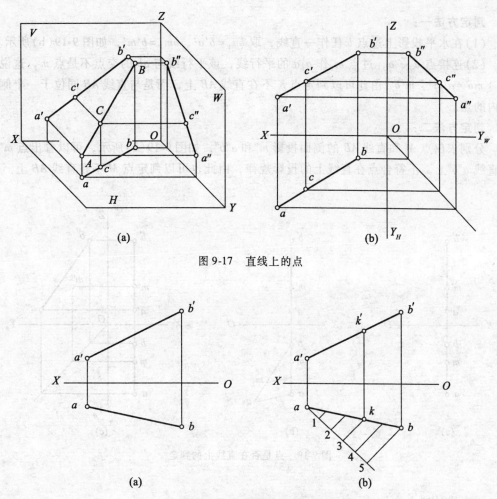

图 9-17 直线上的点

图 9-18 点分线段的定比性

作图步骤：

(1) 过 a 点任作一直线，并从点 a 起在该直线上任取五等份，得 1、2、3、4、5 五个分点。

(2) 连接 b、5 两点，再过分点 3 作 $b5$ 的平行线，与 ab 相交，即得出 K 点的水平投影 k。

(3) 过 k 做投影轴 OX 轴的垂线，与 $a'b'$ 相交，得 K 点的正面投影 k'。则

$$ak : kb = a'k' : k'b' = AK : KB = 3 : 2。$$

例 9-6 如图 9-19 所示，判定图中所示 M 点，是否在侧平线 AB 上。

分析： 由直线上点的投影特性可知，如果 M 点在直线 AB 上，则 $am : mb = a'm' : m'b' = a''m'' : m''b''$。判定有两种方法，其一可以用这一定比关系来确定 M 点是否在直线 AB 上，如果比例关系成立，则 M 在直线 AB 上，反之则不在；其二是通过作出直线 AB 和 M 点的 W 面投影，如果符合点在直线上的三面规律，则 M 点在直线 AB 上，反之 M 点则不在直线 AB 上。

判定方法一：

(1) 在水平投影上过点 b 任作一直线，取 $ba_1 = b'a'$、$bm_1 = b'm'$，如图 9-19(b) 所示。

(2) 连接点 a_1、a，过点 m_1 作 a_1a 的平行线，该平行线与 ab 的交点不是点 m，这说明 $am:mb \neq a'm':m'b'$。由此可以判定点 K 不在直线 AB 上，而是与直线 AB 同位于一个侧平面内的点。

判定方法二：

分别求出点 M 和直线 AB 的侧面投影 m'' 和 $a''b''$，如图 9-19(c) 所示，可以看出点 m'' 不在直线 $a''b''$ 上，不符合点在直线上的投影规律，由此也可以判定点 M 不在直线 AB 上。

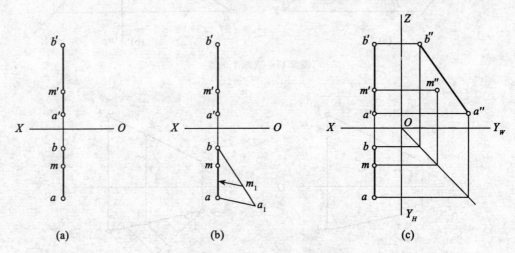

图 9-19 点是否在直线上的判定

⑥ 直线的迹点。

一般位置线段延长，必定与投影面相交，该交点称为迹点。迹点是直线上的特殊点，迹点既在直线上，也在投影面上。当一般位置直线与 V 面相交时，得到的迹点称为正面迹点；与 H 面相交时，得到的迹点称为水平面迹点；与 W 面相交时，得到的迹点称为侧面迹点。迹点可以由线段的投影图求得。

如图 9-20 所示，延长直线 AB 与 H 面相交，得水平迹点 M；与 V 面相交，得正面迹点 N。因为迹点是直线和投影面的共同点，所以迹点投影具有两重性：由于迹点是投影面上的点，根据特殊点的投影特征可知，迹点在该投影面上的投影必与该点本身重合，而另一个投影必落在投影轴上；作为直线上的点，则该点各个投影必落在该直线的同面投影上。

由此可知，正面迹点 N 的正面投影 n' 与迹点本身重合，而且落在直线 AB 的正面投影 $a'b'$ 上；其水平投影 n 则是直线 AB 的水平投影 ab 与 OX 轴的交点。同样，水平迹点 M 的水平投影 m 与迹点本身重合，而且落在直线 AB 的水平投影 ab 上；其正面投影 m'，则是直线 AB 的正面投影 $a'b'$ 与 OX 轴的交点。

在两面投影图中，根据直线的投影求其迹点的作图方法：

为求直线的水平迹点，应延长直线的正面投影与 OX 轴线相交，再通过所得到的交点

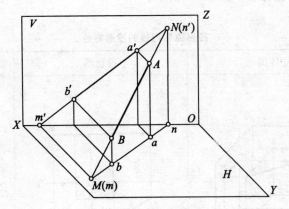

图 9-20 直线迹点的概念

作垂线,与直线的水平投影相交,此时所得到的交点即为水平迹点。

为求直线的正面迹点,应延长直线的水平投影与 OX 轴线相交,再通过所得到的交点作垂线,与直线的正面投影相交,此时所得到的交点即为正面迹点。

例 9-7 如图 9-21 所示,试求作直线 AB 的水平迹点和正面迹点。

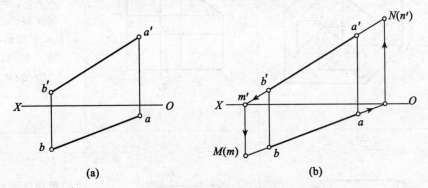

图 9-21 求作直线 AB 的水平迹点和正面迹点

作图步骤:

延长 $a'b'$ 与 OX 轴相交,得到水平迹点的正面投影 m',再过点 m' 作 OX 轴的垂线与 ab 相交,得到水平迹点的 H 面投影 m,该点即为所求的水平迹点 M。

延长 ab 与 OX 轴相交,得到正面迹点的正水平面投影 n,再过点 n 作 OX 轴的垂线与 $a'b'$ 相交,得到正面迹点的 V 面投影 n',该点即为所求的正面迹点 N。

(2)特殊位置直线。

特殊位置直线即为平行或垂直于某投影面的直线,可以分为两类。

①平行线。平行于任一投影面的直线为平行线,按直线平行于 V、H、W 面,分别称为正平线、水平线、侧平线。平行线投影的特征:在所平行的投影面上的投影反映其实长,同时该投影与两轴的夹角就是直线与另外两投影面的倾角;其他两个投影都小于其实

长，并且平行相应的投影轴，如表 9-1 所示。

表 9-1　　　　　　　　　　　投影面平行线的投影特性

名称	立体图	投影图	投影特性
水平线 $AB//H$			(1) 水平投影 ab 反映其实长，并反映倾角 β 和 γ。 (2) 正面投影 $a'b'//OX$ 轴，侧面投影 $a''b''//OY_W$ 轴。
正平线 $CD//V$			(1) 正面投影 $c'd'$ 反映其实长，并反映倾角 α 和 γ。 (2) 水平投影 $cd//OX$ 轴，侧面投影 $c''d''//OZ$ 轴。
侧平线 $EF//W$			(1) 侧面投影 $e''f''$ 反映其实长，并反映倾角 α 和 β。 (2) 正面投影 $e'f'//OZ$ 轴，水平投影 $ef//OY_H$ 轴。

②垂直线。同时平行于两投影面的直线必定垂直于第三投影面，该直线称为该投影面的垂直线。按直线垂直于 V、H、W 面，分别称为正垂线、铅垂线、侧垂线。垂直线投影的特征：垂直线在所垂直的投影面上的投影积聚为一个点；在其他两投影面上的投影反映其实长，且都平行于相应的投影轴，如表 9-2 所示。

表 9-2　　投影面垂直线的投影特性

名称	立体图	投影图	投影特性
铅垂线 $AB \perp H$	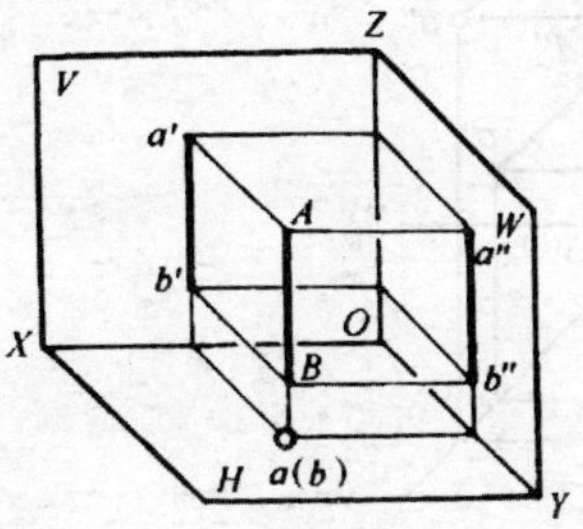	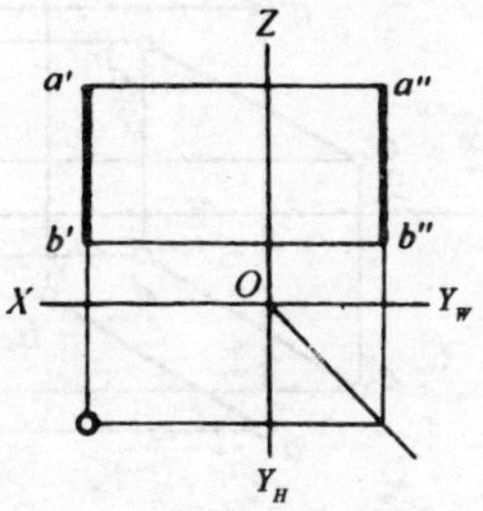	(1) 水平投影积聚成一点 $a(b)$。 (2) 正面投影 $a'b' \perp OX$ 轴，侧面投影 $a''b'' \perp OY_W$ 轴，并且都反映其实长。
正垂线 $CD \perp V$	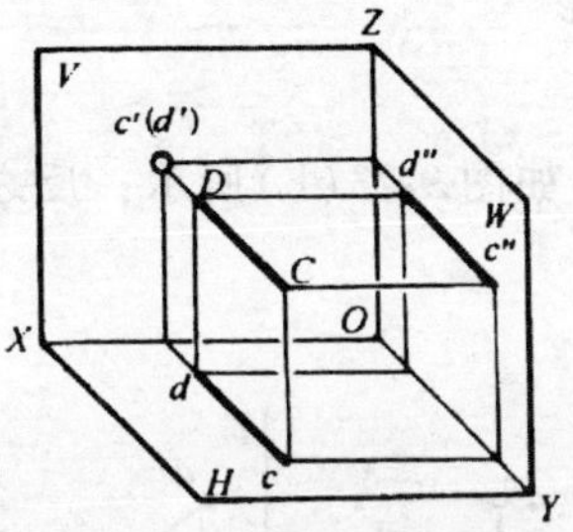	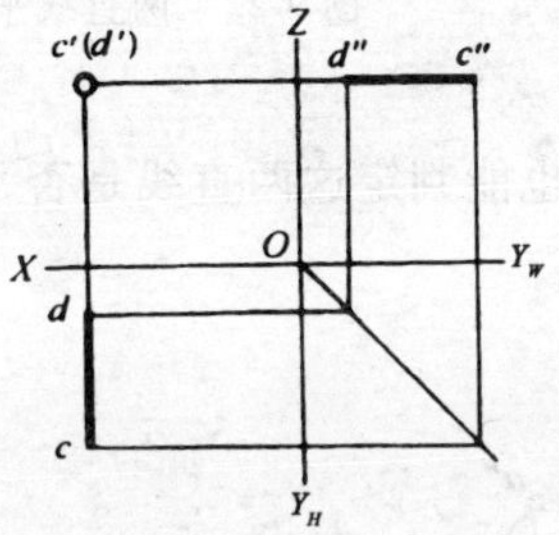	(1) 正面投影积聚成一点 $c'(d)'$。 (2) 水平投影 $cd \perp OX$ 轴，侧面投影 $c''d'' \perp OZ$ 轴，并且都反映其实长。
侧垂线 $EF \perp W$	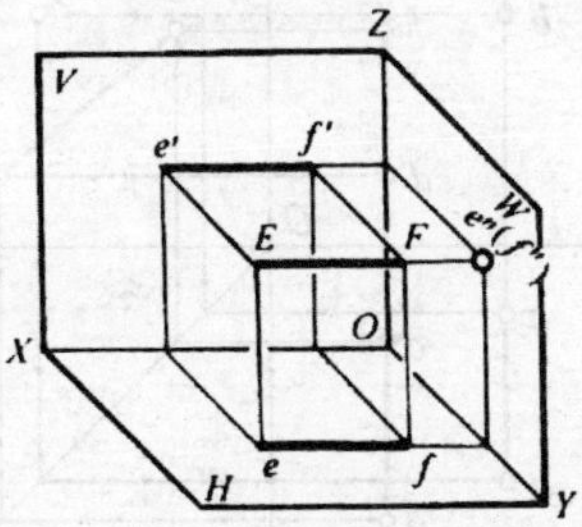	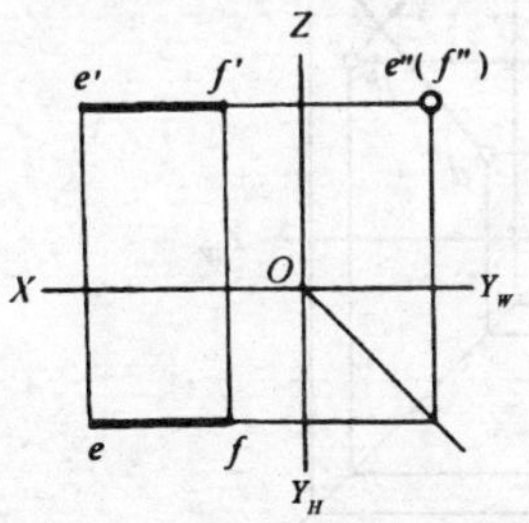	(1) 侧面投影积聚成一点 $e''(f)''$。 (2) 正面投影 $e'f' \perp OZ$ 轴，水平投影 $ef \perp OY_H$ 轴，并且都反映其实长。

3. 两直线的相对位置

两直线在空间所处的位置可以分为三种，即平行、相交和交错。下面分别讨论两直线处于不同位置的投影特征。

(1) 两直线平行。

根据正投影的平行性可知，两直线在空间中相互平行，则这两直线的同面投影也相互平行。因此平行的两直线在三个投影面的投影都分别相互平行，而且各投影面上两线段投影长度之间的比例也相同，如图 9-22 所示。

对于一般位置两直线，仅根据两直线的水平投影及正面投影相互平行，就可以判定两直线在空间中也相互平行。但是对于特殊位置直线，如侧平线，仅看其正面投影、水平投影相互平行，还不能断定两直线是否平行。如图 9-23(a) 所示，已知两条侧平线 AB 和 CD，这两直线的正面投影与水平投影皆相互平行，但两直线的侧面投影并不平行，所以 AB、CD 两直线也不平行。

如果两侧平线的正面投影与水平投影的字母顺序相同，而且两直线的投影长度比例也

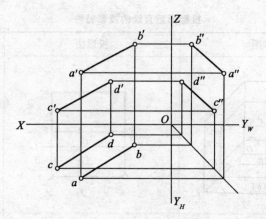

图 9-22 两直线平行投影

相同,那么不看侧面投影也能判定这两直线是否平行,如图 9-23(b)所示;反之,则为不平行。

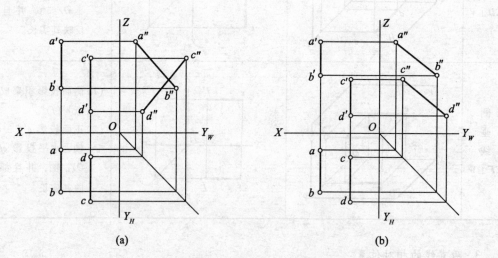

图 9-23 两侧平线是否为平行线的判定

垂直于同一投影面的两直线是两平行线的特例,两直线在所垂直的投影面上的投影积聚为两点,两点间的距离即为两平行线在空间中的实际距离。

(2)两直线相交。

两直线相交必有一个公共交点。因为该交点为两直线共有的点,所以相交的两直线的投影也必然有一个交点,且交点的投影必符合空间一点的投影特性。由于交点将两线段各分成一定的比例,因此两线段投影也将被交点的投影分成相同的比例,如图 9-24 所示。

和平行的两直线一样,对于一般位置的两直线,只要根据水平投影及正面投影的相对位置,即两面投影的交点是否符合一个点的投影规律,就可以判断两直线在空间中是否相交。但是,如果其中有一条直线是侧平线,仅从 V 面、H 面的两直线投影是不易判断交点的投影是否符合一个点的投影规律的,如图 9-25(a)所示。判定方法一是绘制出 W 面投影

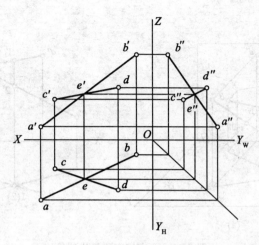

图 9-24 两直线相交投影图

来验证;判定方法二,若只看 V 面、H 面的投影,可以用等比特性来判定两直线是否相交,即两直线在 V 面、H 面投影面上的交点若将直线分为相同比例的线段,则两直线相交,反之,则不相交,如图 9-25(b)所示。

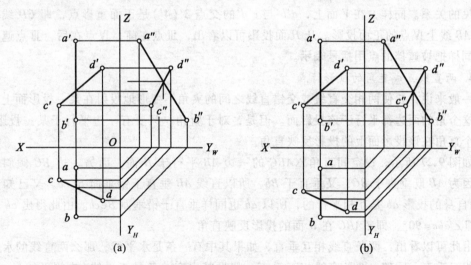

图 9-25 两直线中有一侧平线时两直线是否相交的投影判定

(3) 两直线交错。

如图 9-26(a)所示,空间既不平行也不相交的两直线,就是交错的两直线,因此,交错两直线的投影,既不符合两直线平行,又不符合两直线相交的投影。在两面投影中,两交错直线的同面投影,也可能相交。交错两直线投影的交点是空间中两个点的投影,这两个点分属于两条直线,且又位于同一条投射线上,是两个点共同的投影,即重影点。要判定一般位置的两直线是相交还是交错,关键是要判断两直线的同面投影交点的连线是否垂直 OX 轴。若垂直就表示相交,若不垂直就表示不相交。

造成重影的两个点的相对位置,可以由线段在其他投影面的投影判别。如图 9-26(b)

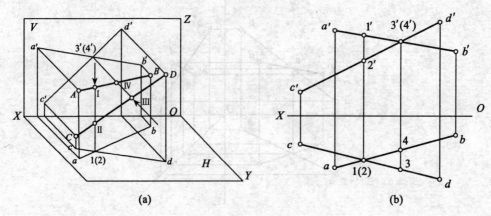

图 9-26 两交错直线投影特性

所示，H 面上交错两直线 AB、CD 的水平投影分别为 ab、cd，两直线交于点 1(2)，该交点就是重影点。由 H 面向上作 OX 轴的垂线，与 a'b'、c'd' 的交点分别为 1'、2'，这就是 AB 线上的 I 点和 CD 线上的 II 点的正面投影。由于 1' 在 2' 的上方，因此可以判定 I 点在 II 点的上面，在 H 面上是水平重影点，因此按照重影点的表示方法，用括号表明可见与不可见的关系。同样，在 V 面上，a'b' 与 c'd' 的交点 3'(4') 是正面重影点，即 CD 线上 III 点和 AB 线上 IV 点的正面投影。从 H 面投影可以看出，III 点在前，IV 点在后，III 点遮挡 IV 点，同样把被遮挡的点用括号表示。

4. 两直线互成直角的投影特点

一般来说，要使两相交直线或交错直线之间的夹角不变形地投射在某一投影面上，必须使这个角的两边都平行于该投影面。但是，对于直角，只要有一边平行于某一投影面，则这个直角在该投影面上的投影反映直角。

如图 9-27 所示，设空间直角 $\triangle ABC$ 的一边 AB 平行于 H 面，而另一边 BC 倾斜于 H 面。因为 AB 既垂直于 BC，又垂直于 Bb，所以直线 AB 垂直于铅垂面 BCcb。又已知直线 AB 和自身的投影 ab 是互相平行的，所以 ab 也同样垂直于铅垂面 BCcb。由此得出 ab 垂直 bc，即 $\angle abc = 90°$，即 $\angle ABC$ 在 H 面的投影反映直角。

由此可以看出：两条直线相互垂直，如果其中有一条是水平线，那么两直线的水平投影必相互垂直；同理，两条直线相互垂直，如果其中有一条是正平线（或侧平线），那么两直线的正面投影（或侧面投影）必相互垂直。结论：垂直相交的两直线，若其中一直线平行于某一投影面，则两直线在该投影面上的投影反映直角关系。

上述结论既适用于互相垂直相交的两直线，也适用于互相垂直交错的两直线。同时，上述命题的逆命题也成立。

如图 9-28 所示，两相交直线 AB 和 BC，以及两交错直线 EF 和 MN，由于 AB 与 BC 的水平投影相互垂直，并且其中 AB 为水平线，所以根据垂直投影特征判定两直线在空间中也是相互垂直的；由于 EF 与 MN 在正立面投影相互垂直，并且 EF 为正平线，所以根据垂直投影特性判定两直线在空间中是相互垂直的。

直角投影定理常被用来在投影图上解决有关距离问题。

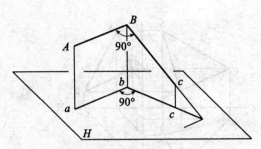
图 9-27 一边平行于投影面的直角的投影

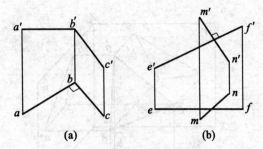
图 9-28 判别两直线是否相互垂直

例 9-8 如图 9-29 所示，试求点 C 到直线 AB 的距离。

分析：求点到直线的距离，即从点向直线作垂线，求垂足。从直线 AB 的投影可以看出，AB 是一条正平线，从 C 点向 AB 作垂线，只有保证其正面投影相互垂直，才能保证过 C 点的直线在空间中与直线 AB 垂直。

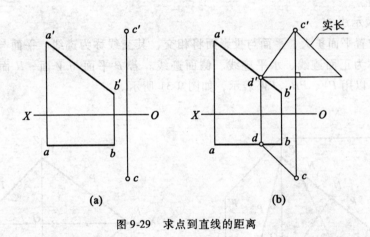
图 9-29 求点到直线的距离

作图步骤：
(1) 过点 c' 作直线 $a'b'$ 的垂线得点 d'；
(2) 根据直线上的点，求出 D 点的水平投影 d；
(3) 连接 cd、$c'd'$，CD 即为点到直线距离的两面投影；
(4) 由于线段 CD 是一般位置直线，因此还需要用一般位置直线求实长的方法求出线段 CD 的实长。

9.3.3 平面的投影

1. 三点表示法

不在同一条直线上的三个点构成一个平面。若已知平面内任意三个点的三面投影，也就知道了该平面的投影。由于已知一个点的两面投影，可以求出点的第三面投影，因此，已知一个面的两个投影，可以求出该面的第三个投影，如图 9-30 所示。

另外，还可以用直线和直线外一点表示一个平面，或两相交直线、两平行直线都可以

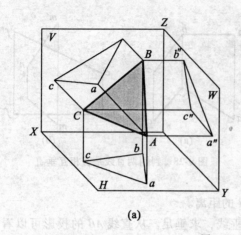
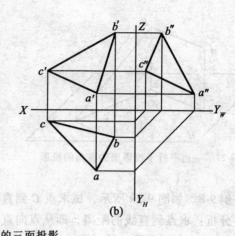

图9-30 平面的三面投影

表示一个平面。

2. 迹线表示法

将一般位置平面扩大,平面与投影面将相交,其交线称为迹线。平面与 V 面、H 面、W 面的交线称为正面迹线、水平迹线、侧面迹线。若 P 平面与 V 面、H 面、W 面相交,相交的迹线可以用 PV、PH、PW 表示,如图9-31所示。

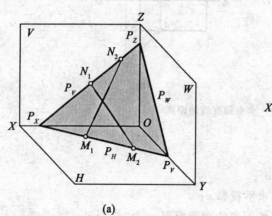
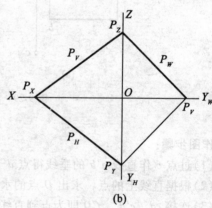

图9-31 平面的迹线表示法

一般位置平面投影:

对三个投影面都倾斜的平面为一般位置平面。一般位置平面也有上行平面和下行平面之分。

上行平面,该平面随着离开观察者而逐渐上升。其投影特点是:平面各点的正面投影与水平投影的符号顺序同向(同时为顺时针方向或为逆时针方向);

下行平面,该平面随着离开观察者而逐渐下降。其投影特点是:平面各点的正面投影与水平投影的符号顺序反向,如图9-32所示。

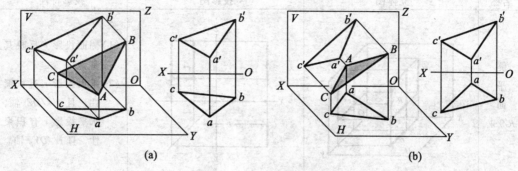

图 9-32 上行平面与下行平面

特殊位置平面投影：

对一个投影面平行或者垂直的平面称为特殊位置平面。

① 投影面平行面。平行于 V 面的平面称为正平面；平行于 H 面的平面称为水平面；平行于 W 面的平面称为侧平面。投影面平行面在所平行的投影面上的投影反映其实形，而在所垂直的投影面上的投影均积聚为一条直线，如表 9-3 所示。

② 投影面垂直面。垂直于 V 面的平面称为正垂面；垂直于 H 面的平面称为铅垂面；垂直于 W 面的平面称为侧垂面。垂直面在所垂直的投影面上的投影积聚为一条直线，该直线与投影轴的夹角为垂直面对另外二投影面的倾角。垂直面在另外二投影面上的投影都小于该垂直面，是原平面的类似形，如表 9-4 所示。

表 9-3　　　　　　　　　投影面平行面的投影特性

名称	立体图	投影图	投影特性
水平面 $P//H$			(1) 水平投影 p 反映其实形。 (2) 正面投影 p'' 有积聚性，且 $p''//OX$ 轴，侧面投影 p' 有积聚性，且 $p'//OY_W$ 轴。
正平面 $Q//V$			(1) 正面投影 q' 反映其实形。 (2) 水平投影 q 有积聚性，且 $q//OX$ 轴，侧面投影 q'' 有积聚性，且 $q''//OZ$ 轴。

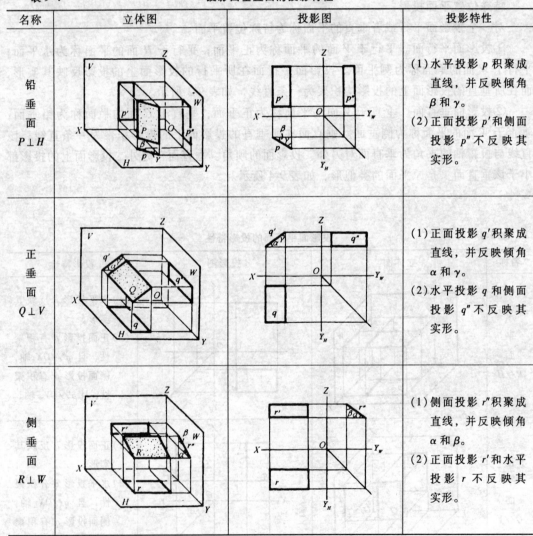

名称	立体图	投影图	投影特性
侧平面 $R//W$			(1) 侧面投影 r'' 反映其实形。 (2) 正面投影 r' 有积聚性，且 $r'//OZ$ 轴，水平投影 r 有积聚性，且 $r//OY_H$ 轴。

表 9-4　　投影面垂直面的投影特性

名称	立体图	投影图	投影特性
铅垂面 $P \perp H$			(1) 水平投影 p 积聚成直线，并反映倾角 β 和 γ。 (2) 正面投影 p' 和侧面投影 p'' 不反映其实形。
正垂面 $Q \perp V$			(1) 正面投影 q' 积聚成直线，并反映倾角 α 和 γ。 (2) 水平投影 q 和侧面投影 q'' 不反映其实形。
侧垂面 $R \perp W$			(1) 侧面投影 r'' 积聚成直线，并反映倾角 α 和 β。 (2) 正面投影 r' 和水平投影 r 不反映其实形。

§9.4 基本几何体的投影

9.4.1 平面立体的正投影

由平面多边形包围而成的立体称为平面立体。由于点、直线和平面为构成平面立体表面的几何元素，因此绘制平面立体的投影，归根结底是绘制点、直线和平面的投影。

1. 平面立体正投影的画法

（1）棱柱体。

由两个平面相互平行，其余每两个相邻面的交线都相互平行的平面体，称为棱柱，如图9-33所示。平行的两个平面，称为棱柱的底面；其余的面，称为棱柱的棱面。两个相邻棱面的交线，称为棱线。

图9-33(a)是一个正六棱柱向三个投影面上投影的空间情况。为了画图方便直观，常使六棱柱的底面平行于 H 面，前后两棱面平行于 V 面，则其他棱面均为铅垂面。

图9-33(b)是六棱柱的三面投影图。由投影面平行面的平行特性可知：上、下底面的水平投影反映实形（正六边形），顶面投影可见，底面投影不可见，正面投影、侧面投影积聚成一直线；前、后棱面是正平面，正面投影反映实形，前棱面投影可见，水平投影、侧面投影积聚成直线；六棱柱的另外四个棱面为铅垂面，水平投影积聚，正面投影和侧面投影都是其类似形，正面投影前面的两个棱面可见，侧面投影左面的两棱面可见。

六棱柱的六条棱线为铅垂线，在 H 面积聚；顶面和底面的四条边为侧垂线，另外八条边为水平线。

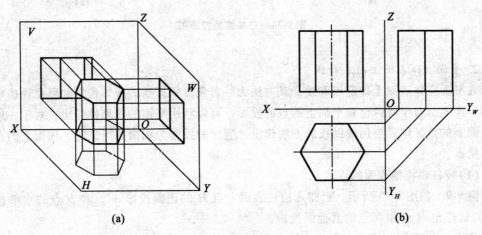

图 9-33 六棱柱的投影图

由于在三面投影图中，各投影与投影轴的距离只反映物体与投影面的距离，而物体与投影面距离的大小，并不影响物体的形状表达。为了作图简便，在画立体投影图时，可以将投影轴省略不画。各投影之间的距离可以任意选定，但三个投影之间仍必须保持原有的投影关系,即正面投影和水平投影长度必须对正;正面投影和侧面投影的高度必须平齐;水平投影和侧面投影的宽度必须相等。

(2)棱锥体。

如果平面立体的一个面是多边形,其余各面是有一个公共顶点的三角形,这种立体称为棱锥。这个多边形称为棱锥的底面,各个三角形称为棱锥的棱面;两相邻棱面的交线,称为棱线。

如图9-34所示,是三棱锥的三面投影图。由底面和各棱投影的相对位置可知:底面 ABC 的水平投影 abc 反映实形,正面投影和侧面投影各积聚成一段水平线。SAC 的侧面投影 $s''a''c''$ 积聚成一段倾斜的直线,sac 和 $s'a'c'$ 仍为三角形(但不反映实形)。SAB 和 SBC 的三个投影为三角形(不反映实形),其侧面投影 $s''a''b''$ 与 $s''b''c''$ 重合。

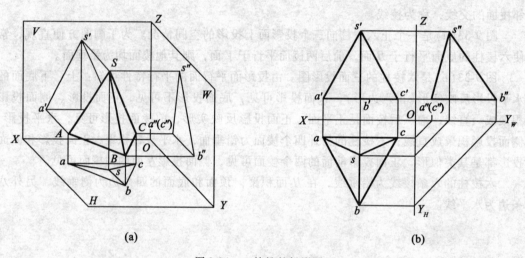

图9-34 三棱锥的投影图

2. 平面立体表面上的点和线

在平面立体表面上确定点和线,其方法为:首先,根据点的投影位置和可见性确定点在哪个面上。对于特殊位置平面上的点的投影,可以利用平面的积聚性作出;对于一般位置平面上的点,则需要用辅助线的方法作出。当面的投影为积聚并可见时,该面上的点视为可见点。

(1)棱柱和棱锥表面的点。

例9-9 如图9-35所示,已知六棱柱表面上点 M 的正面投影 m',和 N 点的水平投影 (n),试作出 M 点和 N 点的其他面投影。

分析:由于点 m' 可见,因此,M 点在左前棱面上,该棱面为铅垂面,水平投影积聚,点 m 必在其积聚的投影上,然后再根据已知点的两面投影即可求出第三面投影的原理,求作出点 m''。由于 N 点的水平投影不可见,得出 N 点在棱柱的底面上,该面的正面投影、侧面投影都积聚,因此,点 n'、点 n'' 在底面的积聚投影上。

作图步骤:

①过点 m' 向下作垂线,交于铅垂线的积聚性投影上,即得点 M 的水平投影;已知点

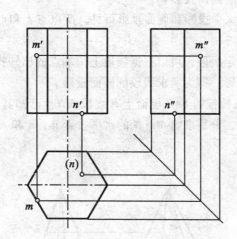

图 9-35 求作正六棱柱表面上的点

M 的两面投影,分别向侧立面引线,即可求出点 m''。

②过点 (n) 向上作垂线,交棱柱底面积聚的投影上,即得出点 N 的正面投影 n';由点 (n) 向 W 面引辅助线,与底面积聚投影相交,即可求作出点 n''。

③当面的投影为积聚并可见时,该面上的点视为可见点,因此点 N 的 V 面、W 面的投影均判定为可见。

例 9-10 如图 9-36 所示,已知三棱锥表面上 K 点的正面投影 k',试求 K 点的另外两个投影。

分析:因为点 K 的正面投影 k' 可见,又在 $\triangle s'a'b'$ 内,由此可以判定点 K 在棱面 $\triangle SAB$ 内,根据在一般平面内用辅助线的方法取点,即可求出点 k 和点 k''。

作图步骤:

①过点 k' 任作一辅助线的正面投影 $s'd'$,并求出点 sd 和点 $s''d''$。

②过点 k' 向下作垂线,与点 sd 相交,即得点 K 的水平投影 k;过点 k' 向右作水平线,

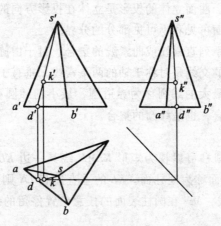

图 9-36 求作三棱锥表面上的点

与点 $s''d''$ 相交，即得点 K 的侧面投影 k''。

③由于棱面 $\triangle SAB$ 的水平投影和侧面投影可见，所以点 k 和点 k'' 也为可见点。

(2) 棱锥表面的线。

在平面立体表面上确定线段，可以根据线段上两端点的已知投影，分别求出两端点的其他投影，连接其同面投影，即为所求线段的同面投影。

如图 9-37 所示，在三棱锥的 SAB 棱面上有线段 MN，已知其正面投影 $m'n'$，则可以根据平面内确定点的方法，分别求出 M、N 的水平投影 m，n 和 m''、n''，即为线段 MN 的水平投影和侧面投影。

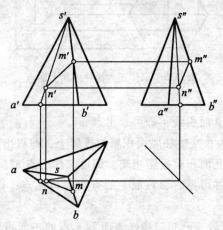

图 9-37 棱锥表面定线

9.4.2 曲面立体的正投影

1. 曲面立体的形成及其投影

曲面可以看做是一动线在空间运动的轨迹。该动线称为母线，母线处于曲面上任一位置时，称为素线。由曲面或曲面与平面围成的立体称为曲面立体。圆柱体、圆锥体、圆球体等是最常见的曲面立体。曲面立体的投影是立体在投影方向的最大范围线，即外形轮廓线。外形轮廓线是区分曲面可见和不可见部分的分界线。

曲面立体的曲面是一系列直素线或曲素线的集合。对于由旋转构成的曲面立体，过旋转轴的平面和曲面体相交的交线是对称于轴的两条素线。垂直于轴的平面和曲面立体的交线称为纬圆。曲面立体上最大的纬圆称为赤道圆，最小的纬圆称为喉圆（或颈圆）。旋转曲面体的曲面是素线的集合，也是纬圆的集合。

(1) 圆柱。

如图 9-38(a) 所示，圆柱可以视为矩形 $KLMN$ 绕其一边 KL 旋转一周所形成的物体。KL 的平行边 MN 所形成的面称为圆柱面。KL 的垂直边和 LN 则形成圆柱的上底面、下底面。MN 称为圆柱面的母线，MN 在圆柱表面的任意位置停留的线称为圆柱面的素线。KL 则是圆柱面的旋转轴线。

如图 9-38(b) 所示，是圆柱面向三个投影面投影的空间情况。

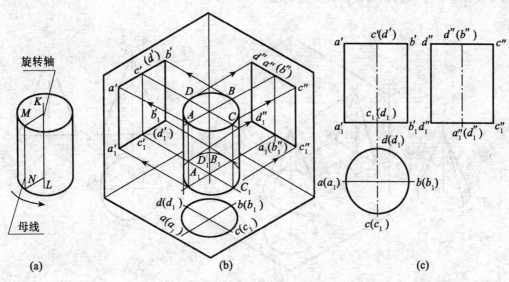

图 9-38　圆柱的形成及其投影图

如图 9-38(c)所示,是该圆柱面的三面投影图,轴线垂直于 H 面。由于圆柱面的所有素线都垂直于 H 面,所以圆柱面的水平投影积聚成一个圆,该圆的半径等于底圆的半径,圆心即为轴线的水平投影。需要强调的是,圆柱的水平投影——圆周,除了反映上、下两底的实形以外,还是整个圆柱面的水平投影(体现积聚性);在正面投影中,绘制出圆柱的最左素线 AA_1 和最右素线 BB_1 的投影 aa'_1 和 bb'_1,以及上、下圆周的投影 $a'b'$、$a'_1b'_1$,因此圆柱面的正面投影 $a'a'_1b'b'_1$ 是一个矩形。

在侧面投影中绘制出圆柱的最前素线 CC_1 和最后素线 DD_1 的投影 $c''c''_1$ 和 $d''d''_1$,以及上、下圆周的投影 $c''d''$、$c''_1d''_1$。圆柱面的侧面投影 $c''c''_1$、$d''d''_1$ 也是一个矩形。作图时,应用点画线绘制出轴线的投影和圆的中心线。应尤其注意,$a'a'_1$ 和 $b'b'_1$ 是前后两半圆柱面的分界线的正面投影;$c''c''_1$ 和 $d''d''_1$ 是左右两半圆柱面分界线的侧面投影,二者不能混淆。

(2)圆锥。

圆锥可以视为一直角三角形 SOT 绕其一直角边 SO 旋转一周所形成的物体。斜边 ST 形成圆锥面;另一直角边 OT 则形成圆锥的底面。

如图 9-39(a)所示,是轴线垂直于 H 面的圆锥面向三个投影面投影的空间情况。图 9-39(b)是该圆锥的三面投影图。圆锥在 H 面的投影是圆,但没有积聚性。在 V 面投影中绘制出圆锥面的最左素线 SA 和最后素线 SB 的投影 $s'a'$ 和 $s'b'$,以及底圆周积聚的投影 $a'b'$;因此圆锥在 V 面的投影 $s'a'b'$ 是一个等腰三角形。在 W 面投影面中绘制出圆锥面上的最前素线 SC 和最后素线 SD 的投影 $s''c''$ 和 $s''d''$,以及底面圆积聚的投影 $c''d''$,因此圆锥在 W 面的投影 $s''c''d''$ 也是一个等腰三角形。

圆锥面是光滑曲面,其轮廓素线 SA、SB 的水平投影和侧面投影,以及轮廓素线 SC、SD 的水平投影和正面投影,均不画出;但必须用点画线在水平投影中绘制出圆的中心线,在正面投影和侧面投影中绘制出轴线的投影。

同样应注意,$s'a'$ 和 $s'b'$ 是前、后两半圆锥面分界线的正面投影;$s''c''$ 和 $s''d''$ 是左、右两半圆锥面分界线的侧面投影,不能混淆。

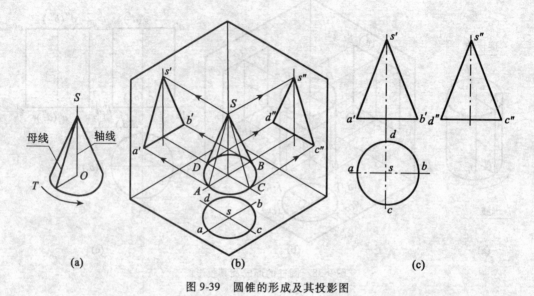

图 9-39 圆锥的形成及其投影图

(3) 球体。

球体可以视为一个圆绕其自身的一条直径旋转形成的物体。

如图 9-40 所示,是球面向三个投影面投射的空间情况。各投影的轮廓线均为同样大小的圆。但要注意的是,它们不是球面上同一个圆的投影。

如图 9-40(b) 所示,是球体的三面投影图。球体的三面投影是直径都等于球的直径的圆,分别用 A、B、C 表示。水平投影是最大的纬圆 B(即赤道圆的投影,赤道圆把球体分为上、下两半,上一半可见、下一半不可见);正面投影是平行于 V 面的素线的投影,该素线 A 把球体分成前、后两半(前一半可见,后一半不可见);侧面投影是平行于 W 面的素线 C 的投影,该素线把球体分成左右两半(左一半可见,右一半不可见)。这三个圆的其他投影均都积聚成直线,重合在相应的中心线上。

由于球面是光滑的曲面,所以圆 A 的水平投影和侧面投影、圆 B 的正面投影和侧面投影、圆 C 的水平投影和正面投影,均不予画出,但在各个投影中必须用点画线绘制出圆的中心线,如图 9-40(c) 所示。

2. 曲面立体表面上的点和线

(1) 圆柱表面上的点和线。

确定圆柱表面的点,可以利用投影的积聚性来求作。

例 9-11 如图 9-41 所示,已知圆柱的三面投影,以及圆柱面上点 A、B、C 的正面投影 a'、b'、c',试求作其他投影。

由于圆柱面的 H 面投影具有积聚性,所以其水平投影必在圆周上。a' 可见,说明 A 点在前半部分圆柱面上。b' 不可见,说明点 B 在后半个圆柱面上。根据这些点的水平投影和正面投影,即可分别求出这些点的侧面投影。又因为 A、B 位于左半圆面上,所以 $a''b''$ 都可见。点 C 位于右边的轮廓素线上,C 点的水平投影 c 在圆的右侧,侧面投影 c'' 落在圆柱

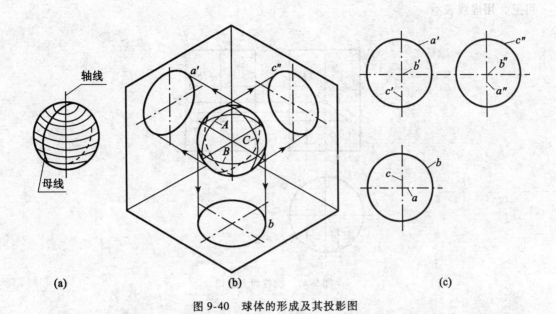

图 9-40 球体的形成及其投影图

轴线的投影上，并且在 W 投影面上不可见。

求作圆柱面上的线，可以先确定该线上的若干点，再以连线求作。

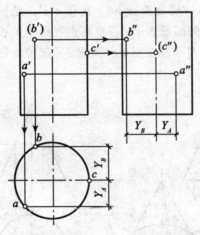

图 9-41 圆柱面上定点

例 9-12 如图 9-42 所示，已知圆柱面上有线段 AB 的正面投影 $a'b'$，试求改线段其他投影。

由于圆柱面的水平投影有积聚性，所以线段的水平投影必在圆周上。为做 W 面投影，可以在线段上取辅助点（如Ⅰ、Ⅱ）。根据这些点的正面投影和水平投影即可求出侧面投影，最后用光滑曲线连接。从水平投影和正面投影可以看出，曲线的 AⅡ线段在左半圆柱面上，BⅡ段在右半圆柱面上，所以直线 AB 在 W 面的投影以 $2''$ 为分界点，$b''2''$ 部分为不可见,用虚线表示。

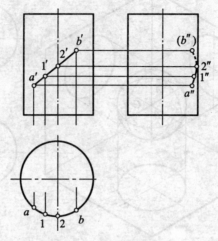

图 9-42　圆柱面上定线

(2)圆锥表面上的点和线。

求作圆锥面的点,可以用素线法,或者纬圆法。

①素线法。

如图 9-43(a)所示,已知圆锥面上点 A 的正面投影 a',求点 A 的水平投影和侧面投影。可以过锥顶 S 和点 A 作一辅助素线 SB,连接 $s'a'$,延长交于底圆的正面投影于 b',并求出 SB 的水平投影 sb 及侧面投影 $s''b''$,根据点在线上的投影规律,即可求得 a 和 a''。又由于 A 点在前半圆锥面和左半圆锥面上,因此,a 和 a'' 均可见。

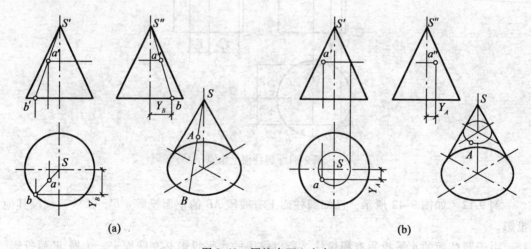

图 9-43　圆锥表面上定点

②纬圆法。

如图 9-43(b)所示,过 A 点做一个平行于圆锥底面的辅助圆。即过 a' 点作水平线与圆锥两轮廓素线相交，所得线段就是该圆的直径，求出该圆的水平投影和侧面投影，即可求得点 a 和点 a''。

在圆锥面上确定线段，应先确定该线上的若干辅助点，然后将这些点连接成光滑的曲线。

例 9-13 如图 9-44(a) 所示，已知圆锥面上线段 AD 的正面投影 $a'd'$，试求圆锥面的水平投影和侧面投影。

分析：由 $a'd'$ 可知，线段 AD 在前半圆锥面上，其中一段在左半圆锥面上，一段在右半圆锥面上。线段 AD 是锥面上的一条平面曲线。线段 AD 所在的平面垂直 V 面，因此 $a'd'$ 呈直线。为求 ad 和 $a''d''$，可以在线段 AD 上描取若干辅助点，用素线或纬圆的方法求出它们的水平投影和侧面投影，最后依次用光滑曲线连接。

解题步骤：

①在 $a'd'$ 上适当选取辅助点，如 b'、c' 等。

②C 点作为关键点在选取辅助点的时候一定要包括在内，点 C 位于圆锥面的最前素线上，点 C 既是该曲线侧面投影可见于不可见部分的分界点，也是曲线的侧面投影与轮廓线的切点，能使作图更简洁。

③根据 a'、b'、c'、d'，用纬圆法分别求出 a、b、c、d 和 a''、b''、c''、d''。

④分别把 a、b、c、d 和 a''、b''、c''、d'' 依次连接成光滑曲线。

⑤判别曲线的可见与不可见的关系，由于曲线的 CD 段在右半圆锥里，所以 c''、d'' 不可见，用虚线段表示。

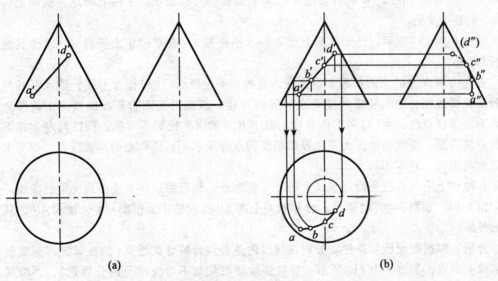

图 9-44 圆锥表面上定线

(3) 球面上的点和线。

在球面上取点应采用纬圆法，即通过已知的投影作球体的纬圆，也就是把点定在纬圆上。球面纬圆可以是平行于 V 面、H 面或 W 面的圆。

如图 9-45(a) 所示，已知球面上 A 点的正面投影 a'，求作 A 点的水平面投影侧面投影。

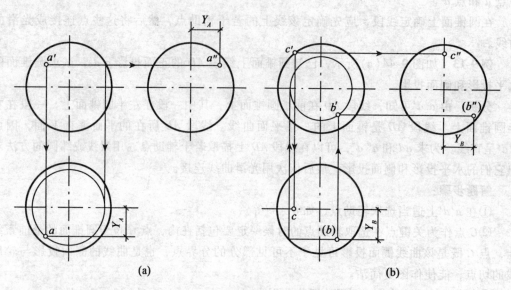

图 9-45 球体表面点的投影图

首先作过点 A 的水平纬圆的正面投影，即一个水平圆，该投影是一通过 a' 的水平线段，长度等于水平纬圆的直径，在 H 面上以此为直径画圆，得纬圆的水平投影，a 在前半圆周上，且可见。由 a、a' 可以求出 a''，从 V 面投影可以看出，A 在上半球左侧面上，所以 a、a'' 是可见的。

如图 9-45(b) 所示，已知球面上点 B 的水平投影 b，点 C 的正面投影 c'，求作其他两个投影面。

首先为求 B 点的正面投影 b'，则在该圆的水平投影面过 (b) 作水平线，该水平线与球面投影轮廓线相交的线段即为过 B 点的圆的直径，该圆的正面投影反映实形，该圆侧面投影为一条竖直线，由 (b) 向上作垂线，由于 B 点的水平投影不可见，所以判定 b' 在下半球的右侧表面，垂线和该圆的正面投影相交的点为所求 b'；已知点的两面投影，即可求出第三面投影 b''，且 b'' 不可见。

在球面上定线，应先确定该线上的若干辅助点，然后将这些点连接成光滑的曲线。

例 9-14 如图 9-46(a) 所示，已知球面上的 AD 线段的正面投影 $a'd'$，试求 AD 的其他两面投影。

分析：根据图面已知条件，分析在线段内是否包含特殊关键点（如在赤道纬圆或最大轮廓线上的点，如图 9-46(b) 所示，并且是线段可见与不可见部分的分界点），并将其选取。根据已知点的正面投影，可以先作过点的水平纬圆的正面投影，分别是过 a'、d' 的水平线段，长度等于各水平纬圆的直径；在 H 面上以此为直径画圆，得纬圆的水平投影，根据点在线上的原理，分别找到各点，依次连接成光滑曲线，并判别其线段的可见性。

作图步骤：

①在 $a'd'$ 上选取关键点，如 b'、c'。

②根据纬圆法和球面投影特性，分别标示出 a、b、c、d 和 a''、b''、c''、d''。

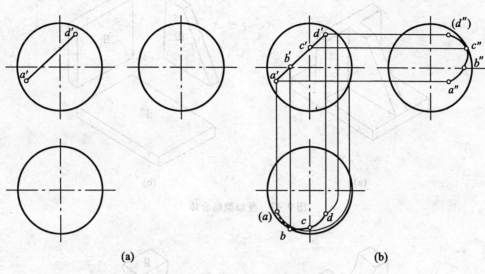

图 9-46 球体表面线的投影图

③分别把 a、b、c、d 和 a″、b″、c″、d″连接成光滑曲线。

④由于曲线的 AB 线段在下半球面，因此 ab 为不可见；CD 线段在右半球面，因此 c″d″为不可见；可见部分用实线表示，不可见部分用虚线表示。

§9.5 组合体的正投影

9.5.1 组合体的构成

由基本几何体按不同方式组合而成的形体称为组合体。建筑工程中的形体，大部分是以组合体的形式出现的。组合体按构成方式的不同可以分为以下若干种形式。

1. 叠加型组合体

由若干个基本几何体堆砌或拼合而成的形体，称为叠加型组合体，如图 9-47 所示。求其投影时可以由若干个基本几何体的投影组合而成。

2. 切割型组合体

由一个基本几何体经过若干次切割后形成的形体，称为切割型组合体，如图 9-48 所示。求其投影时，可以先绘制基本几何体的三面投影图，然后根据切割位置，分别在几何体投影上切割。

3. 混合型组合体

混合型组合体是既有叠加又有切割的组合体，如图 9-49 所示。

9.5.2 组合体三面正投影的画法

由于组合体形状比较复杂，一般绘制组合体的投影图时，其总体思路是：将组合体分

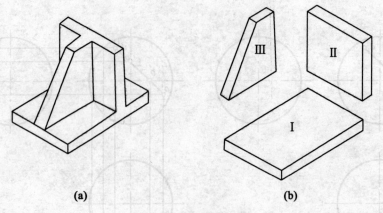

图 9-47 叠加型组合体

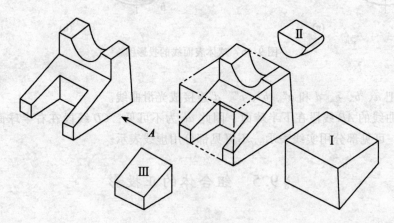

图 9-48 切割型组合体

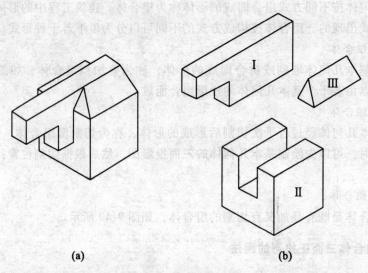

图 9-49 混合型组合体

解成若干个基本几何体，并分析基本几何体之间的相互关系，绘制每一个基本几何体的投影，然后根据组合体的组成方式及基本几何体之间的关系，将基本几何体的投影组合成组合体的投影。

作投影图时，具体步骤如下：

1. 形体分析

为方便画图，通常将复杂形体人为地分解成若干个基本几何体进行分析，这种方法称为形体分析法。如图 9-50 所示的组合体，用形体分析的方法可以把组合体看做是由三个基本几何体组成。主体由下方长方体底板、后面四棱柱和上部横放的三棱柱组成，显然，这是叠加型组合体。

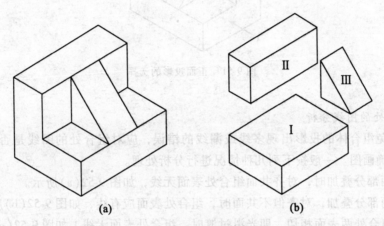

图 9-50　组合体的形体分析

形体分析的目的主要是弄清组合体的形状，为绘制组合体的投影图打基础。因此，同一个组合体允许采用不同的组合形式进行分析。即可以把一个组合体看成由几个基本体叠加而成，也可以将其看成由一个基本体多次切割而成，但无论采用何种组合方式分析，只要分析正确，最后得出的组合体的形状是相同的。至于采用哪种组合方式进行分析，应根据形体的具体形状及个人的思维习惯灵活采用。

2. 投影分析

在用投影图表达形体时，形体的安放位置及投影方向，对形体形状特征的表达和图样清晰程度等有明显的影响。因此，在画图前，需进行投影分析，确定较好的投影方案。从以下几个方面进行分析。

(1) 形体的安放位置。

一般形体在投影体系中的位置，应使形体上尽可能多的线或面为投影面的特殊位置线或面。对于工程形体，通常按其正常状态和工作位置放置，一般保持基面在下并处于水平位置，如图 9-50(a) 所示。

(2) 正面投影的选择。

正面投影应选择形体的特征面。所谓特征面，是指能够显示出组成形体的基本几何体以及基本几何体之间的相对位置关系的一面。如图 9-51 所示的 1 方向为形体的特征面。此外，还应适当考虑其他的投影，尽可能减少投影图中的虚线。如选择 2 方向比较合适，其侧面图虚线较少。

(3)投影数量的确定。

正面投影确定后,为减少画图的工作量,在能够完整、清楚地表达形体的形状及结构的前提下,应尽量减少投影图的数量。对组合体而言,一般应画出三面投影。

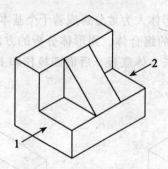

图 9-51 正面投影的选择

3. 组合处的图线分析

为了避免组合体的投影出现多线或漏线的错误,应对组合处的图线是否存在进行分析,以便正确画图。一般按下列几种情况进行分析处理。

(1)当两部分叠加时,对齐共面组合处表面无线,如图 9-52(a)所示。

(2)当两部分叠加,对齐但不共面时,组合处表面应有线,如图 9-52(b)所示。

(3)当组合处两表面相切,即光滑过渡时,组合处表面无线,如图 9-52(c)所示。

4. 作投影图

完成形体分析、确定投影方案后,再绘制投影图。

(1)根据形体的大小和复杂程度,确定图样的比例和图纸的图幅,用形体的基准线、对称线确定出各投影的位置。

(2)根据形体分析的结果,依次绘制出各基本形体的三面投影。对每个基本形体,应先绘制反映形状特征的投影(如圆柱反映圆的投影),再绘制其他的投影。画图时,要注意各部分的组合关系,如图 9-53(a)~(f)所示。

(3)检查投影图的正确性。各投影之间是否符合三面投影的基本规律,各基本几何体之间结合处的投影是否有多线或漏线现象。

通过与物体的对比,发现在正面投影上,Ⅰ与Ⅱ的交接处有多余线条,去掉后可得物体的三面投影,如图 9-53(g)、(h)所示。

(4)检查无误后加深图形。

9.5.2 组合体正投影的尺寸标注

尺寸标注总的要求是:尺寸标注完整、排列清晰,所有尺寸均应符合尺寸标注法的基本规定。

1. 尺寸分类

为做到尺寸标注完整,可以按形体分析的方法,把组合体尺寸分为三类。

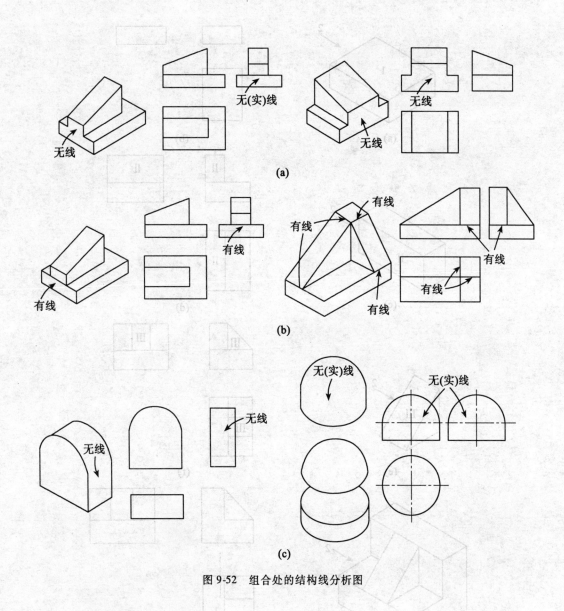

图 9-52 组合处的结构线分析图

(1) 定形尺寸。

确定基本几何体大小所需要的尺寸,称为定形尺寸,如图 9-54 所示。

(2) 定位尺寸。

确定基本几何体之间相对位置所需要的尺寸,称为定位尺寸。图 9-55 是各种定位尺寸标注法的例图,简要说明如下。

图 9-55(a),两长方体组合,底面高度一致,应标注出前后左右定位尺寸 a 和 b。

图 9-55(b),T 字形体与长方体叠加,高度方向一致,高度定位可以省去,前后位置对称,不再标注,只需标注左右定位尺寸 a 和 b。

图 9-55(c),圆柱与长方体叠加时,前后左右都对称,相对位置可以由两条对称线决定,因此长、宽、高三个方向的定位尺寸均可以省去。

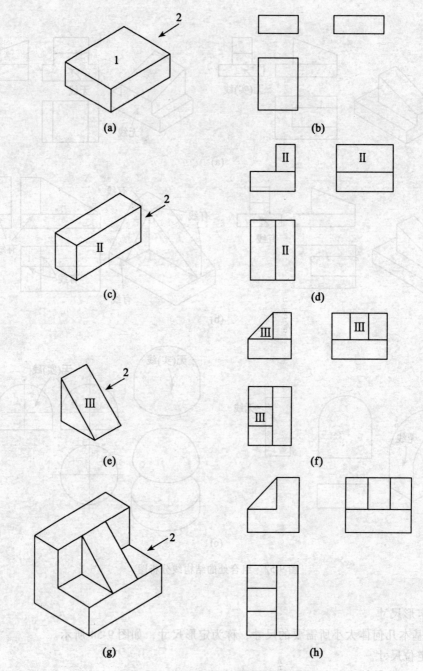

图 9-53 组合体三面投影的形成过程

图 9-55(d)，只需标出前后一个定位尺寸 a 或 b 即可。

图 9-55(e)，矩形板上有四个大小、形状均相同的圆孔。圆孔以板的两条对称线为中心对称布置，孔与孔之间及孔与板之间均需标注出定位尺寸。孔之间定位应以孔的轴线距离表示，孔与板的定位应以孔的轴线和板的对称线之间的距离表示。这种情况标注定位尺寸，实际只需标注出一对圆孔轴线之间的距离 d 和 e，定位尺寸就标注完整了。这种标注

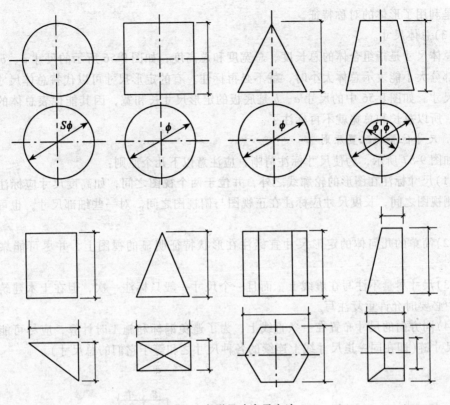

图 9-54 定形尺寸表示方法

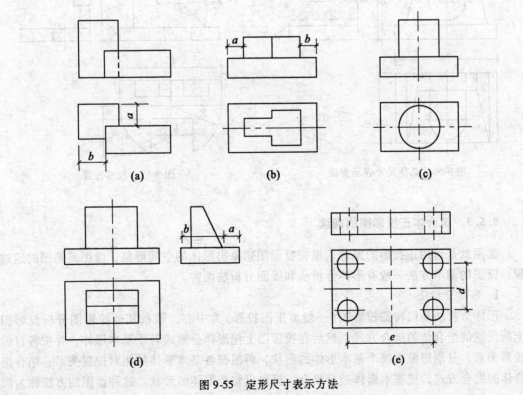

图 9-55 定形尺寸表示方法

方法是利用了形体的对称特征。

(3) 总体尺寸。

总体尺寸是指组合体的总长度、总宽度和总高度，如图 9-56 所示的尺寸 a、b、c。当某一部分大小能表示总体大小时，就不必再标注。有的定形尺寸可以代替总体尺寸，改注总体尺寸。如图 9-56 中的尺寸 a、b 是底板的定形尺寸长和宽，因其能代表总体的长度和宽度，所以总长和总宽就不再标注了。

2. 尺寸位置的配置原则

如图 9-57 所示，为使尺寸标注清晰，应注意以下几个原则：

(1) 尺寸标注在图形的轮廓线之外，并位于两个视图之间，如高度尺寸应标注在正视图与侧视图之间，长度尺寸应标注在正视图与俯视图之间。对一些细部尺寸，也可以就近标注。

(2) 简单的几何体的定形尺寸宜标注在形状特征明显的视图上，并尽可能靠近基本形体。

(3) 尺寸尽量不注写在虚线上，而且一个尺寸一般只标注一次，但在土木建筑工程专业图中必要时允许重复注写。

(4) 同方向的尺寸布置在一条直线上，为了避免漏标和施工时计算，应尽可能封闭标注成尺寸链（即在同一道尺寸线上连续的各种尺寸之和等于它们的总尺寸）。

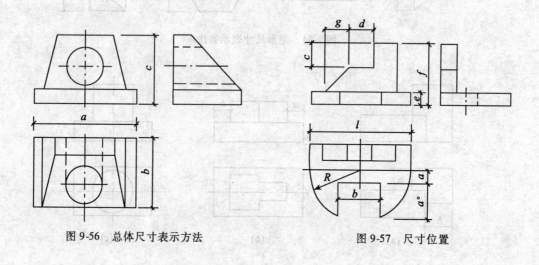

图 9-56 总体尺寸表示方法　　　　图 9-57 尺寸位置

9.5.3 组合体正投影图的阅读

读图就是运用正投影的原理，根据投影图想象出形体的空间形象，读图是画图的逆过程。读图的基本方法一般有形体分析法和线面分析法两种。

1. 形体分析法

形体分析法是以特征投影图（一般为正面投影）为中心，联系其他投影图分析投影图上所反映的组合体的组合方式，然后在投影图上把形体分解成若干基本形体，并按各自的投影关系，分别想象出每个基本形体的形状，再根据各基本形体的相对位置关系，结合组合体的组合方式，把基本形体进行整合，想象出整个形体的形状。这种读图的方法称为形体分析法。

例 9-15 如图 9-58(a)所示，想象其形状。

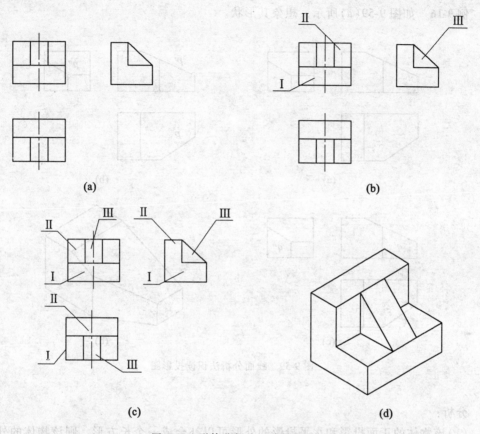

图 9-58 形体分析法识读投影图

分析：

(1) 根据三面投影的特征可以判断该组合体为叠加体。按正面投影和侧面投影的特征，该组合体可以分为三部分，如图 9-58(b)所示。

(2) 找出每一部分对应的三面投影，如图 9-58(c)所示。

(3) 根据每一部分投影的特征，推断出基本几何体的形状。可以分析出，Ⅰ是平放的长方体，Ⅱ是立放的长方体，Ⅲ是横放的三棱柱。

(4) 最后，根据各部分投影的相对位置关系，将三部分形体组合起来，组合体的形状就清楚了。然后对应三面投影图，最终确定出组合体的形状，如图 9-58(d)所示。

2. 线面分析法

根据组合体各线、面的投影特性来分析投影图中线和线框的空间形状和相对位置，从而确定组合体的总形状的方法称为线面分析法。该方法是一种辅助方法，通常是在对投影图进行形体分析的基础上，对投影图中难以看懂的局部投影，运用线面分析的方法进行识读图。

采用线面分析法，需弄清投影图中封闭线框和线段代表的意义。一个封闭线框，可能表示一个平面或曲面，也可能表示一个相切的组合面，还可能表示一个孔洞。投影图中一个线段，可能是特殊位置的面，也可能是两个面的交线，还可能表示曲面的轮廓素线。

例 9-16 如图 9-59(a)所示，想象其形状。

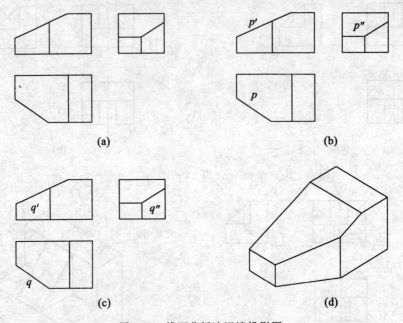

图 9-59 线面分析法识读投影图

分析：

(1)该物体的正面投影和水平投影的外形可以补全成一个长方形，则该物体的外形可以看成一个长方体。由于内部图线较多，因此可以初步分析这是由一个长方体切割而成的形体，为了弄清切割方式，可以用线面分析法识读图。

(2)如图 9-59(b)所示，正面投影中有一条斜线 p'，根据投影的基本原则，其对应的投影应为 p 和 p''，p 和 p'' 是两个线框，则 P 为正垂面。由此可知，长方体的左上部被正垂面 P 切去一个三棱柱。

(3)如图 9-59(c)所示，水平投影中有一条斜线 q，根据投影的基本原则，其对应的投影应为 q' 和 q''，q' 和 q'' 是两个线框，则 Q 为铅垂面。由此可知，长方体左前部被铅垂面 Q 切去一个三棱柱。

(4)如图 9-59(d)所示，是根据线面分析出各平面位置和形状，想象出的整体空间形状。

3. 读图步骤

阅读组合体投影图时，一般可以按下列步骤进行：

(1)从整体出发，先把一组投影统看一遍，找出特征明显的投影面，粗略分析出该组合体的组合方式。

(2)根据组合方式，将特征投影大致划分为几个部分。

(3)分析各部分的投影，根据每个部分的三面投影，想象出每个部分的形状。

(4)对不易确认形状的部分，应用线面分析法仔细推敲。

(5)将已经确认的各部分组合，形成一个整体。然后按想象出的整体作三面投影，与原投影图相比较，若有不符之处，则应将该部分重新分析和辨认，直至想象出的形体的投影与原投影完全符合为止。

读图是一个空间思维的过程，每个人的读图能力与掌握投影原理的深浅和运用的熟练程度有关。因为较熟悉的形状易于想象，所以读图的关键是每个人都要尽可能多地记忆一些常见形体的投影，并通过自己反复地读图实践，积累自己的经验，以提高读图的能力和水平。

例 9-17 如图 9-60(a)所示，想象其空间形状。

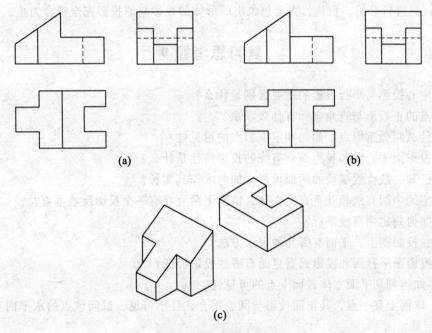

图 9-60 形体投影图的识读

分析：

(1)从图 9-60(a)中可以看出，水平投影比较能反映该形体的形状特征，从整体看该形体既有叠加又有切割，故该形体为混合型组合体。

(2)按正面投影和水平投影的特征，整体上该组合体可以分为左、右两部分，细部上每一部分又是一个切割体，如图 9-60(b)所示。

(3)分别找出各部分的投影。从投影图中可以明显地分辨出各部分的水平投影和正面投影，如图 9-60(b)所示，粗线部分为左半部投影，细线部分为右半部投影，侧面投影需进一步分析。因此，可以先从正面投影和水平投影想象物体的空间形状，再用侧面投影进行验证。

(4)想象各部分形体的形状。左半部分的投影分析：将正面投影和水平投影外形补成长方形后，可以看出左部形体的外形为一长方体，从其水平投影可知，长方体的左前和左后各被切去了一个长方体；从其正面投影可知，长方体的上部被一正垂面切去一部分，则可以想象出其空间形状如图9-60(c)所示左半部。

右半部分的投影分析：该部分外形的投影是一个长方体，从其水平投影可知，长方体的右中部被切去了一部分；结合正面投影，可以初步确定被切去的为一个长方体，则可以想象出其空间形状如图9-60(c)所示右半部。

将两部分组合在一起，组成该物体的空间形状，与侧面图进行对照，左半部侧投影相符，右半部投影中，因左半部高，故在侧投影中出现了虚线；又因右半部凹口宽度和左半部的凸块部分的宽度相等，故凹口在侧面投影上的虚线正好与凸块的实线重合，由分析可知右半部投影也相符。

(5)最后将想象出的空间形状和物体的三面投影——对比，检查是否完全相符，对不符之处，再进行分析、辨认，直至想象出的形体的投影与原投影完全符合为止。

复习思考题9

1. 中心投影与平行投影的主要区别是什么？
2. 点的正投影与直角坐标有什么联系？
3. 什么叫做重影点？如何判定重影点的可见性？
4. 投影面平行线和投影面垂直线的投影特性是什么？
5. 已知一般位置线段的两面投影，如何求作其实长？
6. 空间中两直线相互垂直，在什么情况下两直线有一个投影反映垂直？
7. 如何判定两直线平行？
8. 在投影图上，平面有哪几种表示方法？
9. 投影面平行面和投影面垂直面有哪些投影特征？
10. 如何判别平面立体表面上点的可见性？
11. 球面上有一点，其正面投影与圆心重合，且不可见，试问该点的水平面和侧面投影位于何处？
12. 绘制组合体的投影图之前，应进行哪些基本分析？

第10章 建筑施工图

◎**内容提要**：图样是工程界的技术语言，房屋建筑施工图应符合投影原理和《房屋建筑制图统一标准》(GB/T50001—2001)、《建筑制图标准》(GB/T50104—2001)等国家标准的要求。本章介绍了建筑施工图的基本制图规定和图示特点，阐述了建筑施工图的图示内容和识图方法。本章重点内容包括建筑总平面图及施工总说明书、建筑平面图、建筑立面图、建筑剖面图，建筑详图等方面。

§10.1 工程制图的一般规定

图样是工程界的技术语言，房屋建筑施工图应符合投影原理等图示方法与要求。对于图样的内容、格式、画法、尺寸标注、技术要求、图例符号等，国家有统一的规定，这就是《房屋建筑制图统一标准》(GB/T50001—2001)、《建筑制图标准》(GB/T50104—2001)等国家标准，简称"国标"。此外，为了保证制图质量，提高制图效率，做到图面清晰、简明，符合设计、施工、存档的要求，绘制施工图时应严格遵守国家颁布的相关标准的规定。

10.1.1 图纸幅面及格式

1. 图纸幅面尺寸

图幅即图纸大小，为了便于图纸的装订、查阅和保存，满足图纸现代化管理要求，图纸的大小规格应力求统一。工程图纸的幅面及图框尺寸应符合表10-1中的规定。绘制图样时，应根据图样的大小来选择图纸的幅面，对于A0、A2、A4幅面的加长量应按A0幅面长边的$\frac{1}{8}$倍数增加；对于A1、A3幅面的加长量应按A0幅面短边的$\frac{1}{4}$的倍数增加；A0及A1幅面也允许同时加长两边。

表10-1　　　　　　　　　图纸幅面尺寸规格　　　　　　　　　（单位：mm）

幅面尺寸 \ 幅面代号	A0	A1	A2	A3	A4
b×l	841×1189	841×1189	420×594	297×420	210×297
c	10			5	
a	25				

2. 图框格式

无论图样是否装订，均应在图纸内画出图框，图框线用粗实线绘制，需要装订的图样，其格式如图 10-1 所示。为了复制或缩微摄影的方便，可以采用对中符号，对中符号是从周边画入图框内约 5mm 的一段粗实线。

3. 标题栏和会签栏

在每张图纸的右下角均应有标题栏，标题栏的位置应按图 10-1 所示的方式配置。标题栏的具体格式、内容和尺寸可以根据各设计单位的需要而定，图 10-2(a) 所示标题栏的格式可以供读者参考。

会签栏是图纸会审后签名用的，会签栏的格式如图 10-2(b) 所示，栏内填写会签人员所代表的专业、姓名、日期。一个会签栏不够用时，可以另加一个会签栏，两个会签栏应并列。

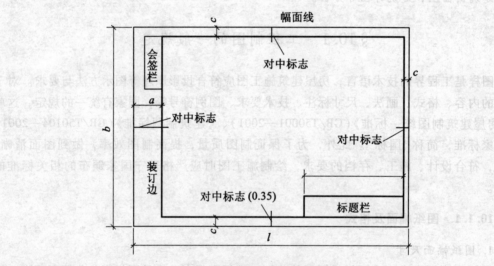

图 10-1 图框格式及标题栏方位

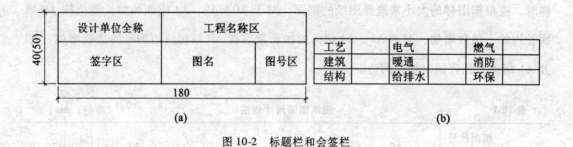

图 10-2 标题栏和会签栏

10.1.2 比例

图样中的图形与实物相对应的线性尺寸之比称为比例。

工程图样所使用的各种比例，应根据图样的用途与所绘物体的复杂程度进行选取。相关国标规定绘制图样时一般应采用表中规定的比例。图样不论放大或缩小，在标注尺寸时，应按物体的实际尺寸标注。

由于房屋体形较大，施工图常用缩小比例绘制，如用 1∶100，1∶200 绘制平面图、立面图、剖面图以表达房屋内外的总体形状，用 1∶50，1∶30，1∶20 等绘制某些房间布置、构配件详图和局部构造详图。

10.1.3 字体

图样中书写的汉字、数字、字母必须做到字体端正、笔画清楚、排列整齐、间隔均匀。各种字体的大小要选择适当，字体大小分为 20、14、10、7、5、3.5、2.5 七种号数（汉字不宜采用 2.5 号）。字体的号数即字体的高度（单位：mm），字体的宽度约等于字体高度的 $\frac{2}{3}$，数字及字母的笔画粗度，约为字高的 $\frac{1}{10}$。

1. 汉字

图样上的汉字采用国家公布实施的简化汉字，并宜写成长仿宋字。长仿宋字体的示例如图 10-3 所示。

2. 数字和字母

数字和字母有直体和斜体两种，图样上宜采用斜体字体。斜体字字头向右倾斜，与水平线约成 75°角。

图 10-3　仿宋字体示例

§10.2　建筑工程制图的基本规定

10.2.1　建筑工程制图的产生

建筑施工图是由设计单位根据设计任务书的要求、相关的设计资料、计算数据及建筑艺术等多方面因素设计绘制而成的。根据建筑工程的复杂程度，其设计过程分为两阶段设计和三阶段设计两种。一般情况都按两阶段进行设计，对于较大的或技术上较复杂、设计要求较高的工程，才按三阶段进行设计。两阶段设计包括初步设计和施工图设计两个阶段。

1. 初步设计的主要任务

初步设计的主要任务是根据建设单位提出的设计任务要求，进行调查研究、搜集资料、提出设计方案。其内容包括必要的工程图纸，如简略的平面图、立面图、剖面图等图样，设计概算和设计说明等。

有时还要向业主提供建筑效果图、建筑模型及电脑动画效果图，以便直观地反映建筑物的真实情况。方案图报业主征求意见，并报规划、消防、卫生、交通、人防等相关部门审批。

初步设计的工程图纸和相关文件只是作为提供方案研究和审批之用，不能作为施工的依据。

2. 建筑施工图设计的主要任务

建筑施工图设计的主要任务是满足工程施工各项具体技术要求，提供一切准确可靠的施工依据，其内容包括工程施工所有专业（即土建、装饰、水暖电等专业）的基本图、详图及其说明书、计算书等。

对于整套施工图纸是设计人员的最终成果，是施工单位进行施工的依据。因此，施工图设计的图纸必须详细完整、前后统一、尺寸齐全、正确无误，符合国家建筑制图标准。

10.2.2 建筑施工图的分类和编排顺序

1. 建筑施工图的分类

图纸目录和施工总说明　图纸目录包括全套图纸中每张图纸的名称、内容、图号等。施工总说明包括工程概况、建筑标准、载荷等级。如果是地震区，还应有抗震要求以及主要施工技术和材料要求等。对于较简单的房屋，图纸目录和施工总说明可以放在"建筑施工图"中的"总平面图"内。

建筑施工图　由总平面图、平面图、立面图、剖面图、详图等组成。

结构施工图　由基础平面图、楼层结构布置平面图、结构构件详图等组成。

设备施工图　包括给水、排水施工图，采暖、通风施工图，电气施工图等。

2. 建筑施工图的编排顺序

一套简单的房屋施工图就有一二十张图纸，一套大型复杂建筑物的图纸至少也得有数十张、上百张甚至会有数百张之多。因此，为了便于看图，易于查找，就应把这些图纸按顺序编排。

建筑工程施工图一般的编排顺序是：首页图（包括图纸目录、施工总设计说明、防火专篇、抗震专篇、门窗表、房间一览表等），建筑施工图，结构施工图，给排水施工图，采暖通风施工图，电气施工图等。

10.2.3 建筑施工图的图示规定

1. 图线

在绘制工程图样时，为了表示图中不同的内容，建筑施工图上必须使用不同类型的图线。常用图线包括实线、虚线、单点画线、双点画线、折断线和波浪线等类型，如表10-2所示。

表10-2　　　　　　　　　　　　建筑施工图常用图线

名称	线型	线宽	用途
粗实线	——	b	1. 平面图、剖面图中被剖切的主要建筑构造（包括构配件）的轮廓线； 2. 建筑立面图或室内立面图的外轮廓线； 3. 建筑构造详图中被剖切的主要部分的轮廓线； 4. 建筑构配件详图中的外轮廓线； 5. 平面图、立面图、剖面图的剖切符号。
中实线	——	$0.5b$	1. 平面图、剖面图中被剖切的次要建筑构造（包括构配件）的轮廓线； 2. 建筑平面图、立面图、剖面图中建筑构配件的轮廓线； 3. 建筑构造详图及建筑构配件详图中的一般轮廓线。
细实线	——	$0.25b$	小于$0.5b$的图形线、尺寸线、尺寸界线、图例线、索引符号、标高符号、详图材料做法引出线等。
中虚线	- - - - -	$0.5b$	1. 建筑构造详图及建筑构配件不可见的轮廓线； 2. 平面图中的起重机（吊车）轮廓线； 3. 拟扩建的建筑物轮廓线。
细虚线	- - - - -	$0.25b$	图例线、小于$0.5b$的不可见轮廓线。
粗单点长画线	—·—	b	起重机（吊车）轨道线。
细单点长画线	—·—	$0.25b$	中心线、对称线、定位轴线。
折断线	—/\—	$0.25b$	不需画全的断开界线。
波浪线	～～	$0.25b$	不需画全的断开界线； 构造层次的断开界线。

在建筑制图标准中，对图线的规定是：实线分三种，即粗实线、中实线、细实线，线宽分别用b、$0.5b$、$0.25b$表示；在绘图时，首先按所绘图样选用的比例选定粗实线的宽度，然后再确定其他线型的宽度。图线的宽度b，宜从2.0mm、1.4mm、1.0mm、0.7mm、0.5mm、0.35mm线宽系列中选取。

2. 定位轴线

所谓定位轴线，是指建筑施工图中建筑物的主要结构构件位置的点画线。由于在施工时要用定位轴线来定位放样，所以凡承重墙、柱子、大梁或屋架等主要承重构件都应画出轴线以确定其位置。对于非承重的隔断墙及其他次要承重构件等，一般不画轴线，而注明这类构件与附近轴线的相关尺寸以确定其位置。定位轴线符号如图10-4所示。定位轴线的表达需要遵循以下原则：

(1)定位轴线应用细点画线表示，末端画细实线圆，圆的直径为8mm，圆心应在定位轴线的延长线上或延长线的折线上，并在圆内注明编号。

(2)定位轴线的编号顺序，如图10-4所示，横向(即水平方向)编号应用阿拉伯数字，从左至右顺序编写。竖向编号应用大写拉丁字母，从下至上顺序编写。拉丁字母的I、O、Z不得用做轴线编号，以免与数字1、0、2混淆。

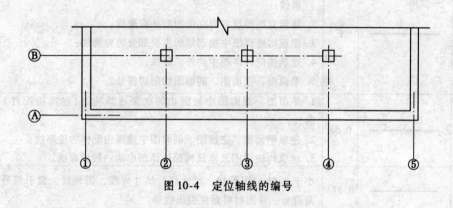

图10-4　定位轴线的编号

(3)如果字母数量不够使用，可以增用双字母或单字母加数字注脚，如AA，BB，…，YC或A_1，B_2，…，Y_3。

(4)组合较复杂的平面图中，定位轴线也可以采用分区编号。定位轴线的分区编号，如图10-5所示。

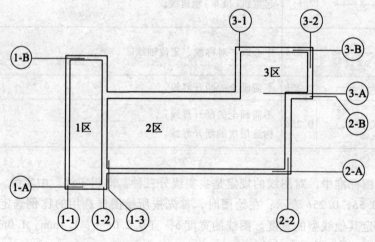

图10-5　定位轴线的分区编号

(5)对于次要位置的确定，可以采用附加定位轴线的编号，编号用分数表示。分母表示前一轴线的编号，为阿拉伯数字或大写的拉丁字母；分子表示附加轴线的编号，一律用阿拉伯数字顺序编写。

3. 高程

高程是指建筑物中的某一部位与所确定的水准基点的高程差,称为该部位的高程。高程有两种:绝对高程和相对高程。

(1)绝对高程。也称为海拔,是指把青岛附近黄海的平均海平面定为绝对高程的零点,其他各地高程都以黄海海平面作为基准。如在总平面图中的室外整平高程即为绝对高程。

(2)相对高程。在建筑物的施工图上要注明许多高程,如果全部采用绝对高程,不但数字烦琐,而且不容易直接得出各部分的高差。因此除总平面图外,一般都采用相对高程,即把底层室内主要的地坪高程定为相对高程的零点,标注为±0.000mm。

在建筑工程图的总说明中,说明相对高程和绝对高程的关系,再根据当地附近的水准点(即绝对高程)测定拟建工程的底层地面高程。高程用来表示建筑物各部位的高度,高程符号应以直角三角形表示,如图10-6所示。

(3)标高符号。标高符号应以直角等腰三角形表示。总平面图室外地坪标高符号,用涂黑的三角形表示。

标高数字以米为单位,注写到小数点第3位,总平面图中可以注写到小数点后两位,零点标高注写成±0.000;正数标高不注"+"号,负数标高应注"-"号,如图10-6所示。

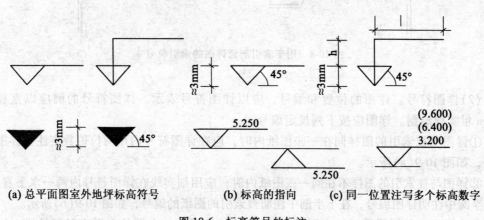

(a) 总平面图室外地坪标高符号　　(b) 标高的指向　　(c) 同一位置注写多个标高数字

图10-6　标高符号的标注

4. 详图索引号和详图符号

(1)索引符号。对图样中的某一局部或构件,若需另见详图,应以索引符号索引,如图10-7(a)所示。索引符号由直径为10mm的圆和水平直径组成,圆及水平直径均应以细实线绘制。索引符号应按下列规定编写。

①索引出的详图,若与被索引的详图同在一张图纸内时,应在索引符号的上半圆中用阿拉伯数字注明该详图的编号,并在下半圆中间画一段水平细实线如图10-7(b)所示。

②索引出的详图,若与被索引的详图不在同一张图纸内,应在索引符号的上半圆中用阿拉伯数字注明该详图的编号,在索引符号的下半圆中用阿拉伯数字注明该详图所在图纸的编号,如图10-7(c)所示。数字较多时,可以加文字标注。

③索引出的详图,若采用标准图,应在索引符号水平直径的延长线上加注该标准图册

的编号,如图 10-7(d)所示。

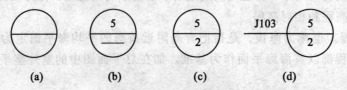

图 10-7　详图索引符号的标注

索引符号若用于索引剖视详图,应在被剖切的部位绘制剖切位置线,以引出线引出索引符号,引出线所在的一侧应为投射方向。索引符号的编写同上条的规定,如图 10-8 所示。

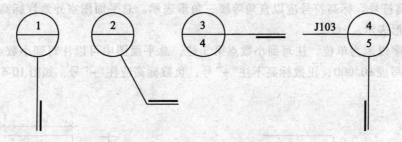

图 10-8　用于索引剖面详图的索引符号

(2)详图符号。详图的位置和编号,应以详图符号表示。详图符号的圆应以直径为 14mm 粗实线绘制。详图应按下列规定编号。

①详图与被索引的图样同在一张图纸内时,应在详图符号内用阿拉伯数字注明详图的编号,如图 10-9(a)所示。

②详图与被索引的图样不在同一张图纸内时,应用细实线在详图符号内画一水平直径,在上半圆中注明详图编号,在下半圆中注明被索引的图纸的编号,如图 10-9(b)所示。

③当索引出的详图采用标准图时,如图 10-9(c)所示,在圆的水平直径延长线上加注标准图册编号。

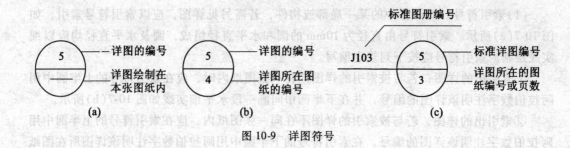

图 10-9　详图符号

10.2.4 房屋施工图的图示特点

房屋施工图在表示方法上有以下几个特点。

(1)施工图中的各种图样是按正投影方法绘制的。在水平投影面(H面)上画出的是平面图,在正投影面(V面)上画出的为立面图,在侧投影面(W面)上画出的是剖面图或侧立面图。在图纸幅面大小允许的情况下,可以将平面图、立面图、剖面图或侧立面图按投影关系绘制在同一张图纸上,如果图纸幅面过小,则平面图、立面图、剖面图或侧立面图可以分别单独绘制出。

(2)由于房屋的尺寸都比较大,所以施工图都采用较小的比例绘制出,而对于房屋内部比较复杂的结构,采用较大比例的详图绘制出。

(3)由于房屋的构配件和材料种类较多,为了作图的简便起见,《建筑制图标准》(GB/T 50104—2001)中规定了用一些图形符号来代表一些常用的构配件、卫生设备、建筑材料,这种图形符号称为"图例"。

§10.3 建筑总平面图

将拟建工程四周一定范围内的新建、拟建、原有和拆除的建筑物、构筑物连同其周围的地形地物状况,用水平投影方法和相应的图例所绘制出的图样,即为建筑总平面图(或称为建筑总平面布置图),该图能反映出上述建筑物的平面形状、位置、朝向和与周围环境的关系,因此成为新建筑的施工定位、土方施工及施工总平面设计的重要依据。

10.3.1 总平面图的图示内容

(1)标出测量坐标网(坐标代号宜用 X、Y 表示)或施工坐标网(坐标代号宜用 A、B 表示)。

(2)新建筑物(隐蔽工程用虚线表示)的定位坐标(或相互关系尺寸)、名称(或编号)、层数及室内外标高。

(3)相邻有关建筑物、拆除建筑物的位置或范围。

(4)附近的地形地物,如等高线、道路、水沟、河流、池塘、土坡等。

(5)道路(或铁路)和明沟等的起点、变坡点、转折点、终点的标高与坡向箭头。

(6)指北针或风玫瑰图。

(7)建筑物使用编号时,应列出名称和编号。

(8)绿化规划、管道布置。

(9)补充图例。

上面所列内容,既不是完美无缺,也不是任何工程设计都缺一不可,而应根据具体工程的特点和实际情况而定。对一些简单的工程,可以不绘制出等高线、坐标网或绿化规划和管道的布置。

10.3.2 总平面图的图示方法

(1)绘制方法与图例。总平面图是用正投影的原理绘制的,图形主要是以图例的形式表示，总平面图的图例采用《总图制图标准》(GB/T 50103—2001)中规定的图例，表 10-3 给出了部分常用的总平面图图例符号，画图时应严格执行该图例符号，如图中采用的图例不是标准中的图例，应在总平面图下说明。

(2) 图线。图线的宽度 b，应根据图样的复杂程度和比例，按《房屋建筑制图统一标准》(GB/T 50001—2001)中图线的相关规定执行。主要部分选用粗线，其他部分选用中线和细线。如新建建筑物采用粗实线，原有的建筑物用细实线表示。绘制管线综合图时，管线采用粗实线。

(3) 标高与尺寸。在建筑总平面图中，采用绝对标高，室外地坪标高符号宜用涂黑的三角形表示，建筑总平面图的坐标、标高、距离以米为单位，并应至少取至小数点后两位。

(4) 建筑总平面图应按上北下南方向绘制。根据场地形状或布局，可以向左或向右偏转，但不宜超过 45°。

(5) 指北针和风向频率玫瑰图(风玫瑰)。风玫瑰图是根据当年平均统计的各个方向吹风次数的百分数，按一定比例绘制的，风的吹向是从外吹向该地区中心的。实线表示全年风向频率，虚线表示按 6 月、7 月、8 月三个月统计的风向频率，如表 10-3 所示。

(6) 比例。建筑总平面图一般采用 1:500、1:1000 或 1:2000 的比例绘制，因为比例较小，图示内容多按《总图制图标准》(GB/T 50103—2001)中相应的图例要求进行简化绘制，表 10-3 摘录了其中的一部分。

表 10-3　　　　　　　　　建筑总平面图的图例表示

图　例	名　称	图　例	名　称
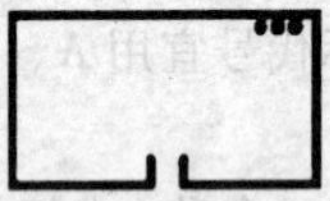	新建建筑物(右上角以点数表示层数，用粗实线表示)		表示砖石、混凝土及金属材料围墙
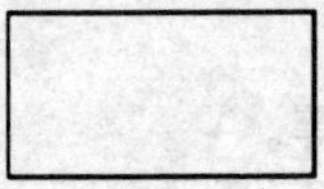	原有的建筑物(用细实线表示)		表示镀锌铁丝网、篱笆等围墙
	计划扩建的建筑物或预留地(用中虚线表示)	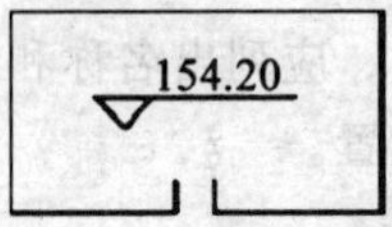 ▽154.20	室内地坪标高
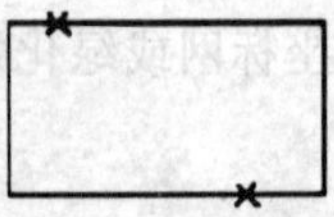	拆除的建筑物(四边加"×"用细实线表示)	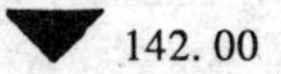 ▼ 142.00	室外地坪标高

续表

图例	名称	图例	名称
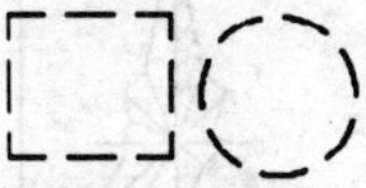 (虚线矩形和虚线圆)	地下建筑物或构筑物（用细虚线表示）	(实线)	原有的道路
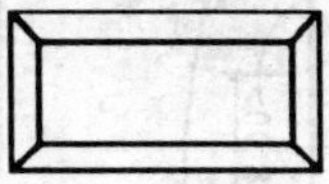 (矩形)	散状材料露天堆场	 (虚线段)	计划的道路
 (公路桥符号)	公路桥	 (护坡符号)	护坡
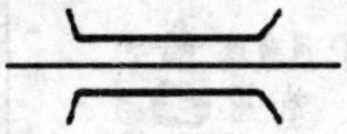 (铁路桥符号)	铁路桥	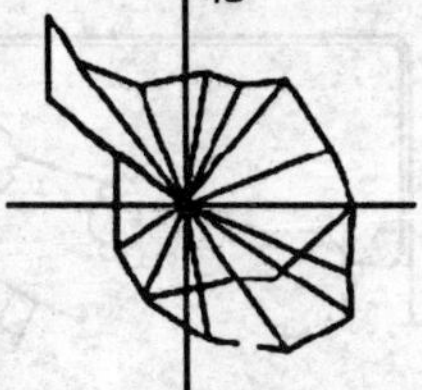 (风玫瑰图)	风向频率玫瑰图
 (烟囱符号)	烟囱	 (指北针符号)	指北针

10.3.3 建筑总平面图识读的方法与步骤

现以图10-10所示为例，说明阅读建筑总平面图时应注意的几个问题：

（1）阅读标题栏和图名、比例，通过阅读标题栏可以了解工程名称、性质、类型等。

（2）阅读设计说明，在建筑总平面图中常附有设计说明，一般包括以下内容：相关建设依据和工程概况的说明，如工程规模、主要技术经济指标、用地范围等；确定建筑物位置的相关事项；标高及引测点说明、相对标高与绝对标高的关系；补充图例说明等。

（3）了解新建建筑物的位置、层数、朝向以及当地常年主导风向等。

（4）了解新建建筑物的周围环境状况。

（5）了解新建建筑物首层地坪、室外设计地坪的标高和周围地形、等高线等。

（6）了解原有建筑物、构筑物和计划扩建的项目，如道路、绿化等。

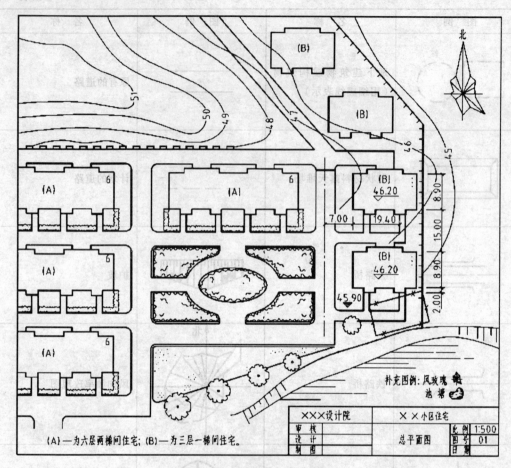

图 10-10 建筑总平面图实例

§10.4 建筑平面图

10.4.1 建筑平面图的形成

如图 10-11 所示,假想用一水平剖切平面,沿着房屋各层门窗洞口处将房屋切开,移去剖切平面以上部分,向下所作的水平剖视图,称为建筑平面图,简称平面图。

建筑平面图主要反映出房屋的平面形状、大小、房间的布置,墙(或柱)的位置、厚度和材料,门窗的类型和位置等情况。如图 10-11 所示,平面图上与剖切平面相接触的墙、柱等轮廓线用粗实线绘制出,门的开启线用中实线绘制出,其余的可见轮廓线和尺寸线等均用细实线绘制出。

建筑平面图是表达建筑物的基本图样之一,一般对于多层房屋应当每一层绘制出一张平面图,即房屋有几层,就应绘制出几张平面图。

一般地说,房屋有几层,就应绘制出几张平面图,并在图的下方注明相应的图名,如

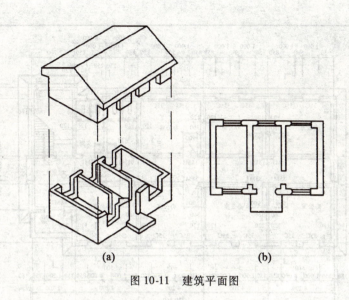

图 10-11 建筑平面图

底层平面图、二层平面图、顶层平面图等。此外还有屋面平面图，是房屋顶面的水平投影，一般可以适当缩小比例绘制（对于较简单的房屋可以不绘制）。习惯上，若上下各层的房间数量、大小和布置都一样时，则相同的楼层可以用一个平面图表示，称为标准层平面图。

若建筑平面图足够大，亦可以将两层平面绘制在同一个图上，左边绘制出一层的一半，右边绘制出另一层的一半，中间用一对称符号作分界线，并在图的下方分别注明图名。

有时，根据工程性质及复杂程度，可以绘制夹层、高窗、顶棚、预留洞等局部放大的平面图。如建筑平面较长较大时，可以分段绘制，并在每一个分段平面的右侧绘制出整个建筑外轮廓的缩小平面，明显表示该段所在的位置。在各平面图下方应注明相应的图名及采用比例。如果平面图左右对称，也可以将两层平面绘制在一个图上，左右两边分别注明图名。

对于一幢房屋，可以用以下几种平面图来表示：

(1)底层平面图：底层平面图又称为首层平面图或一层平面图，该图是表示第一层各房间的布置，建筑物入口、门厅、楼梯的布置，以及室外台阶、散水等情况的平面图，如图 10-12 所示。

(2)标准层平面图：标准层平面图是表示房屋中间几层的布置情况，包括房间数量、大小，以及雨篷、阳台等布置情况。

(3)顶层平面图：顶层平面图表示房屋最高层的平面布置图。有的房屋顶层平面图与标准层平面图相同，只有楼梯间平面布置不同，在这种情况下，顶层平面图可以省略。

(4)屋顶平面图：是由屋顶的上方向下作屋顶外形的水平投影而得到的平面图，用该图来表示屋顶布置的情况。图中表示屋面排水的方向、坡度、雨水管的位置及屋顶的构造等，如图 10-13 所示。

由于屋顶平面图比较简单，故所用的比例一般比其他的平面图小。在平面图、立面

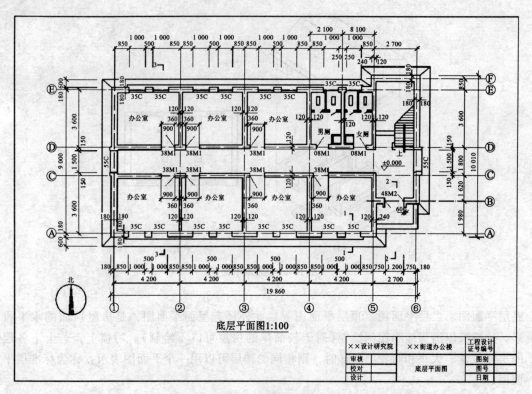

图 10-12 底层平面图

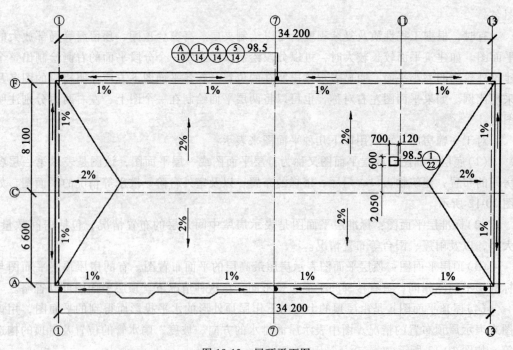

图 10-13 屋顶平面图

图、剖面图中常用比例为 1∶50，1∶100，1∶200。而在次要平面图中，即屋面平面图中，常用比例为 1∶300 或 1∶400。

10.4.2 建筑平面图的图示内容

建筑平面图主要反映房屋的平面形状、大小和房间的相互关系、内部布置、墙的位置、厚度和材料、门窗的位置以及其他建筑构配件的位置和大小等。建筑平面图主要图示内容如下。

(1) 反映建筑物某一平面形状，房间的位置、形状、大小、用途及相互关系。

(2) 墙、柱的位置、尺寸、材料、形式，各房间门、窗的位置和开启形式等。

(3) 门厅、走道、楼梯、电梯等交通联系设施的位置、形式、走向等(一层)。

(4) 其他的设施、构造，如阳台、雨篷、室内台阶、卫生器具、水池等(中间层)。

(5) 属于本层但又位于剖切平面以上的建筑构造及设施，如高窗、隔板、吊柜等用虚线。

(6) 一层平面图应注明剖面图的剖切位置和投影方向及编号，确定建筑物朝向的指北针，以及散水、入口台阶、花坛等。

(7) 标明主要楼、地面及其他主要台面的标高，注明建筑平面的各道尺寸。

(8) 屋顶平面图则主要表明屋面形状、屋面坡度、排水方式、雨水口位置，挑檐、女儿墙、烟囱、上人孔及电梯间等构造和设施，由于屋顶平面图比较简单，常用小比例尺绘制。

(9) 在另有详图的部位，注明详图索引符号。

(10) 注明图名和绘图比例以及必要的文字说明。图名应注明是哪一层平面图，在图名处加中实线作下画线，绘图比例在图名右侧。

以上所列内容，可以根据具体建筑物的实际情况进行取舍。

10.4.3 建筑平面图的图示要求

1. 定位轴线

定位轴线是指墙、柱和屋架等构件的轴线，可以取墙柱中心线或根据需要偏离中心线为轴线，以便于施工时定位放线和查阅图纸。

凡承重的墙、柱，都必须标注定位轴线，并按相关规定给予编号。

2. 图线

凡被剖切到的墙、柱的断面轮廓线用粗实线绘制出(墙、柱轮廓线都不包括粉刷层的厚度，粉刷层在 1∶100 的平面图中不必绘制出)；没有剖切到的可见轮廓线，例如墙身、窗台、梯段等用中实线绘制出，尺寸线、引出线用细实线绘制出，轴线用细点画线绘制出。

3. 图例

为了便于读图，在平面图中门窗均按相关规定的图例绘制出，在门窗图例旁应注明门窗的代号(门的代号用汉语拼音的头一个大写字母"M"表示，窗的代号用汉语拼音的头一个大写字母"C"表示)，对于不同类型的门和窗，应在代号后面写上编号，以示区别。其编号均用阿拉伯数字表示，如 M1，M2…；C1，C2…。编号不同说明门窗的类型也不相同。

各种门、窗的形式和具体尺寸，可以在汇总编制的门窗表中查对。在 1∶100 的平面图中，剖切到的砖墙的材料图例不必绘制出(为了醒目，有时在透明描图纸的背后涂红表示),剖到的钢筋混凝土构件的断面,其材料图例用涂黑表示。

4. 剖切线与索引符号

建筑剖视图的剖切位置和投射方向,应在底层平面图中用剖切线表示,并应编号;凡套用标准图集或另有详图表示的构配件、节点,均需标出详图索引符号,以便对照阅读。

5. 尺寸标注

上下、左右都对称的建筑平面图形,其外墙的尺寸一般标注在平面图形的下方和左侧,如果平面图形不对称,则四周都应标注尺寸。

外墙的尺寸一般分3道标注,即外包尺寸、轴线尺寸及内部尺寸。内墙尺寸应标注内墙厚度、内墙上的门窗洞尺寸及门窗洞与墙或柱的定位尺寸。

6. 指北针

一般在绘制施工图时,取上北下南、左西右东的方法布置图面,而上北下南布置的图又称为坐北朝南。当朝向不是坐北朝南时,应绘制出指北针。

除总平面图中绘制指北针外,有时在底层平面图的外侧某一位置,还应绘制出指北针符号,以表明房屋的具体朝向。

10.4.4 图示实例

现以本章实例的底层平面图(见图10-12)为例,说明平面图的内容及其阅读方法。

1. 了解平面图的图名、比例

先从标题栏中了解平面是属于哪一层平面,图的比例是多少。该办公楼的底层平面图比例为1:100,平面形状基本上为长方形。

2. 了解建筑物的朝向

根据图中的指北针可知,该办公楼坐北朝南,即平面图的下方为房屋的南向。

3. 了解建筑物的平面布置

按照前面所学过的知识,在识读一张图纸时,应由外向里、由大到小,重点看轴线及各种尺寸关系的方法,来识读平面图。

从底层平面图中可以看出,在右侧与下方的3道外部尺寸中标出了以下内容:

(1)外包尺寸:该办公楼的总长为19.86m,总宽为10.01m。

(2)轴线尺寸:根据定位轴线的编号及其间距,了解各承重构件的位置和房间的大小。从图中可以看出,横向有6道轴线,分别是①、②、③、④、⑤、⑥轴轴线;下方定位轴线尺寸分别为4个×4.2m+1个×2.7m;上方定位轴线尺寸分别为3个×4.2m+2个×2.1m+1个×2.7m;纵向有6道轴线,分别是A、B、C、D、E、F轴轴线。

(3)细部尺寸:在A轴上,窗(35C)的宽度为1.000m,窗间墙分别为0.500m、1.700m等;在B轴上,门(48M2)宽度为1.200m。对于内部尺寸的标注,办公室门的宽度为900mm,距最近的墙间距离为360mm,内墙厚为240mm,外墙厚为360mm。

4. 了解出入口及垂直交通设施位置

主要出入口设置在办公楼东边的北侧,由入口进入门厅后,再由中间的走廊进入各个房间。垂直方向的交通由设置在东边的楼梯承担,楼梯的走向由箭头指明,被剖切的楼梯段用45°折线表示。

5. 了解建筑物的各个房间的布置

底层共有 7 间办公室，其中 4 间朝南，3 间朝北。7 间办公室的开间与进深轴线尺寸均相同，但使用面积不同。端部房间由于外墙厚度的影响，使用面积较小些。走廊位于房屋的中间，东北角是男、女厕所。

6. 了解门窗的数量、类型及门的开启方向

阅读这部分内容时，应注意每一种类型的门窗位置、形式、大小和编号，应与门窗明细表相对照，核实两者是否一致。了解门窗采用标准图集的代号、门窗型号和是否有备注。

从图 10-12 中可以看出：编号 35C 的窗宽度为 1.000m，有 16 樘；编号 55C 的窗宽度为 1.500m，有 2 樘；合计：底层平面图中共有 18 樘窗。窗的大小不同，但类型相同，都是采用同种材质的，按定型图集"76J61"选用的。

还可以从图 10-12 中看出，编号 08M1 的门宽度为 0.900m，共有 2 樘；编号 38M1 的门宽度为 0.900m，共有 7 樘；编号 48M2 的门宽度为 1.200m，共有 1 樘；合计：底层平面图中共有 10 樘门。门的大小不同，类型也不相同，但所有内门的开启方向均为内开，也是按定型图集"76J61"选用的。

需要注意的是，应从门窗表与平面图对照着看，看门和窗的尺寸是否一致、统一。

7. 了解建筑物各部分的平面尺寸

从该办公楼底层平面中可以看出：办公室的开间和进深尺寸分别为 4.200m 和 3.600m；楼梯间的开间和进深尺寸分别为 2.700m 和 4.250m；走廊的轴线宽为 1.800m。男、女厕所各 1 个，开间为 2.100m，进深尺寸为 3.600m。

8. 了解高程

底层平面图内各房间以及门厅、走廊等地面的高程为 ±0.000mm，室外地坪高程比室内低 0.300m，正好做 2 步室外台阶，将室内外联系起来。

9. 了解剖切符号含义

在图 10-12 中有 3 处标注剖切符号，表示用 3 个剖面图来反映该建筑物的竖向内部构造和分层情况，而且剖视的方向均为从右向左看。

10. 了解其他细部的配置和位置情况

例如楼梯、搁板、墙洞和各种承重设备等，有关图例如图 10-14 所示，其余可以参看"国标"有关规定。此外，平面图中还表示出室外台阶、散水和雨水管的大小与位置。有时散水（或排水沟）在平面图上可不画出，或只在转角处部分表示。

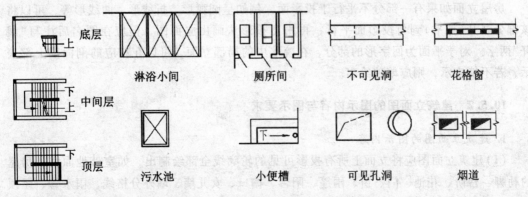

图 10-14 建筑平面图中的部分常用图例

§10.5 建筑立面图

10.5.1 图示方法及作用

在与房屋立面平行的投影面上所作的房屋正投影图,称为建筑立面图,简称立面图。如图 10-15 所示,建筑立面图的数量视房屋各立面的复杂程度而定,一般为四个立面图。立面图的图名,常用以下三种方式命名:

(1)按立面图中首尾两端轴线编号来命名,如①~⑤立面图、A~E 立面图等。

(2)按房屋的朝向来命名,如南立面图、北立面图、东立面图、西立面图。

(3)按房屋立面的主次(房屋主出、入口所在的墙面为正面)来命名,如正立面图、背立面图、左侧立面图、右侧立面图。

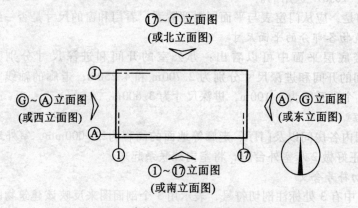

图 10-15 建筑立面图的投影方向与命名

立面图上应将立面上所有看得见的细部都表示出来,但由于立面图的比例较小,如门窗扇、标识器构造、阳台栏杆和墙面的装修等细部,往往只用图例表示,这些细部的构造和做法,都另有详图说明或文字说明。

房屋立面如果有一部分不平行于投影面,例如呈圆弧形、折线形、曲线形等,可以将该部分展开(摊平)到与投影面平行,再用正投影法画出立面图,但应在图名后注写"展开"两字。对于平面为回字形的部分,在院落中的局部立面,可以在相应的剖面图上部表示,若不能表示,则应单独给出。

10.5.2 建筑立面图的图示内容与图示要求

1. 建筑立面图的图示内容

(1)建筑立面图应将立面上所有投影可见的轮廓线全部绘制出,如室外地面线、房屋的勒脚、台阶、花池、门、窗、雨篷、阳台、檐口、女儿墙、墙外分格线、雨水管、屋顶上可见的排烟口、水箱间、市外楼梯等。

(2)表现房屋的外部造型,如屋顶、外墙面装修、室外台阶、阳台、雨篷等部分的材料、色彩和做法，房屋外部门窗位置及形式。

(3)标注出外墙各主要部位的标高，如室外地面、台阶、窗台、门窗顶、阳台、雨篷、檐口、屋顶等处完成面的标高。一般立面图上可以不标注高度方向尺寸，但对于外墙留洞除标注出标高外，还应注标出其大小尺寸及定位尺寸。一般用相对标高表示。

(4)标注出各部分构造、装饰节点详图的索引符号。用图例、文字或列表说明外墙面的装修材料及做法。

(5)标注出建筑物两端或分段的轴线及编号。

2. 建筑立面图的图示要求

(1)定位轴线。

在立面图中，一般对于有定位轴线的建筑物，宜根据两端定位轴线号标注立面图名称，以便与平面图对照识读。

(2)图线。

一般立面图的外形轮廓线用粗实线表示；室外地坪线用特粗实线表示；门窗、阳台、雨篷等主要部分的轮廓线用中实线表示；门窗扇、墙面分格线、有关说明引出线、尺寸线、高程等都用细实线表示。

(3)图例及符号。

由于立面图的比例较小，门窗可以按相关规定图例绘制。在建筑物立面图上，相同的门窗、阳台、外檐装修、构造做法等可以在局部重点表示，绘制出其完整图形，其余部分只绘制轮廓线。

(4)尺寸标注。

立面图上一般应在室外、室内地面，门、窗上下口处标注高程，并宜沿高度方向标注各部分的高度尺寸。

(5)其他规定。

平面形状曲折的建筑物，可以绘制展开立面图；较简单的对称式建筑物或构配件，可以绘制一半，并在对称轴线处画对称符号。在建筑物立面图上，外墙表面分格线应表示清楚，应用文字说明各部位所用面材及色彩。

立面图与平面图有密切关系，各立面图轴线编号均应与平面图严格一致，并应校核门、窗等所有细部构造是否正确无误。应核对各立面图彼此之间在材料做法上有无不符，不协调一致之处，以及检查房屋整体外观、外装修有无不交圈之处。

10.5.3 建筑立面图的识读

如图10-16所示为办公楼的南立面图，下面以这个立面图为例，说明阅读建筑立面图的方法。

1. 图名、比例、轴线

从图名或轴线的编号了解该图是哪一方向立面图。以南立面图为例，与平面图对照阅读，其比例与平面图一样为1∶100。在立面图上通常只绘制出两端的轴线及其编号，即南立面图上两端的轴线为①~⑥轴，其编号与建筑平面图上的编号相一致，以便与平面图对照起来阅读。

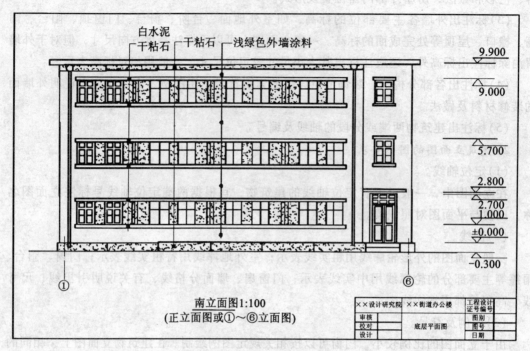

图 10-16 南立面图

2. 朝向

从南立面中我们可以看出：该建筑物朝南立面为主要立面，出入口位于该立面的东端。

3. 图线

在各立面图中的图线都是按相关规定绘制的，如：建筑物的外形轮廓线均用粗实线表示；室外地坪线用特粗实线表示；门窗、阳台、雨篷等主要部分的轮廓线用中实线表示；其他部位如门窗扇、墙面分格线、高程线、引出线等都用细实线表示。

4. 门窗

立面上的门窗应按相关规范规定的图形图例表示，并表明开启方向。细实线表示外开，细虚线表示内开。相同类型的门窗可以只绘制一两个完整的图形，其余的可以只绘制出门窗洞口轮廓线及单线图形。一般门的开启方向，在平面图中已表示清楚，故在立面图中不需表示门窗的位置、型号及数量，可以与平面图进行核对。

5. 高程

立面图上用高程表示主要部位的高度。从北立面图中，我们可知房屋的总高为9.900m，层高为3.300m，窗台距地面1.000m，室外地坪低于室内地坪0.300m。从南立面图中，我们可知房屋的主要出入口处的外墙大门高为2.700m，上设雨篷，且雨篷板底高程为2.800m，下设的台阶与室外地坪相连。

6. 装饰情况

从立面图上表明了室外墙面的装饰情况。如：主墙面采用的是浅绿色外墙涂料，檐口、勒脚、窗间垛等为干黏石饰面；窗口腰线处为白水泥色石子干黏石饰面。

7. 其他情况

表明檐口的形式，以及勒脚、雨水管、台阶等的位置。从立面图上可知，檐口为内挑檐，即采用有组织排水，排水形式与剖面图一致。环圈设置的勒脚高 300mm，且按一定的间距设置了伸缩缝；雨水管分别设置在南、北立面图的东、西两侧端部；台阶设置在南立面图中的东侧主要出、入口的位置处，且设两步台阶；根据室内外高差，可以确定每步台阶的高度为 150mm。另外，在立面图中，一些细部尺寸应标注清楚，如腰线挑出的宽度及长度、装饰用的构配件详细尺寸等，但由于立面图比例小，不能完全标注全面，可以另见其节点详图。

§10.6 建筑剖面图

10.6.1 建筑剖面图的形成

如上节所述，假想用一个或多个垂直于外墙轴线的铅垂剖切面将房屋剖开，所得的图称为建筑剖面图，简称剖面图。剖面图用以表示房屋内部的结构或构造型式、分层情况和各部位的联系、材料及高度等，是与平面图、立面图相互配合不可缺少的重要图样之一，如图 10-17 所示。

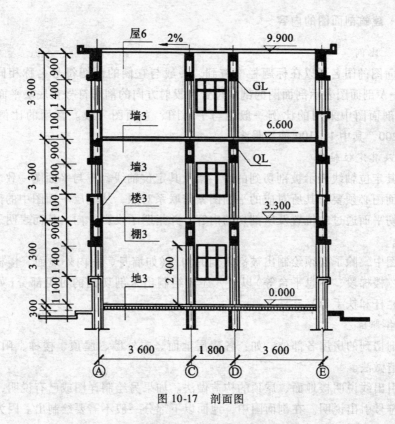

图 10-17 剖面图

剖面图的数量是根据房屋的具体情况和施工实际需要而决定的。剖切面一般横向，即平行于侧面，必要时也可以纵向，即平行于正面，其位置应在能反映出房屋内部构造比较复杂与典型的部位，并应通过门窗洞的位置。若为多层房屋，应选择在楼梯间或层高不同、层数不同的部位。

对于两层以上的房屋，一般至少要有一个楼梯间的剖面图，并应通过门窗洞的位置；或应选择在层高不同、层数不同的部位，且剖面图的剖切位置和剖视方向，可以从底层平面图中找到。剖切符号可以用阿拉伯数字、罗马数字或拉丁字母编号。剖面图的图名应与平面图所标注的剖切位置线的编号一致，如1—1剖面图、2—2剖面图等。剖面图中的断面，其材料图例与粉刷层线和楼、地面层线的表示原则及方法，与平面图的处理相同。

如果用一个剖切平面不能满足要求，可以用多个剖切平面，并允许将剖切平面转折后来绘制剖面图。习惯上，剖面图中可以不绘制出基础，而在基础墙部位用折断线断开。

剖面图上的材料图例和图中的线型选择，均应与平面图相同，也可以把剖切到的断面轮廓线用粗实线，而不绘制任何图例。剖面图一般从室外地坪开始向上一直绘制到屋顶。

10.6.2 建筑剖面图的用途

建筑剖面图是用来表达建筑物内部垂直方向高度、楼层分层情况及简要的结构形式和构造方式，在施工中可以作为进行分层、砌筑内墙、铺设楼板、屋面板和室内装修等工作的依据。建筑剖面图与建筑平面图、立面图相配合，是建筑施工图中不可缺少的重要图样之一。

10.6.3 建筑剖面图的内容

1. 图名、比例

建筑剖面图的图名可以在标题栏中查到，一般与它们的剖切符号名称相同，如1—1剖面图、A—A剖面图表示剖面图的剖切位置和投射方向的剖切符号在底层平面图上。

在建筑剖面图中采用的比例一般也与平面图、立面图一致。常用的比例是1∶50，1∶100,1∶200，其中1∶100使用最多。

2. 构件及其定位轴线

构件及其定位轴线表示被剖切到的墙、梁及其定位轴线，应与平面图一致。

因为剖面图必须要与其所对应的平面图紧密联系对照，从底层平面图中的剖切位置线可以看出剖切平面通过的位置及所剖切的内容，并指明了投影方向，从而表明了剖面图是怎样形成的。

在剖面图中，除了必须绘制出被剖切到的构件(如墙身、室内外地面、楼板层、屋顶层、各种梁、楼梯段、休息平台等)以外，还应绘制出未剖切到的可见部分(如门窗、楼梯段、楼梯栏杆和扶手等)。

3. 房屋各部位

表示被剖切到的房屋各部位，如：各楼层地面、内外墙、屋顶、楼梯、阳台、散水、雨篷等的构造做法。

一般用引出线说明楼地面、屋顶的构造做法。如果另绘制详图或已有说明，则在剖面图中用索引符号引出说明。在剖面图中，地面以下部分一般不需要绘制出。因为基础部分将由结构施工图中的基础图来表示。至于室内、外地面的层次和做法，可以在剖面图中直接表达或在墙身剖面详图中表达，有时在施工说明中就有介绍。

4. 标注尺寸和高程

用高程和竖向尺寸表示建筑物的总高、层高、各楼层地面的高程、室内外地坪高程以及门窗等各部位的高度。

在剖面图中外墙的高度尺寸一般标注3道：第一道尺寸是靠近外墙的尺寸为细部尺寸，从室外地面开始分段标注出门窗洞及洞间墙的高度尺寸；第二道尺寸是中间一道为层高尺寸，即底层地面到二层楼面、各层楼面到上一层楼面、顶层楼面到檐口处的屋面等，同时还注明室内、外地面的高差尺寸；第三道尺寸是最外侧一道为室外地面以上的总高尺寸，即建筑物的总高度。

5. 主要承重构件的位置及相互关系

表示建筑物主要承重构件的位置及相互关系，如：各层的梁、板、柱及墙体的连接关系等。各层楼面都设有楼板，屋面设置屋面板，这类构件搁置在墙上，楼面或屋面梁上，楼板及屋面板的形状可以用两条平行线示意性地表示。当楼板或屋面板构造层次，做法较复杂时，可以作详图表明，简单的可以直接在剖面图中注明。

在剖面图中剖切到的门窗洞的上方应绘制出过梁的断面；在结构平面上布置的圈梁，在剖面图中的相应位置也应绘制出。

6. 屋顶的形式及泛水

表示屋顶的形式及泛水坡度等，应与屋面排水平面图一致。采用有组织排水或无组织排水，且排水坡度应按设计要求设计。

7. 索引符号

在剖面图中，对于需要另用详图说明的部位或构件，都应加索引符号，以便互相查阅核对。

8. 施工中需注明的有关说明

在剖面图中，说明在施工过程中应注意的事项、具体做法及相关规定。

10.6.4 建筑剖面图的识读方法

下面以如图10-17所示的办公楼的1—1剖面图为例，说明剖面图的识读方法。

建筑剖面图与建筑平面图、建筑立面图是建筑施工图的基本图纸，这一组图所表达的内容既有明确的分工，又有紧密的联系。在识图过程中，这一组图是相互配合，缺一不可的，应充分注意三图之间的联系。

1. 图名、比例

了解建筑剖面图的图名、比例；从剖面图中可知图名为：1—1剖面图，比例为1：100，建筑剖面图的比例与建筑平面图、建筑立面图中比例是一致的。

2. 图例、定位轴线

了解建筑剖面图的图例、定位轴线；建筑剖面图的常见图例在前面的章节中已经介绍过，例如：在1—1剖面图中，按照相关规范中规定墙体的图例符号，采用两条平行的粗实线表示外墙与内墙。根据剖面图上剖切平面位置代号1—1，在底层平面图上可以找到相应的剖切位置。从1—1剖面图和底层平面图中我们可以看出，1—1剖面图是在该办公楼西侧①~②轴间的两个办公室的门窗洞口位置进行剖切，然后移走②~⑥轴间的部分，再向西侧作正投影所得到的剖面图。

其中，定位轴线间距离：$A\sim C$ 轴间距离为 3.600m，$C\sim D$ 轴间距离为 1.800m，$D\sim E$ 轴间距离为 3.600m，则剖面图中 $A\sim E$ 轴间距离为 9.000m，同底层平面图一致。

3. 层数及房间位置情况

从剖面图中可以了解房屋层数及房间位置情况，从图 10-17 中可以看出，房屋的垂直方向上共有 3 层，分别剖切 4 道纵墙，即在 A，C，D，E 轴上，$C\sim D$ 轴之间是走廊，两边 $A\sim C$ 轴和 $D\sim E$ 轴均为办公室，屋顶形式为平屋顶。

4. 高程及层高

底层的地面高程为±0.000m，室外地坪高程–0.300m，说明室内外高差为 300mm。从各层楼面的建筑高程可知各层的层高均为 3.300m。

在剖面图中的高程有两种，即建筑高程和结构高程，如图 10-18 所示。建筑高程是指装修后的高程，而结构高程是指结构层的高程，两者之间的区别是：一般楼面、地面标注建筑高程，其余各部位标注结构高程。

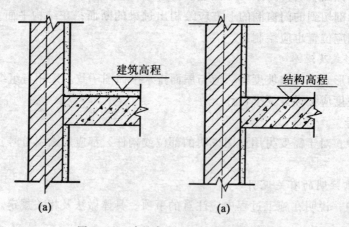

图 10-18　建筑高程和结构高程示意图

5. 各主要构件的关系

从剖面图图 10-17 中可以看出，各层的钢筋混凝土楼板搁置在两端的砖墙上，并在板下设置圈梁（用代号 QL 表示），门窗顶均设置钢筋混凝土过梁（用代号 GL 表示），且按图例规定均可涂黑。对于圈梁 QL 及过梁 GL 的详细结构由结构施工图表示。从图 10-17 中还可以看出，所剖切到的门窗洞口高度尺寸，如：在 A 轴和 E 轴上的窗，其高度尺寸均为 1.400m，而在 C 轴和 D 轴上的门，其高度尺寸均为 2.400m。

6. 屋顶

房屋屋面有平屋面和坡屋面两种，通常坡度在 10% 以下者称平屋面，坡度在 10% 以上的则称为坡屋面。在剖面图上反映了被剖切到处屋面的形式，如图 10-17 所示办公楼为平屋面，考虑排水需要，平屋面也有坡度。

如图 10-17 所示办公楼屋面的排水坡度为 2%，这是小坡度的屋面表示方法，箭头表示流水方向，2% 表示屋面坡度的高宽比，这一坡度表示在横剖面 1—1 剖面图上。

7. 标准图集及索引符号

在剖面图中表示出楼面、地面、屋面各层构造，一般可以用引出线说明；引出线指向所说明的部位,并按其构造的层次顺序,逐层加以说明。若另绘制有详图,或已有"构造说明和装修表"时,在剖面图中可以用索引符号引出说明,也可以不作任何标注,这时若要知道构造可以查阅首页图中构造表。在剖面图中还可以查阅到引用标准图及单绘详图的索引号。如果标准图集中,选不到适合本工程构造层的材料做法,设计者还可以采用多层引出线直接说明,如图 10-19 所示。

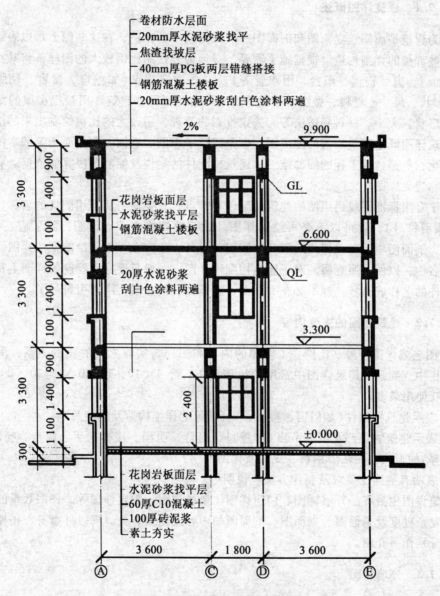

图 10-19 剖面图标注构造做法

如果剖面图中,各构造层的材料做法,既没有适合的定型图选用,而且剖面图又采用较小的比例,构造层无法标注在剖面图中,也可以另绘制比例较大的建筑详图。

此外,散水、排水口、出入口的坡道在剖面图上也应用箭头表示其坡度,并在其上标注坡度值，如1%、2%等。还有腰线等一些细部尺寸及构造做法，均应绘制在剖面图中，由于剖面图比例较小，图10-17省略未画，均可到详图中查找。

§10.7 建筑详图

10.7.1 建筑详图概述

因为建筑平面图、立面图和剖面图一般采用较小的比例，在这些图上难以表示清楚建筑物某些部位的详细构造。根据施工需要，必须另外绘制比例较大的图样，将某些建筑构配件(如门、窗、楼梯、阳台、雨水管等)及一些构造节点(如檐口、窗台、勒脚、明沟等)的形状、尺寸、材料、做法详细表达出来。由此可见，建筑详图是把房屋的细部或构配件的形状、大小、材料和做法等，按正投影的原理，用较大的比例绘制出来的图样。

建筑详图既是建筑细部的施工图，也是建筑平面图、立面图和剖面图等基本图纸的补充和深化，更是建筑工程的细部施工、建筑构配件的制作及编制预决算的依据。有时建筑详图也称为大样图。

对于套用标准图或通用图的建筑构配件和节点，只要注明所套用图集的名称、型号或页次(索引符号)，就可以不必再绘制详图。对于建筑构造节点详图，除了应在平面图、立面图、剖面图中的有关部位绘制标注索引符号外，还应在详图上绘制标注详图符号或写明详图名称，以便对照查阅。对于建筑构配件详图，一般只要在所绘制的详图上写明该建筑构配件的名称或型号，就不必在平面图、立面图、剖面图上绘索引符号了。

10.7.2 建筑详图的主要内容

1. 图名或详图符号、比例：了解图的内容和图样与实物之间的比例关系，图名可以在标题栏中查到。在建筑详图中常用的比例是 1:5, 1:10, 1:20, 1:30, 1:50，其中 1:20 使用最多。

2. 表示建筑构配件(如门窗、楼梯、阳台等)的详细构造及连接关系。

3. 表示建筑物细部及剖面节点(如檐口、窗台、明沟、楼梯扶手、踏步、楼层地面、屋顶层等)的形式、做法、用料、规格及详细尺寸。

4. 表明有关施工要求及制作方法、说明等。

建筑详图主要有：外墙详图、门窗详图、楼梯详图、阳台详图等。详图数量的选择与房屋的复杂程度及平面图、立面图、剖面图的内容及比例有关。现以外墙身、楼梯及门窗等详图分别作一介绍。

10.7.3 外墙详图

1. 外墙详图的内容

外墙详图实际上是建筑剖面图的局部放大图，如图10-20所示，该图表达房屋的屋面、楼层、地面和檐口构造、楼板与墙的连接、门窗顶、窗台和勒脚、散水等处构造的情况，是施工的重要依据。

多层房屋中，若各层的情况一样，可以只绘制底层、顶层或加一个中间层来表示。

绘制外墙详图时,往往在窗洞中间处断开,成为几个节点详图的组合图,有时也可不绘制整个墙身的详图,而是把各个节点的详图分别单独绘制。详图的线型要求与剖面图一样。

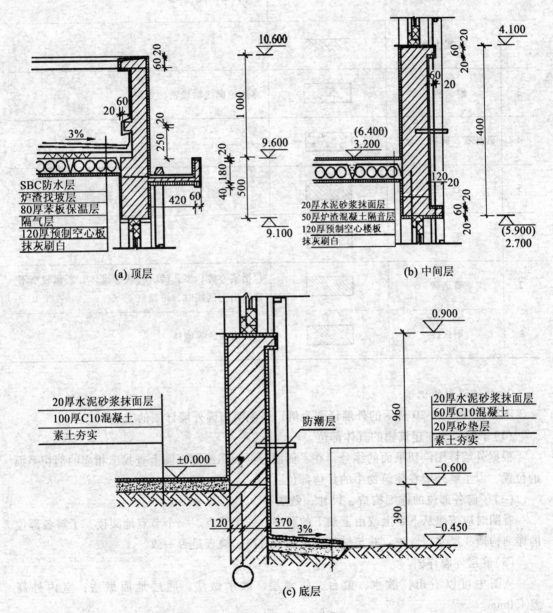

图 10-20　墙身构造详图(单位:mm)

详图的线型与剖面图一样,因为采用较大的比例(1:20)剖切到的断面上应绘制上规定的材料图例,常用建筑材料图例如表10-4所示。墙身应用细实线绘制出粉刷层。

表 10-4　　　　　　　　　　常用建筑材料图例

序号	名称	图例	备注
1	自然土壤		包括各种自然土壤
2	夯实土壤		
3	砂、灰土		靠近轮廓线轴较密的点
4	砂砾石、碎砖三合土		
5	石材		
6	毛石		
7	普通砖	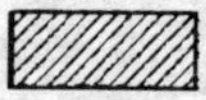	包括实心砖、多孔砖、砖块等砌体。断面较窄不易绘出图例线时，可涂红
8	耐火砖	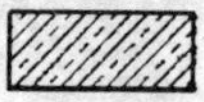	包括耐酸砖等砌体

2. 外墙详图的识读

下面以如图 10-20 所示的外墙详图为例，来说明阅读外墙详图的方法。

(1) 了解外墙在建筑物的具体部位。

根据外墙详图剖切平面的编号，在平面图、剖面图或立面图上查找出相应的剖切平面的位置，以了解外墙在建筑物中的具体部位。

(2) 了解各部位的详细构造、尺寸、做法等。

看图时应按照从下到上或由上到下的顺序，一个节点、一个节点地阅读，了解各部位的详细构造、尺寸、做法，并与材料做法表相对照，检查是否一致。

(3) 底层外墙详图。

从图中可以看出，散水、窗台、防潮层、散水做法、底层地面做法；室内外高差 450mm。

(4) 中间层外墙详图。

外窗台挑出墙面 60mm，内窗台是水磨石窗台板，窗上的过梁 GL 是由矩形断面和大挑口断面的两个钢筋混凝土过梁组合在一起；楼板是搭置在横墙上；层高为 3.200m。

在外墙详图中，一般应标注出各部位的高程及高度方向和墙身的细部尺寸。图中高程标注两个以上的数字时，括号内的数字依次表示高一层的高程。例如，在图中标注的 3.200m(6.400m) 上，表明 3.200m 是一层层高，6.400m 是二层层高。

(5)顶层外墙详图。

顶层外墙详图的重点是表明檐口部分,从图中可知,该楼房的檐口都是挑檐板。为了防止雨水浸到墙面在檐口的前沿下侧,抹灰时应有向下凹的滴水槽,挑檐板挑出长度为480mm;屋面层做法包括泛水、女儿墙、压顶等,如图10-20(a)所示。

10.7.4 楼梯详图

楼梯是多层房屋上下交通的主要设施,楼梯除了应满足上下方便和人流疏散畅通外,还应有足够的坚固耐久性,目前多采用现浇钢筋混凝土楼梯。楼梯是由楼梯段(简称梯段,包括踏步或斜梁)、平台(包括平台板和梁)和栏板(或栏杆)等组成,如图10-21所示。楼梯的构造一般较复杂,需要另绘制详图表示。楼梯详图主要表示楼梯的类型、结构形式、各部位的尺寸及装修做法,是楼梯施工放样的主要依据。楼梯详图一般包括平面图、剖面图及踏步、栏板详图等,并尽可能绘制在同一张图纸内。平面图、剖面图比例应一致,以便对照阅读;踏步、栏板详图比例要大一些,以便表达清楚该部分的构造情况。楼梯详图一般分建筑详图与结构详图,并分别绘制,分别编入"建施"和"结施"中,但对一些构造和装修较简单的现浇钢筋混凝土楼梯,其建筑详图和结构详图可合并绘制,编入"建施"或"结施"均可。

1. 楼梯平面图

一般每一层楼都要绘制一楼梯平面图。三层以上的房屋,若中间各层的楼梯位置及其梯段数、踏步数和大小相同时,通常只绘制出首层、中间层和顶层三个平面图就可以了,如图10-22所示。

楼梯平面图的剖切位置,通常是通过该层门窗洞或往上走的第一梯段(休息平台下)

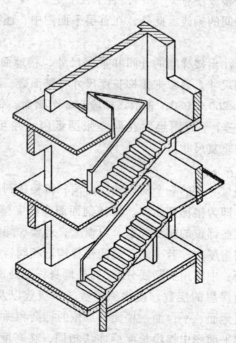

图10-21 楼梯组成示意图

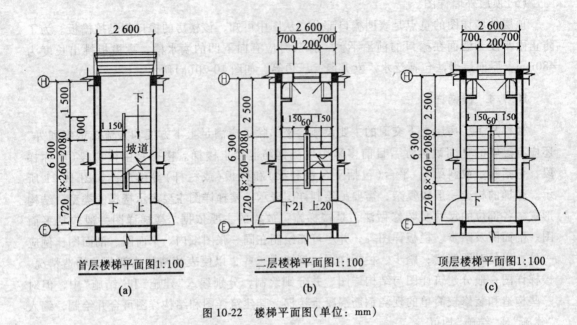

图 10-22 楼梯平面图（单位：mm）

的任一位置处。各层被剖切到的梯段，按《建筑制图标准》(GB/T 50104—2001)规定，均在平面中以一根45°折断线表示。在每一梯段处绘制有一长箭头，并标注"上"或"下"字和步级数，表明从该楼（地）往上或往下走多少步级可以到达上（或下）一层的楼（地）面。例如二层楼梯平面图中，被剖切梯段的箭头注有"上20"，表示从该梯段往上走20步级可以到达第三层楼面；另一楼段注有"下21"，表示往下走21步级可以到达首层地面。各层平面图中还应标出该楼梯间的轴线。此外，在首层平面图中，还需注明楼梯剖面图的剖切符号。

楼梯平面图中，除标注出楼梯间的开间和进深尺寸、楼地面和平台面的标高尺寸外，还需标注出各细部的详细尺寸。通常把楼梯长度尺寸与踏面数、踏面宽的尺寸合并写在一起。如底层平面图中的8×260=2080，表示该梯段有8个踏面，每一踏面宽为260mm，梯段长为2080mm。通常，三个平面图绘制在同一张图纸内，并互相对齐，这样既便于阅读，又可以省略标注一些重复尺寸。

2. 楼梯剖面图

假想用一铅垂剖面通过各层的一个梯段和门窗洞，将楼梯剖开，向另一未剖到的梯段方向投射所得的剖面图，即为楼梯剖面图。楼梯剖面图应能完整、清晰地表示出各梯段、平台、栏板等的构造及这些部位的相互关系。习惯上，若楼梯间的层面没有特殊之处，一般可以不绘制出。在多层房屋中，若中间各层的楼梯构造相同，楼梯剖面图可以只绘制出首层、中间层和顶层剖面，中间用折断线分开（与外墙身详图处理方法相同）。

楼梯剖面图能表达出房屋的层数、楼梯梯段数、步级数以及楼梯的类型及其结构形式。楼梯剖面图中应注明地面、平台面、楼面等部位的标高和梯段、栏板的高度尺寸。梯段高度尺寸标注法与楼梯平面图中梯段长度标注法相同，在高度尺寸中标注的是步级数，而不是踏面数（两者差为1）。栏杆高度尺寸是从踏面中间算到扶手顶面，一般为900mm，扶手坡度应与梯段坡度一致。

从图 10-23 所示的索引符号可知，踏步、扶手和栏板都另有详图，用更大的比例绘制出这些部位的形式、大小、材料以及构造情况。

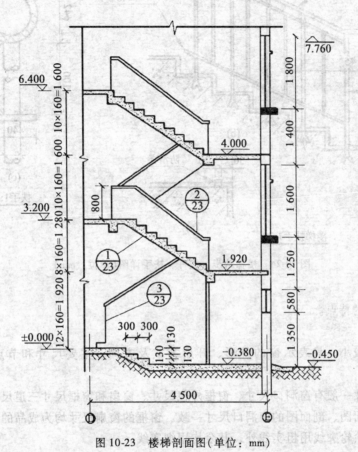

图 10-23 楼梯剖面图（单位：mm）

3. 楼梯踏步、扶手、栏板（栏杆）详图

楼梯踏步由水平踏步和垂直踢面组成，如图 10-24 所示。踏步详图表明踏步截面形状及大小、材料与面层做法。踏面边沿磨损较大，易滑跌，常在踏步平面边沿部位设置一条或两条防滑条，如图 10-24(a) 所示。

楼梯栏杆与扶手是为上、下行人安全而设置的，靠楼梯段和平台悬空一侧设置栏杆或栏板，上面做扶手，扶手形式与大小及所用材料应满足一般手握适度弯曲的情况。

10.7.5 门窗详图

门窗详图一般都有预先绘制好的各种不同规格的标准图，供设计者选用。因此，在施工图中，只要说明该图所在标准图集中的编号，就可以不必另绘制详图。如果没有标准图，就一定要绘制出详图。

门窗详图一般用立面图、节点详图、断面图以及五金表和文字说明等来表示。按相关规定，在节点详图与断面图中，门窗料的断面一般应加上材料图例。现以铝合金窗为例，

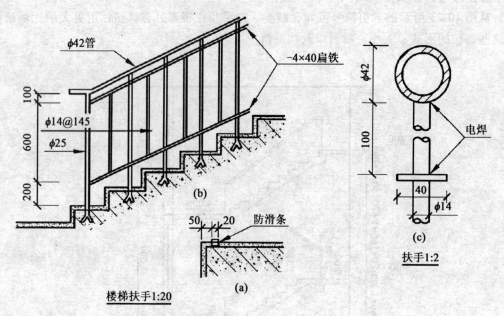

图 10-24 楼梯踏步、栏杆、扶手详图（单位：mm）

介绍门窗详图的特点。

1. 立面图

所用比例较小，只表示窗的外形、开启方式及方向、主要尺寸和节点索引符号等内容。

立面图尺寸一般有窗洞口尺寸、窗框外包尺寸、窗扇和窗框尺寸三道尺寸。窗洞口尺寸应与建筑平面图、剖面图的窗洞口尺寸一致。窗框的窗扇尺寸均为成品的净尺寸。立面图上的线型，除轮廓线用粗实线外，其余均用细实线。

2. 节点详图

一般绘制出剖面图和安装图，并分别注明详图符号，以便与窗立面图相对应。节点详图比例较大，能表示各窗料的断面形状、定位尺寸、安装位置和窗扇与窗框连接关系等内容。

3. 断面图

用大比例（1∶2、1∶5）将各种不同窗料的断面形状单独绘制出，注明断面上各截口的尺寸，以便于下料加工。有时，为减少工作量，往往将断面图与节点详图绘制在一起。

复习思考题 10

1. 建筑总平面图表达了哪些基本内容？
2. 在建筑总平面图上用什么方法确定新建房屋的位置？
3. 总平面图的内容和识读方法是什么？
4. 建筑平面图有何用途？建筑平面图主要反映哪些内容？

5. 建筑平面图上尺寸标注有何规定?
6. 建筑剖面图有何用途?怎样识读建筑剖面图?
7. 什么是建筑详图?建筑详图中主要反映哪些内容?
8. 外墙节点详图表达了哪些节点构造?
9. 楼梯详图一般包括哪些内容?
10. 门窗详图一般包括哪些内容?

第11章 景观建筑构造

◎**内容提要**：景观建筑构造是景观构筑物或建筑外环境设计的重要环节，景观建筑构造需要考虑构筑物或者结构外观的美感、材料的合理使用、构筑物或景观结构的使用安全性，并且提高施工的工作效率。因此在景观建筑构造设计中，合理地选择构造做法和材料十分重要。本章内容主要包括景观建筑构造的概述，常用景观建筑构造及环境小品的具体构造与材料等。

§11.1 景观建筑构造概述

11.1.1 景观建筑构造的定义

在景观工程中，按照设计方案的要求，用各类饰面材料对相应的基层进行处理的某些施工方法或做法。包括原基层表面的处理方式、各层材料的品种、规格、型号和各类材料的组成次序。

景观建筑构造影响景观构筑物或景观结构的正常使用，考虑构筑物或结构外观的美感、材料的合理使用、构筑物或景观结构的使用安全性，提高施工的工作效率，并且也是施工验收的重要依据。

11.1.2 景观建筑构造的原则

满足使用功能，保护景观的主体结构，便于使用，考虑各工种之间的关系。
满足精神要求，适应与改善使用环境条件。
构造设计应坚固、合理、安全，使施工具有可操作性。
正确选用和合理使用装饰材料，考虑到材料的性能、质感、造价，符合经济性原则。

11.1.3 景观建筑构造的类型

景观构造的基本类型：结构构造：是指骨架的构造，分为受力骨架和不受力骨架两种。
饰面构造：饰面构造与位置的关系：墙面、顶棚、地面等部位。
饰面构造的基本要求包括：连接牢靠，厚度与分层，表面分布均匀平整。
饰面构造的分类：罩面类；贴面类；钩挂类。

11.1.4 景观建筑构造的设计范围

景观建筑构造的设计种类包括：道路、铺地、广场、台阶、坡道、栏杆、树花池、水体驳岸、景墙、围墙、大门、亭廊等。

景观构造各组成部分的作用：主要是根据景观构造的具体功能来确定其作用。如花池构造、铺地构造、地面防滑构造等因素。各组成部分的作用及功能在后面章节将详细展开。

景观建筑构造的设计表现要求：

景观建筑施工图内容包括：平面布置图、铺装布置图、竖向设计图、各部位立面图、剖面图和景观节点大样图等。景观建筑构造设计和景观施工图符合建筑制图的基本规定，符合景观构造的基本要求。

11.1.5 景观建筑构造注意事项

1. 景观建筑构造的耐久性

大气作用下的稳定性：冻融循环作用，盐析作用，干湿作用，温度作用，老化作用，水的溶蚀作用，大气中的有害气体的腐蚀作用。

机械磨损作用：人的影响，风雨冲刷影响，变形与震动的影响。

污染作用：沉积性污染，侵入性污染，粘附性污染，静电吸引性污染，霉变污染。

2. 景观建筑构造的安全问题

景观建筑构造的安全技术：构造构件自身的强度、刚度和稳定性，构造构件对主体结构安全的影响，构造构件与建筑主体结构之间的节点连接，主体结构的安全；耐久性。

景观工程的防火设计技术：火灾发展的过程与防火对策，构造中应正确选用材料，防火部位和消防施工要求。

§11.2 景观道路及广场铺装

11.2.1 道路及广场铺装形式

1. 柔性铺装

柔性铺装是指各种材料完全压实在一起而形成的，将交通荷载传递给下面的垫层。这些材料会由于其天然的弹性在荷载作用下而轻微移动，因此在设计中应考虑限制铺装边缘的方法，防止铺装结构的松散和变形。

柔性铺装材料的种类很多，大多数柔性材料的铺装要比硬性材料经济得多，因为硬性材料的铺装需要坚固的地基垫层。柔性的地面覆盖物，包括诸如砾石和木片那样的疏松材料，沥青那样的密实材料，各种各样的建筑块料和"干"垒在沙地上的建筑块料及木头那样的硬质地面。

这些柔性材料都必须具备适当的弹性，车辆经过时会将其压陷。但等车辆过后又会恢复原样。铺装这些柔性材料前要做的准备工作包括：将最底层的素土充分压实，然后在其上铺一层碎砖石块，根据情况还可以加上一层防水层。

(1) 砾石。

砾石是一种常用的铺地材料，砾石适合于在庭园各处使用，对于规则式和不规则式设计来说很适用。铺路砾石是一种尺寸在 15~25mm 之间，由碎石和细鹅卵石组成的天然材料，铺在粘土中或嵌入基层中，通常设有具一定坡度的排水系统。

砾石包括3种不同的种类：机械碎石、圆卵石和铺路砾石。机械碎石是用机械将石头碾碎后，再根据碎石的尺寸进行分级。这种石料凹凸的表面会给行人带来不便，但将这种石料铺装在斜坡上却比圆卵石稳固。圆卵石是一种在河床和海底由水冲击而成的小鹅卵石，如果不将其铺好，会很容易松动。卵石铺装构造如图11-1所示。

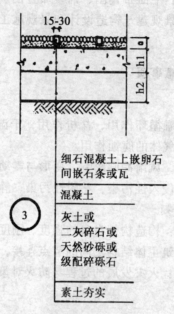

图11-1　卵石铺装构造示意图

(2)沥青。

沥青对于道路铺装来说是一种理想的铺装材料，沥青中性的质感是植物造景理想的背景材料。而且运用好的边缘材料可以将柔性表面和周围环境相结合。铺筑沥青路面时应用机械压实表面，且应注意将地面抬高，这样可以将排水沟隐藏在路面以下。沥青铺装构造如图11-2所示。

(3)嵌草混凝土。

许多不同类型的嵌草混凝土砖对于草地造景是十分有用的。这类材料特别适合那些要求完全铺草又是车辆与行人出入的地区。这些地面也可以作为临时的停车场，或作为道路的补充物。铺装这样的地面首先应在碎石上铺一层粗砂，然后在水泥块的种植穴中填满泥土和种上草及其他矮生植物。绿叶可以起到软化混凝土层的作用，这类材料甚至可以掩盖混凝土层，特别是在地面或斜面上。如图11-3所示为嵌草混凝土铺装构造。

(4)砖。

用砖做铺装具有很亲切的感觉，铺装时首先把边缘做好，然后小心地将砖码放在粗砂层上，并且用机械板或橡皮锤在砖头上震动。这样做可以将砖头嵌入基础层中并且将与砖头连接的沙压紧。这种铺装方法所用的砖必须十分耐用，并且是同一类型的。而砖的尺寸和碎石层的深度应根据铺装路面是行人还是行驶车辆来决定。为了防止杂草从地底长出，

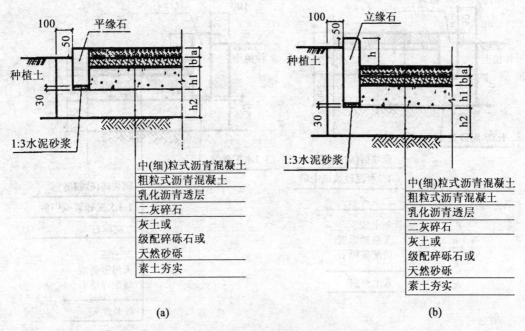

图 11-2 沥青铺装构造示意图

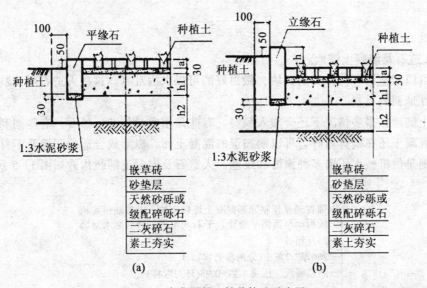

图 11-3 嵌草混凝土铺装构造示意图

最好在碎石层下铺一层防水布,这样可以使整个系统更紧密。砖铺装构造如图 11-4 所示。

2. 刚性铺装

刚性铺装是指运用现浇混凝土、砖、瓷砖预制构件及天然和人造石材所铺成的铺地,通常应增设一层混凝土地基,以形成一个坚固的平台,尤其是对那些细长的或易碎的铺地材料。不管是天然石块还是人造石块,松脆材料和几何铺装材料的配置及加固依赖于这个

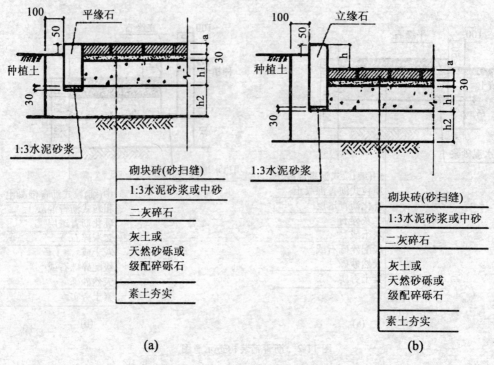

图11-4 砖铺装构造示意图

稳固的基础。

(1) 人造石及混凝土铺地。

水泥可以塑造出不同种类的石块，做得好的可以以假乱真。这些人造石可以制成用于铺筑装饰性地面的材料。

混凝土铺地在很多情况下还会加入颜料。有些是用模具仿造天然石，有些则利用手工仿造。当混凝土还在模具内时，可以刷扫湿的混凝土面，以形成合适的凹栅及不打滑的表面；有的则是借机械水压出多种涂饰和纹理。人造石及混凝土铺装构造如图11-5所示。

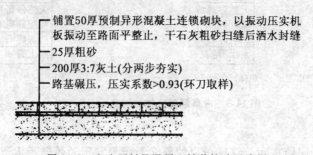

图11-5 人造石料及混凝土铺装构造示意图

(2) 砖和瓷砖铺地。

砖和瓷砖是一种非常流行的铺地材料，砖和瓷砖能与天然石料或人造材料很好地结合起来，如混凝土或人造石板，砖和瓷砖能作为植物很好的陪衬，砖和瓷砖能够做出各种吸引人的图案。砖和瓷砖的铺装构造如图11-6所示。

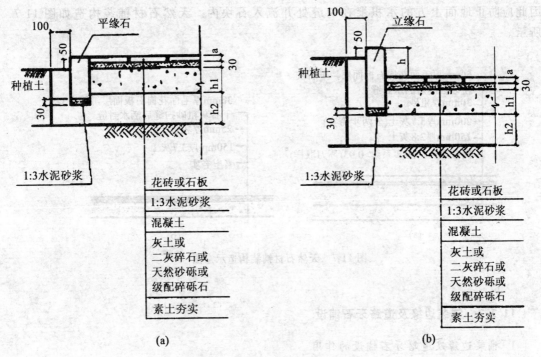

图11-6 砖和瓷砖铺装构造示意图

砖和瓷砖是为表面铺装而设计的，所以必须应耐磨和耐冻。即使凹下去的连接处也能提供一个较好的站立点，砖面应有粗糙的纹理。如果用做人行道的路面，在压实的素土层上加上碎石层、砂浆层和砌砖层就足够了。对行车道则要外加一层混凝土才比较保险，并且应采用各种不同厚度的砖砌边缘作为耐磨线。

不同纹理，形状和颜色的砖多种多样。当砖块铺放在建筑物附近时，应尽可能与周围的环境相配。在边缘，阶梯或小品中使用砖块也能起到连接对比强烈的新式铺地和美化周围环境的作用。

瓷砖具有一定的形状和耐磨性，最硬的是用素烧粘土制成的瓷砖，这类材料很难切断，所以适合用在正方形的地方。瓷砖也可以像砖那样在砂浆上拼砌。新陶瓷砖虽然最具装饰性，但也最易碎。不是所有的瓷砖都具有抗冻性，所以常常要做一层混凝土基层。

(3) 混凝土铺地。

撇开混凝土呆板和冷漠的外表，混凝土面层令人满意的地面处理方式能够在庭院布景中达到出奇制胜的效果。与多种不光滑的装饰面层不同的是，这种面层可用砖，石块或木材在必要的地方创造出具吸引力的细部，同时处理好伸缩缝。这些伸缩缝是混凝土面层抵抗热胀冷缩的重要部位。混凝土面层应每隔5m就设置一条伸缩缝。

(4) 天然石材铺地。

不同类别的天然石块有着不同的质感和硬度，这类材料的使用寿命受切割和堆砌方式的影响。密度相同的硬石通常按一定规格切割，个别有纹理的石头可以分割成平板石，以产生一处"劈裂"的表面。潮湿和霜冻都会对石头有影响，使石头一层层地剥落，因此应防止地面上方的水积聚在勾缝处并流入石块内。天然石材铺装构造如图 11-7 所示。

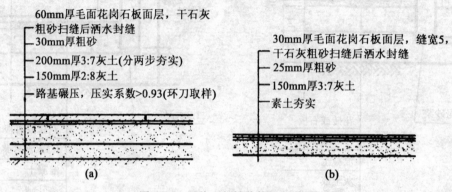

图 11-7　天然石材铺装构造示意图

11.2.2　铺装边缘及道路牙石铺设

1. 铺装边缘及道路牙石铺设的作用

道牙石也称为路缘石，其作用体现在以下若干方面：

(1) 保护铺装边缘和维持各铺砌层。
(2) 标志和保护边界。
(3) 标志不同铺装材料之间的拼接。
(4) 形成结构缝以及起到集水和控制车流作用。
(5) 具有装饰方面的作用，设计者应经常以积极的方式使用这类材料，且不单纯看做是为了满足特定的工程方面要求而不得不使用这类材料。

2. 铺装设计要点

铺装边缘及道牙石，选择修饰材料和细部处理时，切不可不加思索地采用现场解决方法，应尽一切可能设计出与周围环境以及邻近区域的特征相配的细部处理，通过形式、纹理和色彩使边缘修饰大大地提高景观空间的美感。与地坪之间的相对高度很重要，铺装边缘及道牙石应稍高出于总的地坪高度，可以是与地面平嵌的诸如成排的铺路砖，或标志停车区或行人区的小砌块，也可以是下凹形成排水沟的砌块。铺装边缘及道牙石可用花岗石、板岩、砂岩、人造石、预制混凝土或砖制成。与路面齐平或低于路面的边缘处理可以利用上述材料，也可以采用卵石，小方形砌块，现浇混凝土和松散材料（包括砾石，较大石块和松散的卵石）等。

选择边缘处理材料时，应将这类材料的初始造价与耐用度及维护费用等联系考虑。

3. 施工要点

铺装边缘及道牙石基础宜与地床同时填挖碾压，以保证整体的均匀密实度。结合层用

1:3的白灰砂浆2cm。安装要求平稳牢固，后用M10水泥砂浆勾缝，道牙石背后要用灰土夯实，其宽度为50cm，厚度为15cm，密实度为90%以上。

边条一般用于较轻的荷载处，且尺寸较小，一般5cm宽，15~20cm高，特别适用于步行道，草地或铺砌场地的边界。施工时应减轻边条作为垂直阻拦物的效果，增加边条对地面的密封深度。边条铺砌的深度相对于地面应尽可能低些。如广场铺地，边条铺砌可以与铺地地面相平。槽块分凹槽和空心槽块，一般紧靠道牙石设置，以利于地面排水，路面应稍高于槽块。如图11-8、图11-9所示。

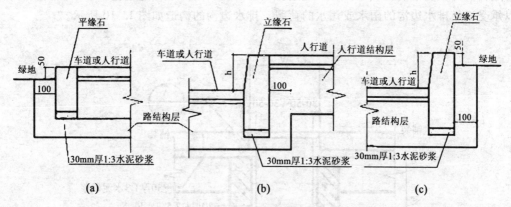

图11-8 三种道牙石安装模式（单位：mm）

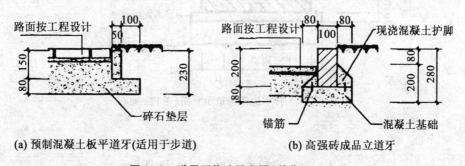

图11-9 道牙石构造示意图（单位：mm）

11.2.3 道路及广场排水沟设置

1. 作用及设置要点

道路及广场表面（无论是斜面还是平面）的排水均可能使用排水边沟。排水边沟的宽度必须与水沟的栅板宽度相对应。排水沟同样可以用于普通道路和车行道旁，为道路设计提供一个富有趣味性的设计点，并能为道路及广场建立自己的性格。这种设计方法在许多受保护的老建筑区域内可以看到。排水边沟应为铺装模式中的组成部分之一。当水由道路及广场上流动时排水边沟可以作为其边缘装饰，在压路机不能碾压到边缘的路面上尤其有用。

2. 类型及材料

排水边沟可以采用盘形剖面或平底剖面，且可以采用多种材料，例如：现浇混凝土，预制混凝土，花岗岩，普通石材或砖。砂岩很少被使用，花岗岩铺路板和卵石的混合使用使路面有了质感的变化。卵石由于其粗糙的表面会使水流的速度减缓，这一点的运用在某些环境中会显得十分重要。

排水边沟的形式必须与周围建筑物和环境的风格保持一致。在有新老风格衔接的区域，由于经济原因这一点一般很难做到，特别是在与古文化保持地区相邻的一些地区。盘形边沟多为预制混凝土或石材，石材造价相对来说较高。平底边沟应具有压模成型的表面以承受流经排水边沟的雨水或污水的荷载。排水边沟的构造如图 11-10 所示。

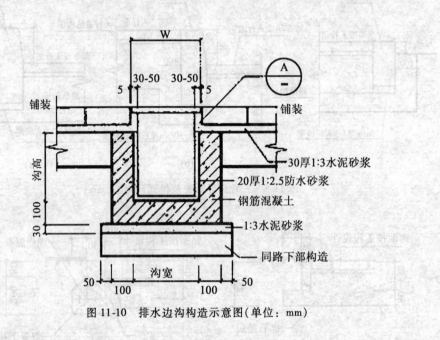

图 11-10 排水边沟构造示意图（单位：mm）

§11.3 景观台阶、坡道与铺装

11.3.1 台阶的构造与设计

1. 台阶构造

(1)基础可以采用石块或混凝土。

(2)踏面：即脚踩的平面。表面要防滑，向前有一定倾斜度以利排水。其宽一般为 28~45cm。

(3)踢面台阶的垂直面：一般以 10~15cm 为宜。最高不超过 17.6cm。

(4)踏面突边：踏面的前方边缘。既可以建在下层踢面之上，也可以进行装饰，从下往上看时台阶显得更如突出。

(5)坡度：台阶上升的角度。本着安全和舒适的原则，庭园中台阶的坡度不应超过40°。

(6)顶部平台和底部平台。台阶的顶部平台或底部平台,可以有效防止草地或土壤的磨损或开裂。

(7)休息平台:按一定的间距设置,用于供人休息。休息平台的深度应是踏面的倍数。

台阶的高度(R)与宽度(T),在特殊情况下需要变动时可以依下式计算

$$2R+T=67\text{cm}$$

要想获得良好的步伐节奏感,踢面与踏面之间的合理比例至关重要。踢面越低,踏面就必须越深。石材台阶构造如图11-11所示。

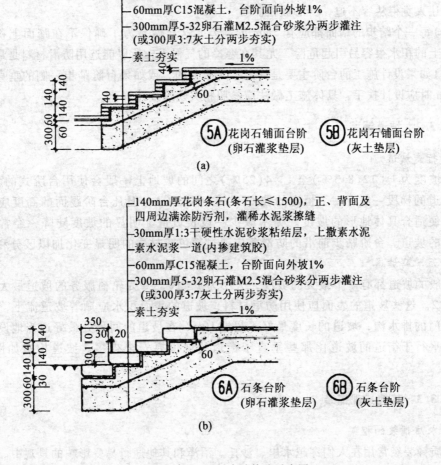

图11-11 石材台阶构造示意图

2. 台阶的设计要点

(1)台阶既可以与坡地平行,也可以与坡地以适当的角度相交,或二者兼而有之;

既可以与坡地融为一体,也可以自成一体。坡顶或坡底可以利用的空间常常决定了台阶的位置。如果坡顶的空间有限,则应将台阶的重心放在坡底。反之,若坡底的空间很小,则可以将台阶建在坡地内,而不超出坡道本身,顶部平台则可以嵌入到坡顶的空间中。

(2)台阶的级数取决于高差以及可以利用的水平宽度。一般而言,庭园中台阶的坡度没有室内的大,因为后者空间有限,并有扶手或栏杆作为补充。

(3)踏面在高度和纵宽上必须保持一致,在上、下台阶时应有一种节奏感,才会使行人觉得舒适和安全。而这种节奏感是通过踢面的高度与踏面的宽度之间的紧密而获得的。如果某段台阶特别长,最好每隔10~12个踏面就设一个休息平台,以便登梯者不论在体力上还是精神上都能获得休息。只要休息平台的宽度是踏面宽度的倍数,就可以保持步伐的节奏。另外,休息平台也可减轻过长的台阶对人心理的压迫。

(4)踏面的横宽随环境的不同而异,凭经验,台阶踏面宽不应小于35cm,并且台阶踏面不应小于所在道路的宽度。若踏面过窄,会给人一种局促,匆忙的不适之感。踏面越宽,越让人觉得从容不迫,身心放松。

(5)每一个踏步的踏面都应有5mm的高差,这样做是为了确保不在踏面上积水,因为踏面上的积水很容易引起危险,尤其在寒冷的气候下,所以能选用防滑材料是最好的。

(6)如果设计施工的台阶主要是为老年人服务的,或如果台阶踏步一侧的垂直距离超过60cm时应设计扶手,具体施工做法应参照相关建筑设计规范。

11.3.2 坡道铺装

1. 行走坡道

在坡度为1:12(8.3%)至1:4(25%)之间的坡地上一般会使用台阶式的斜坡道,这种坡道的梯段一般有一个恒定的坡度1:12(8.3%),但凡台阶踢面的高度应各不相同,以便适合具体地形的坡度。为了减少一段长坡道上明显的坡度陡降,经常会使用台阶式的坡道。台阶踏步前沿的防滑条应通过颜色或材质的明显变化加以区分和界定。

2. 无障碍坡道

一般的坡道都有一个最大的坡度,大小为1:10,专为轮椅服务的坡道最大坡度应是1:12。这些坡道的表面应使用防滑材料,坡道的表面积水应顺着坡道流下,最终能排入专门的排水沟,坡道的长度最好不超过10m,在坡道的间隔处最好适当地设置休息平台,平行于街道的坡道比那些垂直于街道的坡道要安全得多。坡道构造如图11-12所示。

11.3.3 其他景观铺装

1. 木质铺装的框架

木质铺装经常用在人们穿越水岸、沙丘、沼泽和其他通行易受影响的景观中。虽然当今镀锌钢和混凝土已经大量使用,但是木板人行道因其特殊的质感,景观效果以及能长期保持稳固的结构,仍然被大量使用于景观的营建中。木质铺装的框架包含:

(1)台式构架。

这是一种由梁和托梁组成的结构形式。因为托梁承担了大部分面积上的荷载,而且常

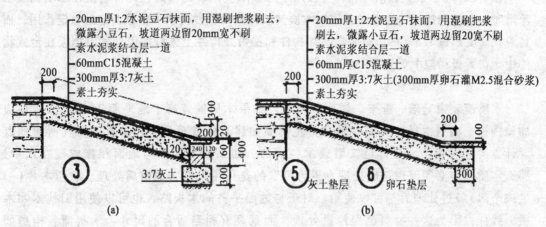

图 11-12 坡道构造示意图(单位：mm)

能起到密肋梁的作用，所以只需数量很少的梁。托梁之间的距离是由托梁承受荷载能力的大小，地板最大允许跨距和所使用的承建木材决定的。

(2)梁板构架。

这种结构形式中是不需要使用托梁的，因为梁铺得很密，其间距很小，使梁板具有与托梁一样的功能。木铺面板的厚度不应小于 50mm。

梁间距取决于以下几个条件：木铺面板允许达到的最大跨距，交叉横断面上梁的节点尺寸及梁的允许跨距。这种构架形式的主要优点就是高度较小，因此，常常用于建造滨水木板路和平地面的木质铺装结构。

2. 木质铺装的基本组成结构

木质铺装的两种构架形式具有相同的基本组成构件。

(1)铺面板是指供行人使用的最顶层的表面部分。铺面板是由托梁支承还是由密梁支承取决于所采用的结构形式。同时，铺面板材料允许达到的跨度决定了托梁之间的最大距离，而在梁板结构中，这一跨度则决定了梁与梁之间的最大距离。

(2)托梁只适用于台式框架结构，托梁的作用是为跨度较小的铺面板提供支撑，并且把托梁所承担的荷载平均分配到较大的范围中去。

(3)梁的用途是支撑以下物体的重量：托梁，铺面板和其上附加的非承重结构，如：花盆、座椅、栏杆和台阶等，并把这些荷载传递到柱子上或基础上。

(4)柱承担着木质铺装的全部重量，并且把这些重量传递给柱基础。但是，如果托梁是一个与地面平齐的铺面人行道和木板人行道，那么就不需要用这些竖向构件承重，因为在这种情况下，梁或托梁可以直接搭接在基础上。

(5)基础是把铺面板或木板锚固在土壤中的承重构件，基础同时承受自身重量和上部传来的荷载，基础必须延伸到冰冻线以下，以防止在热胀冷缩过程中给结构的整体性和支撑强度带来不良影响。但是，对于轻质构筑物，则不必这样做。铺面板应与一个稳固的构筑物相连接，这样也可以保证本身具有足够的稳定性。

(6)支杆和挡板。这两种构件一般用于加强木质铺装的稳定性,特别是在木质铺装自承重时。支杆和挡板一般是通过限制木质铺装在侧面上发生水平位移而起到稳定作用,而且应在高度超过 1.5m 的所有竖向支撑构件和拐角处构件上进行加固处理。挡板在台式构件中比在梁板构架中更为常用。

3. 木质铺装施工技术

木质铺装由基础、框架、铺面板组成。如果木质铺装高于地平面 75cm,那么还应加设围栏,而且木板路需要有自身特色,如加建长椅或观景平台。基础与其所建地点设计方案直接相关,常常是支墩或木柱式的。如果软质木柱与地面相接或浸在水中,那么木质铺装必须经过防腐处理,更为可取的是采用无毒害的防腐处理。软质木片(一半或全部)经过处理后都可以使用。对于与地面平齐的木板路,也可以使用旧枕木和木质电线杆,因为这些材料已经经过处理,而且具有相当适合的尺寸。木制铺装构造如图 11-13 所示。

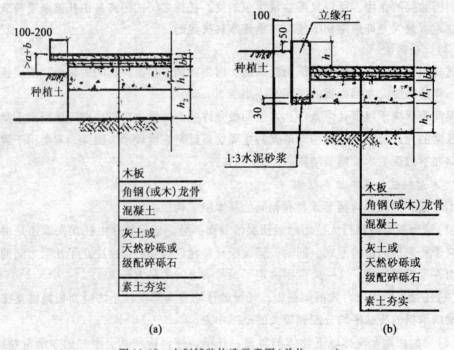

图 11-13 木制铺装构造示意图(单位:mm)

4. 限制性路面铺装

地面若要使用,就应平整、耐用,但是有时有些地段并不希望大量地使用,但又必须使视线通透,或只希望行人使用,而不允许一般车辆驶入,或限制车辆速度,这类地面可以根据具体情况加以特殊处理。如采用立铺的卵石铺面,嵌草的混凝土块,散铺嵌草的块石等。卵石铺装构造如图 11-14 所示。

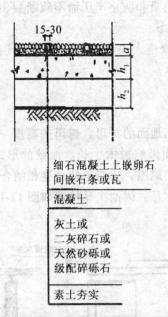

图 11-14 卵石铺装构造示意图(单位：mm)

§11.4 景观树、花池及驳岸

在有铺装的地面上栽种树木时，树木的周围保留一块没有铺装的土地，通常称为树池或树穴。设置树池和格栅，对于树木，尤其是对于大树，古树，名贵树木的生长是非常必要的。据北京园林科研所研究证实，土壤的密度过高，透水、透气性不良，是古树衰弱的根本原因，土壤的机械阻抗升高，夏季土温过高等，也是重要的原因。而导致这一切的主导因素，是大量的游人的践踏。因此，设置树池和格栅是必要的。常见树池的形状有方形、圆形和多角形等。树池的直径通常为 1.2~2.6m，形式可以分为平树池和有珥的高树池。

11.4.1 平树池

树池池壁外缘的高度与铺装地面的高度相平。池壁可以用普通机砖，也可以用混凝土预制，其宽度和长度根据树池大小而定。树池周围的地面铺装可以向树池方向做排水坡。最好在树池内装上格栅(铁箅子)，地面水可以通过箅子流入树池。为了防止人们踩踏可以将树池周围的地面作成与其他地面不同颜色的铺装，这样既可以起到提示的作用，又是一种装饰。

栅格是设在树池之上的箅子，其作用是覆盖在树池之上，以保护池内的土壤不被践踏。栅格要有足够的强度，不易折断。格栅的纹样要美观，花格缝隙的大小要适度，以防止游人误入。

栅格一般为两种材料：

1. 混凝土预制盖板

混凝土预制盖板常见有条形格栅，有四块合围成方形树穴的；也有利用植草砖铺砌的。混凝土盖板应注意施工质量和防止车压而不致断裂、翘曲,影响美观。

2. 铸铁盖板

铸铁盖板有 1.2~1.5m 规格大小和圆、方外型,其花纹也不失为一种地面装饰。盖板下常铺一层陶粒以利于泄水。

11.4.2 高树池

把种植池的池壁做成高出地面的树珥。树珥的高度一般为 15cm 左右,以保护池内土地,防止人们误入踩实土壤而影响树木生长。池壁的形式是多种多样的。可以种花草装饰。有时还可以在高大树木的周围,将树珥与坐凳相结合进行设计,既可以保护树木,又可以供人们在树荫下乘凉、休息。树池坐凳构造如图 11-15 所示。

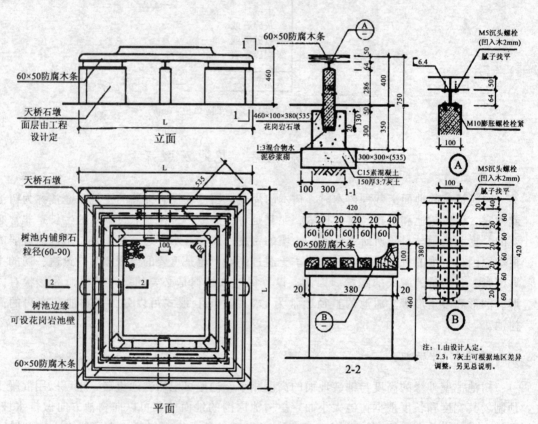

图 11-15 树池坐凳构造示意图(单位:mm)

11.4.3 花池

1. 花池的边缘

为了避免游人踩踏花池内部,在花池的边缘应设有边缘石及坐凳,一般边缘石有磷石、砖、条石以及假山等,也可以在花池边缘种植一圈装饰性植物。边缘石的高度一般为 10~15cm,最高不超过 30cm,宽度为 10~15cm,若兼作坐凳则高度可以增至 450cm,宽度为35~50cm。具体视花池大小而定。

2. 花池的高度

凡供四面观赏的圆形花池，花池栽植时，一般要求中间高、渐向四周低矮，倾斜角5°~10°，最大25°。既有利于排水又利于增加花池的立体感。角度小时，可以选择不同高度花卉增加其立体感。带状花池可以供两面观赏或单面观赏。种植土厚度视植物种类而异，草本1~2年生花卉，保证20~30cm土壤，多年生长灌木为40cm厚的种植土层。花池构造如图11-16所示。

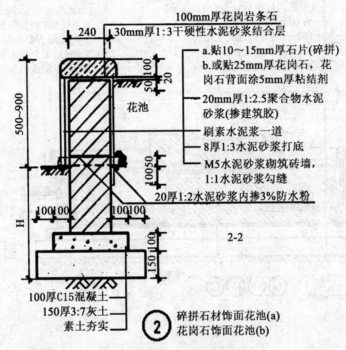

图11-16 花池构造示意图（单位：mm）

§11.5 景 观 水 景

景观水体，如喷泉、瀑布、池塘等，都以水体为题材，水成了园林景观的重要构成要素，也引发无穷尽的诗情画意。并可改善环境，调节气候，控制噪音，提供观赏性水生动物和植物的生长条件，为生物多样性创造必须的环境。

11.5.1 以水体存在的四种形态来划分水体的景观

水体因压力而向上喷，形成各种各样的喷泉、涌泉、喷雾等，总称"喷水"。
水体因重力而下跌，高程突变，形成各种各样的瀑布、水帘等，总称"跌水"。
水体因重力而流动，形成各种各样溪流，漩涡等，总称"流水"。
水面自然，不受重力及压力影响，称"池水"。

11.5.2 人工造就的喷水

1. 水池喷水：这是最常见的形式。设计水池，安装喷头、灯光、设备。停喷时，是一个静水池。如图 11-17 所示，为人工喷泉构造。

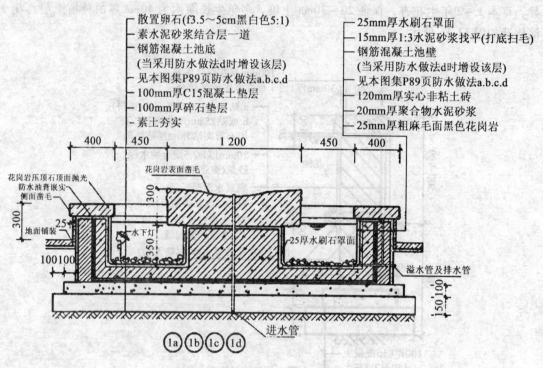

图 11-17 喷泉构造示意图(单位：mm)

2. 旱池喷水：喷头等隐于地下，适用于让人参与的地方，如广场、游乐场。停喷时是场中一块微凹地坪，其缺点是水质易污染。

3. 浅池喷水：喷头隐于山石、盆栽之间，可以把喷水的全范围做成一个浅水盆，也可以仅在射流落点之处设几个水钵，A 定时喷一串水珠至 B，再由 B 喷一串水珠至 C，如此不断循环跳跃下去周而复始。

4. 舞台喷水：影剧院、跳舞厅、游乐场等场所，有时作为舞台前景、背景，有时作为表演场所和活动内容。水幕影像为其中的一种形式。

5. 盆景喷水：家庭、公共场所的摆设，大小不一，往往成套出售。这种以水为主要景观的设施，不限于"喷"的水姿，而易于吸取高科技成果，做出让人意想不到的景观效果。

6. 自然喷水：喷头置于自然水体之中。

7. 跌水：水体因重力而下跌，其构造如图 11-18 所示。

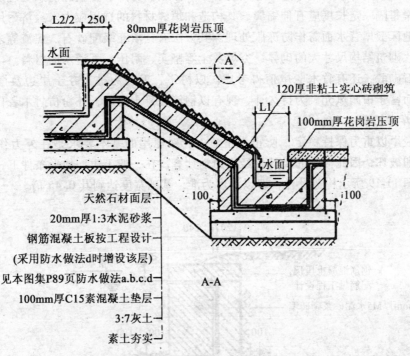

图 11-18 跌水实例构造示意图（单位：mm）

§11.6 景观水体驳岸

11.6.1 驳岸的类型

园林驳岸按其断面形状可以分为自然式和整形式两类。对于大型水体和风浪大、水位变化大的水体以及基本上是规则式布局的园林中的水体，常采用整形式直驳岸，用石料、砖或混凝土等砌筑整形岸壁。对于小型水体和大水体的小局部，以及自然式布局的园林中水位稳定的水体，常采用自然式山石驳岸，或有植被的缓坡驳岸。自然式山石驳岸可以做成岩、矶、崖、岫等形状，采取上伸下收、平挑高悬等形式。

11.6.2 驳岸的修筑要点

园林驳岸是起防护作用的工程构筑物，由基础、墙体、盖顶等组成，修筑时要求坚固和稳定。驳岸多以打桩作为加强基础的措施。选坚实的大块石料为砌块，也有采用断面加宽的灰土层作基础，将驳岸筑于其上。驳岸最好直接建在坚实的土层或岩基上。如果地基疲软，必须作基础处理。

1. 驳岸常用材料

驳岸常用条石、块石、混凝土或钢筋混凝土作基础；用浆砌条石、浆砌块石勾缝、砖砌抹防水砂浆、钢筋混凝土以及用堆砌山石作墙体；用条石、山石、混凝土块料以及植被作盖顶。在盛产竹、木材的地方也有用竹、木、圆条和竹片、木板经防腐处理后作竹木桩驳岸。驳岸每隔一定长度应有伸缩缝。其构造和填缝材料的选用应力求经济耐用,施工方便。寒冷地区驳岸背水面需作防冻胀处理。其方法有:填充级配砂石、焦渣等多孔隙易滤水的材料;砌筑结构尺寸大的砌体,夯填灰土等坚实、耐压、不透水的材料。

除了石砌驳,还有竹木驳岸值得考虑。以树干、毛竹为桩,夯于岸边及摆篱垒土成驳,价廉而富于田园风光。为持久计,现有以钢筋混凝土为芯,外粉仿竹木者代替。

2. 驳岸常用做法

石砌驳岸以重力保持稳定,防止水土流失,对池岸的基本要求是在外力作用下不推移、倾覆和破坏,因此河驳的设计要经土力学计算。在一般土质、地形条件下,小型河驳可以参考图11-19所示构造设计,即以深度为准,基础宽度达到其0.45倍。

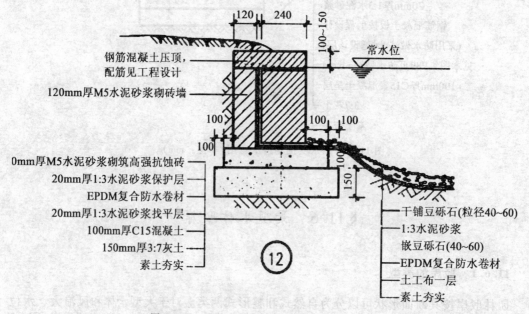

图11-19 石砌式驳岸构造示意图(单位:mm)

以自然景观为主的公园,池河驳往往不砌出水面,而在水平面以下5~10cm用乱石为材,其上用景观石为料(湖石、英石、风化黄石、大型卵石等),以达到既节约又美观的目的,如图11-20所示。此时的景观石并非机械环绕水面一周,形同锁链,而是断断续续,忽隐忽现地摆布;在坡缓地方,让地面自然延伸入水,不失为一园林美景;在坡陡地方。在边岸转折之处,三三两两、三五成群布置景观石,虽由人作,胜似天开,才是师匠杰作。

驳岸另一种做法,是设计较平$\left(达\frac{1}{6}\sim\frac{1}{5}\right)$缓坡,在水位上、下线上,或种植耐湿固土地被、水生植物,或布置砾砂卵石,意境来于自然又高于自然。因此这种设想,在市郊自然、生态绿地、公园可考虑是上策。即使岩坡有所冲刷坍落,池坡渐趋缓,水土趋平衡,也无大碍而显天然。这里的关键,一是控制水位,勿使其上下有过大波动;二是在风口上，在突出的岸矶，在地形转陡处，都要有加固措施。

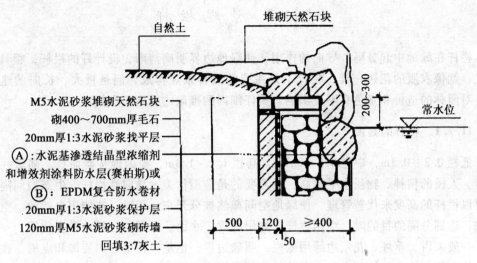

图 11-20 自然式驳岸构造示意图（单位：mm）

3. 驳岸池底防渗漏措施

与池岸相关者，常见仿自然瀑布溢水，自丘而下，由此产生一个设计水平面高出地下水位，且要在填（松）土上解决边岸池底渗漏水问题。此时有几种方案可供参考：

(1) 填土造丘之前，构造钢筋混凝土支承梁柱，填土后再筑池岸底板。

(2) 已填土成丘者，无法再寻可靠支承，可考虑由下而上按景观要求构造几个不同标高的开口混凝土水箱，相互铰接而于重叠处溢水。

(3) 待土质较稳之后，按造景要求绑扎钢筋、网片，喷灌水泥浆而成型，再加饰面材料。

(4) 于接触水体部分，叠置轻型石景，尽量减轻负荷（如 GRC、钢丝网水泥塑石等），待成型，再喷灌铺砌防水材料（如自防水膨润土、泡沫填充料等），而于其他部分堆叠真实天然景观石，使之相互交错，真真假假，以假乱真。五是以 PVC、膨润土布等防水材料铺砌池边底板，再堆叠景观石。

从总体看，要注意几个问题：

(1) 一块绿地、一个公园的水体，应服从总体要求，有一个统一的构思。池岸是自然，抑或是规则，是隐是现，有无栏杆小径，要看整体的地域位置、风格面貌而定。一个园内不同区域，也可有不同的要求。

(2) 几种池岸做法，也可相互配合使用。此岸近广场建筑而规则，彼岸近丘陵丛林而自然，也不失为一种变化和对比，注意点是交接如何过渡。

(3) 池岸要考虑安全因素。一般近岸处水宜浅（0.4~0.6m），面底坡缓$\left(\frac{1}{5} \sim \frac{1}{3}\right)$，以求节约和安全。人流密集地方，如何防止落水，也须多费匠心。

(4) 水面使用功能的不同，如观赏鱼、植荷莲、划舟艇、显倒影、喷水、游泳、溜冰等，也会使景观和水深浅、水波浪不尽相同，而影响池岸设计。五是选材既关及景观，也决定造价，从经济上也要多加考虑。

§11.7 景观栏杆

栏杆在绿地中起分隔、导向的作用，使绿地边界明确清晰，设计好的栏杆，很具装饰意义，就像衣服的花边一样，栏杆不是主要的园林景观构成，但是量大、长向的建筑小品，对园林的造价和景色有不少影响，要仔细斟酌推敲才能落笔生辉。

11.7.1 栏杆的高度

低栏 0.2~0.3m，中栏 0.8~0.9m，高栏 1.1~1.3m，要因地按需而择。随着社会的进步，人民的精神、物质水平提高，更需要的是造型优美，导向性栏杆、生态型间隔。切不要以栏杆的高度来代替管理，使绿地空间截然被分开来。相反，在能用自然的、空间的办法，达到分隔的目的时，少用栏杆。如用绿篱、水面、山石、自然地形变化等。

一般来讲，草坪、花坛边缘用低栏，明确边界，也是一种很好的装饰和点缀，在限制入内的空间、人流拥挤的大门、游乐场等用中栏；强调导向；在高低悬殊的地面、动物笼舍、外围墙等，用高栏，起分隔作用。

11.7.2 栏杆的构图

栏杆是一种长形的、连续的构筑物，因为设计和施工的要求，常按单元来划分制造。栏杆的构图要单元好看；更要整体美观，在长距离内连续的重复，产生韵律美感，因此某些具体的图案、标志，例如动物的形象、文字往往不如抽象的几何线条组成给人感受强烈。

栏杆的构图还要服从环境的要求。例如桥栏，平曲桥的栏杆有时仅是二道横线，与水的平桥造型呼应，而拱桥的栏杆，是循着桥身呈拱形的。栏杆色彩的隐现选择，也是同样的道理，绝不可喧宾夺主。

栏杆的构图除了美观，也和造价关系密切，要疏密相间、用料恰当，每单元节约一点，总体相当可观。

11.7.3 栏杆的设计要求

低栏要防坐防踏，因此低栏的外形有时做成波浪形的，有时直杆朝上，只要造型好看，构造牢固，杆件之间的距离大些无妨，这样既省造价又易养护；中栏在须防钻的地方，净空不宜超过 14cm 在不须防钻的地方，构图的优美是关键，但这不适于有危险、临空的地方，尤要注意儿童的安全问题，此外；中栏的上槛要考虑作为扶手使用，凭栏遥望，也是一种享受；高栏要防爬，因此下面不要有太多的横向杆件。

11.7.4 栏杆的用料

石、木、竹、混凝土、铁、钢、不锈钢都有，现最常用的是型钢与铸铁、铸铝的组合。竹木栏干自然、质朴、价廉，但是使用期不长，如有强调这种意境的地方，真材实料要经防腐处理，或者采取"仿"真的办法。砼栏杆构件较为拙笨，使用不多；有时作栏杆柱，但无论什么栏杆，总离不了用钢筋混凝土作基础材料。铸铁、铸铝可以做出各种花型构件；美观通透，缺点是性脆；断了不易修复，因此常常用型钢作为框架，取两者的优点而用之；还有一种锻铁制品；杆件的外型和截面可以有多种变化，做工也精致，优雅美观，只是价格不菲，可在局部或室内使用。

11.7.5 栏杆的构件

除了构图的需要，栏杆杆件本身的选材、栏杆的构造也要注意以下方面：

1. 充分利用杆件的截面高度，提高强度又利于施工。
2. 杆件的形状要合理，例如二点之间，直线距离最近，杆件也最稳定，多几个曲折，就要放大杆件的尺寸，才能获得同样的强度。
3. 栏杆受力传递的方向要直接明确。

只有了解一些力学知识，才能在设计中把艺术和技术统一起来，设计出好看、耐用又便宜的栏杆来。如图 11-21 所示为木制栏杆构造。

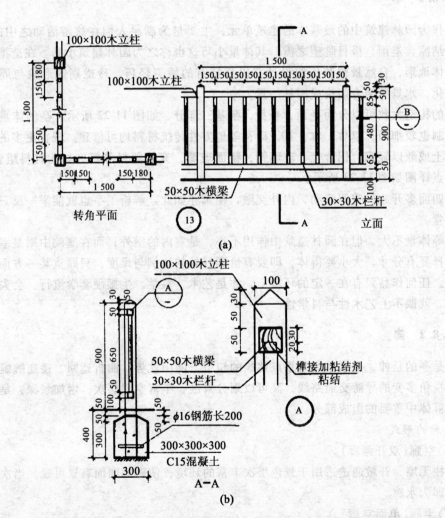

图 11-21 栏杆构造示意图（单位：mm）

§11.8 景观建筑小品

景观建筑小品种类繁多，其功能简明，体量小巧，富于神韵，立意有章，精巧多彩，有高度的艺术性，是讲究适得其所的精致小品。景观建筑小品以其丰富多彩的内容和造型活跃在古典园林，现代园林，游乐场，街头绿地，居住小区游园，公园和花园之中。但在造园上景观建筑小品不起主导作用，仅是点缀与陪衬，即所谓"从而不卑，小而不卑，顺其自然，插其空间，取其特色，求其借景"。力争人工中见自然，给人以美妙意境，情趣感染。

景观建筑小品要求充分表达其平面、立面、剖面（材料、尺寸）、详图、结构、水电等，园林小品材料规格等。内容包含亭、廊、花架、休息凳、服务设施、景墙、园墙等较多内容，这里举几种类型为例：

11.8.1 亭

亭作为园林建筑中的最基本的建筑单元，主要是为满足人们在旅游活动之中的休憩，停歇，纳凉，避雨，极目眺望之需。其体量小巧这也称之为园林建筑小品。在造型上，要结合具体地形，自然景观和传统设计并以其特有的娇美轻巧，玲珑剔透形象与周围的建筑，绿化，水景等结合而构成园林一景。

亭的构造大致可以分为亭顶，亭身，亭基三部分，如图 11-22 所示。亭的体量宁小勿大，形制也较细巧，以竹，木，石，砖瓦等地方性传统材料均可修建。现在更多的是用钢筋混凝土或兼以轻钢，铝合金，玻璃钢，镜面玻璃，充气塑料等新亦如此材料组建而成。亭的节点详图如图 11-23 所示。

亭四面多开放，空间流动，内外交融，榭廊亦如此。解析了亭也就能举一反三于其他楼阁殿堂。

亭等体量不大，但在园林造景中作用不小，是室内的室外；而在庭院中则是室外的室内。选择要有分寸，大小要得体，即要有恰到好处的比例与尺度，只顾重某一方面都是不允许的。任何作品只有在一定的环境下，才是艺术，科学。生搬硬套学流行，会失去神韵和灵性，就谈不上艺术性与科学性。

11.8.2 廊

廊是亭的延伸，是联系风景景点建筑的纽带，随山就势，曲折迂回，透迤蜿蜒。廊既能引导视角多变的导游交通路线，又可以划分景区，丰富空间层次，增加景深，是中国园林建筑群体中重要的组成部分。

1. 廊的形式

（1）空廊（双开画廊）。

有柱无墙，开敞通透适用于景色层次丰富的环境，使廊的两面有景可观。当次廊隔水飞架，即为水廊。

（2）半廊（单面空廊）。

一面开敞，一面靠墙，墙上又设有各色漏窗门洞或设有宣传橱柜。

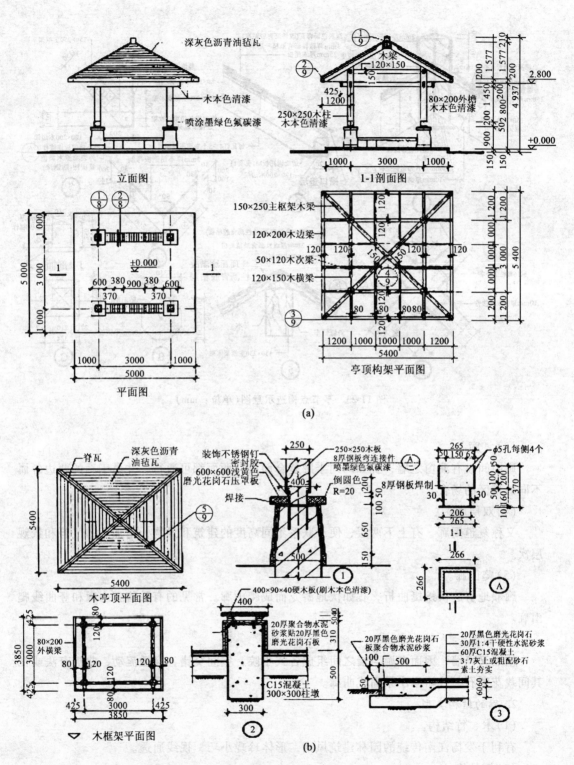

图 11-22 亭构造示意图(单位:mm)

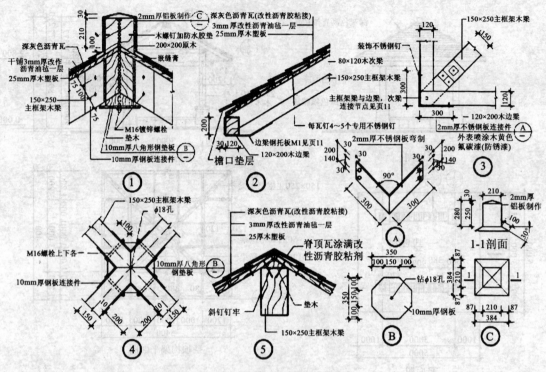

图 11-23 亭节点构造示意图（单位：mm）

(3) 复廊。

廊中间没有漏窗之墙，犹如两列半廊复合而成，两面都可通行，并易于廊的两边各属不同的景区的场合。

(4) 双层廊。

又称复道阁廊，有上下两层，便于联系不同高度的建筑和景物，增加廊的气势和景观层次。

(5) 爬山廊。

廊顺地势起伏蜿蜒曲折，犹如伏地游龙而成爬山廊。常见的有跌落爬山廊和竖曲线爬山廊。

(6) 曲廊。

依墙又离墙，因而在廊与墙之间组成各式小院，空间交错，穿插流动，曲折有法或在其间栽花置石，或略添小景而成曲廊。

2. 廊的结构类型

(1) 木、竹结构。

有利于发扬江南传统的园林建筑风格，形体玲珑小巧，视线通透。

(2) 钢结构。

钢的或钢与木结合构成的画廊也是很多见的，轻巧，灵活，机动性强。

(3) 钢筋混凝土结构。

多为平顶与小坡顶。

11.8.3 花架

花架是园林绿地中以植物材料为顶的廊，花架既具有廊的功能，有比廊更接近自然，融合于环境之中，其布局灵活多样，尽可能用所配置植物的特点来构思花架，形式有条形，圆形，转角形，多边形，弧形，复柱形等。花架根据结构与材料可以分为：竹，木花架、砖石花架、钢花架和混凝土花架。花架构造如图11-24所示。

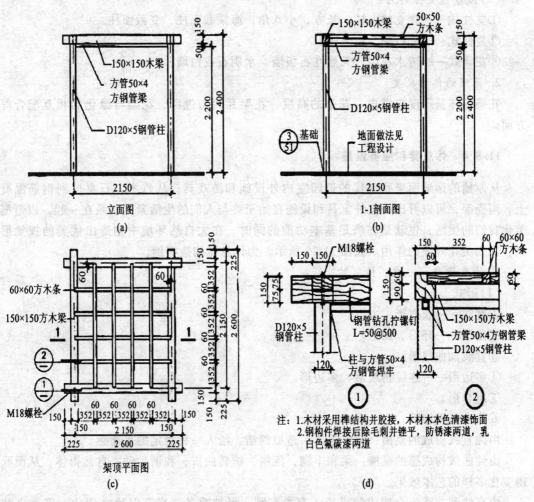

图11-24 花架构造示意图（单位：mm）

1. 花架的形式
(1)按结构受力分为：
①简支式。多用于曲折错落的地形，由两根支柱，一根横梁组成，显得更稳定，地形平坦处，则本身用2~3级踏步来错落，将使人更安全。
②悬臂式。又分双挑和单挑．为了突出构图中心，可环绕花坛水池，湖面为中心、而

布置成圆环弧形的花架。用单，双均可，忌孤立布置。

③拱门钢架式。花廊多采用此方式，多用半圆拱顶或门式钢架式，材料多用钢筋，轻钢或混凝土制成。临水的花架，不但平面可设计成流畅曲线，立面也可与水波相应设计成连续的拱形或波折式，部分有顶，部分化顶为棚，效果甚佳。

④组合单体花架。与亭廊，建筑入口，小卖部结合具有使用功能的花架，为取得对比又统一的构图效果，常以亭，榭等建筑为实，而以花架平立面为虚，突出虚实变化中的协调。

(2)按垂直支撑分为：

①立柱式——独立的方柱，长方，小八角，海棠截面柱，变截面柱。

②复柱式——平行柱，V形柱。

③花墙式——清水花墙，天然红石板墙，水刷石或白墙。

2. 花架的体量尺度

花架的体量尺度应考虑：花架的高度、花架开间与进深、花架与绿化的相互配合等方面。

11.8.4 休息凳和服务设施

从原始的席地而坐到现代的造园室内外设施和游戏具；从竹木，石桌椅到钢筋混凝土，陶瓷等，可以看出，室外家具和设施自始至终与人们的生活紧密联系在一起。以造型美化我们的生活，也就是在满足基本功能的同时，在大自然环境中创造出优美的视觉形象，起到美化环境的作用。如图11-25所示，为休息凳构造实例。

1. 休息设施——桌，椅，凳

(1)形式。

①直线——长方形，方形。

②曲线——环形，圆形。

③直线加曲线形。

④多边形——连续折线形，多边形。

⑤组合形。

⑥仿生与模拟形。

由纯直线构成的桌椅：制作简单，造型简洁，给人一种稳定的平衡感。

由纯曲线构成感的桌椅：柔和丰满，流畅，婉转曲折，和谐生动，自然得体，从而取得变化多样的艺术效果。

由直线和曲线组合构成的桌椅：有柔有刚，形神兼备，富有对比之变化，完美之结合，别有神韵。

至于仿生与模拟，可以使人们在视觉上产生轻巧安定之感。

(2)与其他设施的协调组合。

花坛、种植穴、盆、园灯、石灯、游具、垃圾筒、烟灰筒、照明灯具都要突出一个"配"字。

2. 观赏造景设施——花盆，花坛与立体花坛

(1)可动式。

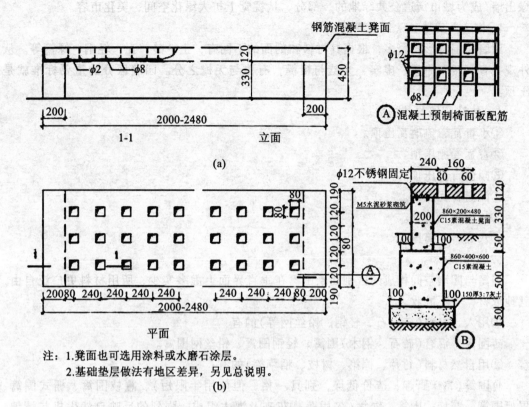

图 11-25 休息凳构造示意图（单位：mm）

预制装配，可以搬动、堆砌、拼接，地形起伏处还可以顺地势作成台阶跌落式。

(2) 固定式。

多用于花坛和种植穴，一般有方形，圆形，正多边形，需要时还可拼合。

(3) 服务设施——引水台，烧烤场及路标等。

为了满足游人日常之需和野营等特殊需要，在风景区应该设置引水台和烧烤场，以及野餐桌、路标、厕所、废物箱、垃圾筒等。

(4) 游戏设施。

游戏设施较为多见的有：秋千、滑梯、沙场、爬杆、爬梯、绳具、转盘等。

11.8.5 园墙（景墙）与景园围篱

园墙有隔断，划分组织空间的作用，也有围合、标识、衬景的功能。本身还有装饰，美化环境，制造气氛并获得亲切安全感等多功能作用。因此高度一般控制在 2m 以下，成为园景的一部分，园墙的命名由此而来。

园墙和围篱在设计中可交替配合使用，构成各景区景点外围特征，并与大门出入口，竹林，树丛，花坛，流水等自然环境融为一体。

特别是在当前城市绿化改善市容上，它又发挥了新的作用，各大城市绿化用地紧张，为了将各沿街住宅单位的零星绿地组织到街头绿化上来，可通过园墙漏窗和围篱空隙"引绿出墙"成为城市街道公共绿地的一部分,从视觉上扩大绿化空间,美化市容。

1. 传统式园墙与景园式围篱

园墙和围篱形式繁多,根据其材料和剖面的不同有:土,砖,瓦,轻钢,绿篱等。从外观又有高矮,曲直,虚实,光洁与粗糙,有檐与无檐之分。园墙区分的重要标准就是压顶。

(1)传统园墙与其构造。

①小青瓦,琉璃瓦压顶。

②青瓦卷棚压顶。

③园窗青瓦压顶。

④漏窗青瓦压顶。

⑤长腰青瓦压顶。

⑥八五砖竖筒压顶。

(2)运用材料。

围篱与园墙空间构成的区别在于围篱在垂直界面上虚多实少,所用材料更广泛自由,就地取材,美不胜收。

①用人工材料(砖、石、轻钢、铅丝网等)的有:

砖围篱、混合(砖石、钢木)围篱、轻钢围篱、铅丝网围篱。

②用自然材料(竹片、棕第、树枝、稻草等)的有:

竹围篱(富于野趣,造价低廉,别具一格,但使用年限短)、蕙枝围篱、栅式围篱、屏栅围篱、花坛式围篱、绿篱(多用藤蔓花卉及灌木组成,强烈的反映自然生机与情趣,生动自然,颇有特色为上乘。)。

2. 园墙的种类

常见的园墙主要包括砖墙与混凝土花格围墙。

3. 石墙与仿生墙

石墙与混凝土仿生墙,复合式墙等在园墙设计中应用广泛,石墙能激起人们对大自然的向往与追求,表现一定的园林意境,可运用"线条、质感、体量、色彩、光影、层次、花饰、韵律与节奏"等手法,通过工程实践创造出花色繁多的园林石墙来。如图11-26所示,为园墙构造实例。

(1)线条。

就是石的纹理及走向,常有水平划分,垂直划分,矩形和凌锥形划分;斜线,曲折线,斜面的处理。

(2)质感。

指材料质地和纹理所给人的触视感觉,可分为天然的和人为加工两类。

(3)体量。

视觉上的体感分量,形状大小,方圆,宽窄,凹凸。

(4)色彩。

给人以浓淡,冷暖,协调与刺激之感。

(5)光影。

视觉上的明暗、强弱、轻重、升降、摇晃。某种程度上说,光影也是一种材料,"活

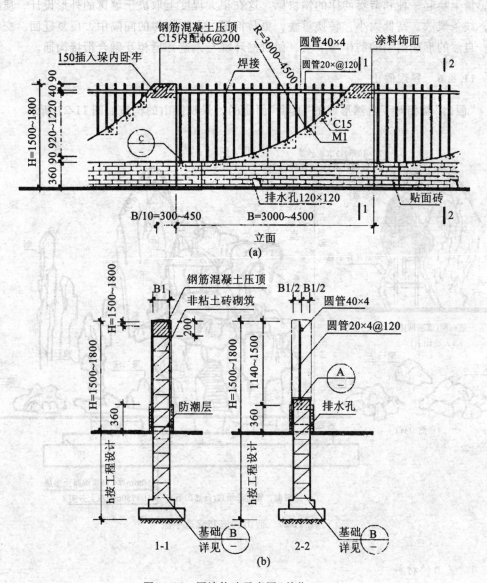

图11-26 园墙构造示意图(单位：mm)

动的材料",要很好的在设计中使用。

(6)空间层次的组织。

虚实、高低、前后、深浅、分层与分格,形成的空间序列层次感特别强烈。

(7)花饰。

集图案,民间艺术,工艺造型,美术装修等大成,使墙成为园林中及美化环境雕塑的一部分,发挥其特定的艺术功能。

(8)韵律与节奏。

体感,色彩,光影,线条等要素不断出现与重复组合,表现了一定的韵律与节奏。韵律与节奏渗透于整个现实生活之中。一组韵律优美,节奏鲜明的园墙与围篱能在人们的思想感情上唤起一种和节奏韵律的愉快感。这在很大程度上取决于墙篱的外形设计，质感强弱，线条聚散，高低大小，转换重叠，更替抑扬，在有规律的间隔中，反复迂回，交替组合，自然的形成园墙的韵律与节奏，使自然环境与人造环境相互融合衔接沟通。

11.8.6 景观假山

"假山"是相对于自然形成的"真山"而言的。景观假山的构造如图 11-27 所示。

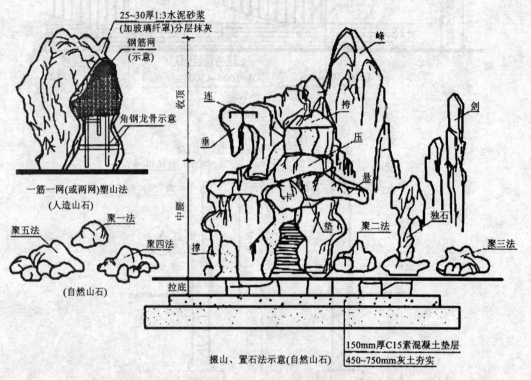

图 11-27 假山构造和营造手法

1. 假山的材料

假山的材料有两种：

(1) 天然的山石材料：在人工砌叠时，以水泥作胶结材料，以混凝土作基础。

(2) 水泥混合砂浆：钢丝网或 GRC(低碱度玻璃纤维水泥)作材料，人工塑料翻模成型的假山，又称"塑石"、"塑山"。

2. 堆叠山石的构造特点

(1) 假山的基础。

孤赏石、山石洞壑由于荷重集中，要做可靠基础。过去常用直径 12～15cm 木桩，按 20～30cm 间距梅花点打夯至持力层，上覆厚实石板为基础。现在只要土质硬实，无流砂、淤泥、杂质松土，一般用砼板较省时省工，达到 8 吨/平方米以上即可。驳岸石为节约投资，在水下、泥下 10～20cm，一般用毛石砌筑。剑石为减少入土长度和安全起见，四周必须以混凝土包裹固定。

山石瀑布如造于老土上（过去堆土造山已有数年工夫），可在素土、碎石夯实上，捣筑一层钢砼作基础。如造于新堆土山之上，则要较费心思防止因沉降而产生裂隙，因漏水而水土冲刷，逐渐变形失真，产生危险。山石的安全，是假山堆叠中第一主要点。

（2）材料的选用。

山石的用料和做法、实际上表示一种类型的地质构造存在。在被土层、砂砾、植被覆盖的情况下，人们只能感受到山林的外形和走向。如覆盖物除去，则"山骨"尽出。因此，山石材料的选用要符合总体规划的要求，与整个地形、地貌相协调。例如，规划要求是个荒漠园，就不宜用湖石，因为那里水不多，很难找到喀斯特现象。

真材（天然石材）、假料（GRC等）配合的造型设计，不失为一种良策，一种革新。尤其施工困难的转折、倒挂处，在人接触不到的地方，使用人造假山，往往可以少占空间，减轻荷重，而整体效果好。CRC材料特别要注意玻璃纤维的质量，造价较高，和真材也相差无几。

3. 假山的营造手法

（1）山石的堆叠造型，有传统的"山石张"十大手法：安、接、跨、悬、斗、卡、连、垂、剑、拼。应更注重的是崇尚自然，朴实无华。尤其是采用千层石、花岗石的地方，要求是整体效果，而不是孤石观赏。

整体造型，既要符合自然规律，在情理之中又要高度概括提升，在意料之外。"山，骨于石，褥于林，灵于水"。在同一位地域，希望不要多种类的山石混用。在堆叠时，不易做到质、色、纹、面、体、姿的协调一致。

（2）山石是天然之物，有自然的纹理、轮廓、造型，质地又纯净，朴实无华，但是属于无生命的建材一类。因此山石是自然环境与建筑空间的一种过渡，一种中间体。"无园不石"，但只能作局部景点点缀、提示、寄托、补充。切勿滥施，导致造价高昂，失去造园生态意义。

（3）设计和施工者，胸中要有波澜壮阔、万里江山，才能塑造那崇山峻岭、危岩奇峰、层峦险壑、细流飞瀑。宋·蔡京在《宣和画谱》中说："岳镇川灵，海函地负，至于造化之神秀，阴阳之明晦，万里之远，可得咫尺之间，其非胸中自有丘壑而能见之形容者，未必能如此。"王维在《山水诀》中有"平夷顶尖者巅，峭峻相连者岭，有穴者岫，峭壁者崖，悬石者岩，形圆者峦，路迫者川，二山夹道名曰壑"，是对各种造型山姿的描述，可供参考。

§11.9 景观照明

照明本身对园景的形成也有很大影响。强烈、多彩的灯光会使整个环境热烈活泼起来，局部而又柔和的照明又会使人感到亲切而富有私密感，暖色光使人感到和睦温暖，冷色光使人清静生畏。因此，可以说园灯的规划布点和选择设计，是糅合着光影艺术的第二次景观设计，而不局限"灯"的内容。

一般庭园柱子灯的构造，由灯头、灯杆及灯座三部分组成。园灯造型的美观，也是由这三部分比例匀称、色彩调和、富于独创来体现的。过去往往线条较为繁复细腻，现在则强调朴素、大方、整体美，与环境相协调。

灯座。灯杆的下段，连接园灯的基础，地下电缆往往穿过基础接至灯座接线盒后，再沿灯柱上升至灯头。单灯头时，灯座一般要预留 20cm×15cm 的接线盒位置，因此灯座处的截面往往较粗大，因接近地面，造型也需较稳重。

灯柱。灯杆的上段，可选择钢筋混凝土、铸铁管、钢管、不锈钢、玻璃钢等多种材料。中部穿行电线，外表有加工成各种线脚花纹的，也有上下不等截面的。

灯头。灯头集中表现园灯的面貌和光色，有单灯头、多灯头，规则式、自然式多种多样的外形，和各种各样的灯泡。选择时要讲究照明实效，防水防尘，灯头型式和灯色要符合总体设计要求。目前灯具厂生产有多种庭园柱子灯、草坪灯供选用。自行设计的灯头，要考虑到加工数量的限制，和今后养管所需零件的配套。

园灯的控制，有全园统一的，面积较大可分片控制，路灯往往交叉分成 2~3 路控制。控制室可设在办公(工具)室，也可设在园门值班室，根据园林体制和要求选择。

复习思考题 11

1. 什么是景观构造的概念和意义？
2. 景观构造的设计范围有哪些？
3. 景观构造设计有哪些注意事项？
4. 景观铺装有哪几种类型？其构造有哪些？
5. 何为景观驳岸的类型和构造？
6. 什么是景观建筑小品？
7. 试列举几项景观建筑小品的名称，并说明其基本构造。
8. 试述景观假山的营造手法。

参考文献

[1] 李必瑜，魏宏杨主编．建筑构造[M]．北京：中国建筑工业出版社，2008．
[2] 刘昭如编著．房屋建筑构成与构造[M]．上海：同济大学出版社，2005．
[3] 杨维菊主编．建筑构造设计[M]．北京：中国建筑工业出版社，2005．
[4] 林晓东编著．民用建筑构造[M]．南京：河海大学出版社，2003．
[5] 樊振和编著．建筑构造原理与设计[M]．天津：天津大学出版社，2004．
[6] 孙勇，苗蕾主编．建筑构造与识图[M]．北京：化学工业出版社，2005．
[7] 郑贵超，赵庆双主编．建筑构造与识图[M]．北京：北京大学出版社，2009．
[8] 谢培青主编．画法几何与阴影透视[M]．北京：中国建筑工业出版社，1998．
[9] 李武生主编．建筑图学[M]．武汉：华中科技大学出版社，2004．
[10] 宋兆全主编．土木工程制图[M]．武汉：武汉大学出版社，2000．
[11] 尚久明主编．建筑识图与房屋构造[M]．北京：电子工业出版社，2006．
[12] 刘志杰，廉文山等．轻松识读房屋建筑施工图[M]．北京：北京航空航天大学出版社，2007．
[13] 王强，张小平主编．建筑工程制图与识图[M]．北京：机械工业出版社，2003．
[14] 陈保胜主编．建筑构造资料集[M]．北京：中国建筑工业出版社，2005．
[15] 周代红编著．景观工程施工详图绘制与实例精选[M]．北京：中国建筑工业出版社，2009．
[16] 宋志强主编．景观元素：2800例建筑园林细节榜样[M]．大连：大连理工大学出版社，2009．
[17] 韩建新，刘广洁编著．建筑装饰构造（第二版）[M]．北京：中国建筑工业出版社，2004．
[18] 夏广政，邹贻权，黄艳雁编著．房屋建筑学[M]．武汉：武汉大学出版社，2010．